高等学校计算机专业规划教材

C/C++程序设计
第2版

宋晓宇 主编

赵艳平 副主编 杨艳春 李世伟 张洁 编著

Programming in C/C++
Second Edition

机械工业出版社
China Machine Press

图书在版编目（CIP）数据

C/C++ 程序设计 / 宋晓宇主编 . —2 版 . —北京：机械工业出版社，2017.8
（高等学校计算机专业规划教材）

ISBN 978-7-111-57700-3

I. C… II. 宋… III. C 语言－程序设计－高等学校－教材 IV. TP312.8

中国版本图书馆 CIP 数据核字（2017）第 193371 号

　　本书针对初学者的特点，采用"提出问题－分析问题－解决问题－归纳提高"的教学模式，突出对学习者计算思维、编程实践能力的培养与训练。全书共 12 章，全面系统地介绍 C/C++ 语言的基本概念、语法及程序设计方法，详细地讲解 C/C++ 中的数据类型、运算符与表达式、基本控制语句、数组、函数、指针、类和对象、继承和派生、输入输出流等内容。

　　本书定位准确、结构合理、例题丰富，符合学习者的认知规律，适合作为高校 C/C++ 程序设计基础课的教材，也可作为工程技术人员、自学人员及参加全国计算机等级考试（二级 C/C++ 语言程序设计）人员的参考书。

出版发行：机械工业出版社（北京市西城区百万庄大街 22 号　邮政编码：100037）
责任编辑：佘　洁　　　　　　　　　　　　　责任校对：李秋荣
印　　刷：北京文昌阁彩色印刷有限责任公司　版　　次：2017 年 8 月第 2 版第 1 次印刷
开　　本：185mm×260mm　1/16　　　　　　印　　张：19.75
书　　号：ISBN 978-7-111-57700-3　　　　　定　　价：49.00 元

凡购本书，如有缺页、倒页、脱页，由本社发行部调换
客服热线：（010）88378991　88361066　　　投稿热线：（010）88379604
购书热线：（010）68326294　88379649　68995259　　读者信箱：hzjsj@hzbook.com

前　言

程序设计是高等学校计算机基础教育的重要内容和入门课程，C/C++语言以功能丰富、表达能力强、应用面广等特点，在整个计算机基础教育课程设计中占有重要地位。2013年，根据教育部《关于进一步加强高等学校计算机基础教学的意见》的要求，参考《高等学校计算机基础教学发展战略研究报告暨计算机基础课程教学基本要求》，我们编写了《C/C++程序设计》第1版。

本书第1版在使用过程中受到广大读者的广泛好评，但在实际教学中我们发现内容编排上存在一定的问题，导致学生对一些知识的理解出现困难和偏差。针对上述问题，第2版进行了修订，在内容与顺序上进行了调整、改进和补充，并针对参加程序设计等级考试的读者增加了重点章节的课后习题，具体调整如下。

1. 第1版的"第1章绪论"拆分成"C++概述"和"算法"两章

重要的知识点单独成章，每章内容相对独立，与其他知识点关联少，条理清楚，易于初学者掌握。

2. 部分章节顺序调整

- 数组和指针的顺序问题。一般教材都是先讲数组，再讲指针。带来的问题就是无法对数组名进行解释，于是产生了"数组名是一个地址"的错误说法，实际上数组名在多数情况下都是一个指针。在不介绍指针的情况下，很难把数组一章的内容讲清、讲透，不易于学生理解。
- 数组和函数的顺序问题。一般教材都是把函数放在数组之后讲解，原因是便于把数组名作为参数放在函数一章中。看起来似乎恰当，但是这样一来就掩盖了函数一章的重点。函数一章最应该教给学生的是如何把函数设计得当，以便于其他函数调用，只要突出这一重点就可以了。

综上所述，最合适的顺序安排应是指针、函数、数组、指针总结。

3. 化繁为简、化整为零

对第1版的第10章和第11章的内容进行整合、优化，合成一章。

本书注重对学生编程实践和问题求解能力的培养，以Visual C++为平台，在学习C/C++语言基础知识的同时，通过大量精选的例题和习题将程序设计的基本思想和方法介绍给学生。全书共分12章，涉及C/C++的基本数据类型、运算符和表达式、程序控制结构、数组和字符串处理、函数和模块化程序设计、指针、结构体和共用体、面向对象程序设计基础等。第1～10章以面向过程程序设计方法为出发点，介绍了C/C++语言和程序设计的基础知识。第11、12章是面向对象程序设计方法基础，介绍了C/C++语言中类和对象、继承和派生以及C++流类库等知识。全书在内容安排上实现了从结构化程序设计方法到面向对象程序设计方法的过渡，注重知识的系统性和连贯性。

本书由宋晓宇主编，赵艳平担任副主编，其中杨艳春编写了第1～3章，赵艳平编写了第4、5、8章及附录部分，宋晓宇编写了第6、10、12章，李世伟编写了第7、9章，张洁编写了第11章。在本书的编写过程中，兰州交通大学电信学院软件工程系的教师们给予了大力支持与帮助，在此表示衷心的感谢！

因编者水平有限，书中难免有错误和不妥之处，敬请专家和读者提出宝贵意见，编者邮箱：sxy9998@126.com。

编　者

2017 年 6 月

教 学 建 议

教 学 章 节	教 学 要 求	课 时
第 1 章 C++ 概述	了解程序设计方法及 C++ 语言的发展 掌握 C++ 简单程序的编写	1
	掌握 C++ 程序的上机步骤	2
第 2 章 算法	理解算法的概念 熟练掌握流程图的表示方法	1
第 3 章 C++ 语言基础知识	掌握 C++ 语言的基本数据类型、运算符及表达式	6
第 4 章 顺序结构程序设计	掌握 C++ 语言数据的输入与输出 熟练掌握顺序结构程序设计	4
第 5 章 选择结构程序设计	熟练掌握 if 语句的 3 种形式、if 语句的嵌套 掌握多分支选择 switch 语句	6
第 6 章 循环结构程序设计	熟练掌握 while 循环、do-while 循环及 for 循环 掌握 break、continue 语句 掌握循环的嵌套	10
第 7 章 指针	掌握指针的定义及使用 掌握多级指针的定义及使用	2
第 8 章 函数与编译预处理	掌握函数的定义及调用方法 理解变量的存储类别 掌握编译预处理命令的使用	8
第 9 章 数组	熟练掌握一维数组、二维数组的定义及使用 掌握字符数组、字符变量的定义及使用 掌握用指针变量访问数组的方法，了解指针数组	10
第 10 章 自定义数据类型	掌握结构体变量、共用体的定义和使用 了解链表及其基本操作 掌握类型定义符 typedef 的使用	6
第 11 章 面向对象程序设计基础	掌握类的定义和对象的声明 理解构造函数和析构函数 掌握类成员访问权限和访问方法 掌握类的继承及其实现 掌握对象动态创建与撤销的方法	6
第 12 章 C++ 语言的流类库	了解 C++ 语言的流类库 掌握文件流、字符串流及其基本操作	2

说明：1）建议课堂教学全部在多媒体机房内完成，实现讲、练结合。

2）建议将教学分为核心知识技能模块和技能提高模块，其中核心知识技能模块建议教学学时为 64～80 学时，技能提高模块建议教学学时为 16～24 学时，不同学校可以根据各自的教学要求和计划学时数对教学内容进行取舍。

目　录

第1章 C++ 概述

【本章要点】
- 程序设计语言。
- 程序设计方法。
- C++ 语言程序开发过程及上机调试步骤。

自然语言（如汉语）是人类交流和表达思想的工具，自从人类进入信息社会以来，计算机作为人类的得力助手进入了社会生活的方方面面。于是人类怎样驾驭计算机，如何与计算机进行"交流"成为一个关键问题。其实，人与计算机"交流"，也需要借助一种"语言"来实现，这种语言就是计算机语言，它是一种人与计算机双方都能理解的语言。计算机语言由一套固定的符号和语法规则组成。人们要利用计算机解决问题，就必须用计算机语言来告诉计算机"做什么"和"怎样做"，这个过程就是程序设计过程。因此，计算机语言是人与计算机进行信息交流的工具，也称为程序设计语言或编程语言。

1.1 程序设计语言概述

程序设计语言（programming language）是一组用来编写计算机程序的符号语言，它由一组预先定义的指令、数据类型、语法规则构成。人类使用程序设计语言描述解决问题的方法（即编写程序），供计算机阅读和执行，达到借助计算机解决特定问题的目的。从计算机问世以来，程序设计语言也在不断地发展变化着，按其发展过程计算机程序设计语言可分为机器语言、汇编语言和高级语言。

1.1.1 机器语言

机器语言是最早使用的编程语言，它对应计算机的指令系统或指令集，是最底层的程序设计语言。在机器语言编写的程序中，每一条指令都是二进制形式的指令代码，计算机硬件可以直接识别。机器语言是面向机器的，不同的计算机硬件（主要是 CPU 体系结构差异）其机器语言是完全不同的，因此机器语言的通用性很差。

由于机器语言程序是直接针对计算机硬件编写的，因此它的执行效率比较高，可以充分发挥计算机的性能。但是，用机器语言编写程序，即使是一个简单的算式，也要使用很多条指令才能表达出来，因而难以阅读、理解、记忆，且不易查错。

机器语言的特点：
1）机器语言是计算机能够直接识别并执行的唯一一种语言。
2）机器语言是直接面向机器的语言。
3）机器语言的指令记忆、程序编写和阅读等都很困难。

1.1.2 汇编语言

20 世纪 50 年代中期，人们开始用一些"助记符"来代替机器语言指令中的操作符和操作数，这种用"助记符"表示的语言称为汇编语言。汇编语言是一种符号语言，它在一定程度上解决了机器语言指令难以记忆、编程困难的问题，但它和机器语言一样也是面向机器的。使用汇编语言编写的程序，计算机不能直接执行，必须借助一种工具将它翻译成机器语言目标程序，这种工具就称为汇编程序，翻译的过程称为汇编。

使用机器语言和汇编语言都需要对计算机的内部结构有较深刻的了解，因此用它们编写程序不仅劳动强度大，而且程序的通用性差。通常将这两种语言称为"计算机低级语言"。

汇编语言的优点：

1）能够直接对硬件（寄存器、存储单元和 I/O 端口）进行操作，并利用硬件的特点和指令系统提供的各种寻址方式编写出高质量的程序。这种程序占用内存少，执行速度快，因此多用于编写系统程序和实时处理程序，并经常被高级语言所嵌入使用。

2）能够直接对位、字节、字、字节串以及字串等数据类型进行操作，为数据处理提供了灵活手段。

汇编语言的缺点：

1）使用汇编语言，需要程序员了解计算机的硬件结构和指令系统，因此增加了编程难度。

2）根据计算机的 CPU 不同，其汇编指令也不相同，因此程序的通用性差。

3）使用汇编语言编写的程序与数学模型之间的对应关系不直观。

1.1.3　高级语言

高级语言是相对于汇编语言而言的，它是接近自然语言和数学公式的编程语言，基本脱离了机器的硬件系统，用人们更易理解的方式编写程序。高级语言与计算机的硬件结构及指令系统无关，它有更强的表达能力，可方便地表示数据的运算和程序的控制结构，能更好地描述各种算法，而且容易学习，编写出的程序易于阅读、理解、修改，移植性和通用性较好，因而得到了迅速的普及和发展。

1957 年，第一个完全脱离机器硬件的高级语言 FORTRAN 问世了，几十年来，共有几百种高级语言出现，其中影响较大、使用较普遍的有 FORTRAN、COBOL、LISP、C、PROLOG、C++、VC、VB、Delphi、Java、C# 等。

高级语言的出现使得计算机程序设计语言不再过度地依赖某种特定的机器或环境。这是因为高级语言在不同的平台上会被翻译成不同的机器语言程序，而不是直接被机器执行。计算机并不能直接地接受和执行用高级语言编写的源程序，源程序在输入计算机时，通过"翻译程序"翻译成目标程序，计算机才能识别和执行。这种"翻译"通常有两种方式，即编译方式和解释方式。

编译方式是指在源程序执行之前，就将程序源代码"翻译"成目标代码（机器语言），因此其目标程序可以脱离语言环境独立执行，使用比较方便，效率较高。但应用程序一旦需要修改，必须先修改源代码，再重新编译生成新的目标文件才能执行。

解释方式是指应用程序源代码一边由相应语言的解释器"翻译"成目标代码（机器语言），一边执行，因此程序的执行效率较低，而且不生成可独立执行的目标文件，应用程序不能脱离程序的解释系统。但这种方式比较灵活，可以动态地调整、修改应用程序。

计算机语言的发展经历了从机器语言到结构化程序设计语言，再到面向对象程序设计语言的过程。面向过程的语言致力于用计算机能够理解的逻辑来描述需要解决的问题及解决问题的具体方法、步骤。用这类语言编程时，程序不仅要说明做什么，还要详细地告诉计算机如何做，即程序需要详细描述解题的过程、步骤和细节，面向过程的语言种类繁多，如FORTRAN、BASIC、Pascal、Ada、C 等。20 世纪 60 年代中后期，软件越来越多，规模越来越大，而软件的生产基本上是各自为战，缺乏科学规范的系统规划与测试、评估标准。这种落后的软件生产方式无法满足迅速增长的计算机软件需求，从而导致在软件开发与维护过程中出现一系列严重问题。

20 世纪 80 年代初，在软件设计方法上产生了一次革命，其成果就是面向对象的程序设计语言的出现。面向对象程序设计（Object Oriented Programming，OOP）语言与以往各种编程语言的根本区别是其程序设计思维方法不同，面向对象程序设计可以更直接地描述客观世界存在的事物（即对象）及事物之间的相互关系。面向对象技术强调的基本原则是直接面对客观事物本身进行抽象并在此基础上进行软件开发，将人类的思维方式与表达方式直接应用在软件设计中。目前，典型的纯面向对象语言有 Java 和 Smalltalk，典型的既面向过程又面向对象的混合型语言有 C++。需要指出的是，计算机程序设计语言的高级和低级并不说明语言的优劣，它只表明这种语言离硬件的远近，同时也暗含了程序设计的难易和执行效率的高低。

高级语言具有如下特点。

（1）高级语言是完全独立于机器的通用语言

使用这种语言编写计算机程序，可以完全不考虑机器的结构特点，不必了解机器的指令系统，所编写的程序可以在各种机器上通用。

（2）高级语言是面向过程或面向对象的语言

用高级语言编写的程序与问题本身的数学模型之间有着良好的对应关系，因此程序的编写与阅读都很方便。

（3）计算机不能直接识别和执行高级语言源程序

使用高级语言编写的源程序必须经过"翻译程序"的处理，将之"翻译"成对应的机器语言程序，然后机器才能执行。

高级语言的缺点是"翻译"后生成的目标代码往往比较长，占用内存多，执行时间长，因此不适合需要实时处理的应用。

1.2 程序设计方法

随着大容量存储器的出现以及计算机应用范围的扩大，程序的编制越来越困难，程序的大小以算术级数递增，而程序的逻辑控制难度则以几何级数递增，这样人们不得不考虑程序设计方法。在程序设计的过程中，除了要求程序逻辑正确，能被计算机理解并执行外，还涉及程序的可读性、可靠性、可维护性以及程序的效率等方面的问题。在改善整个程序设计过程、提高程序质量等方面，程序设计方法都起着重要的作用。在软件的发展过程中，涌现出了很多程序设计方法，下面主要讨论两种程序设计方法。

1.2.1 结构化程序设计方法

1. 结构化程序设计的总体思想

结构化程序设计又称为面向过程的程序设计，它的总体思想是采用模块化结构，自顶而下，逐步求精。即首先把一个复杂的大问题分解为若干相对独立的小问题；如果小问题仍较复杂，则可以把这些小问题继续分解成若干子问题，这样不断地分解，使得小问题或子问题简单到能够直接用程序的 3 种基本控制结构表达为止；然后，对应每一个小问题或子问题编写出一个功能上相对独立的程序块，这种程序块被称为模块；每个模块解决一个子问题，最后再将各个模块统一组装。这样，对一个复杂问题的解决就变成了对若干个简单问题的求解，这就是自顶而下、逐步求精的程序设计方法，它是结构化程序设计的基本原则。

2. 结构化程序设计的特征

结构化程序设计的特征有：

1）以 3 种基本控制结构的组合来描述程序。

2）整个程序采用模块化结构。

3）有限制地使用 goto 转移语句。

4）以控制结构为单位，每个控制结构只有一个入口和一个出口，各单位之间接口简单，逻辑清晰。

5）采用一定的书写格式使程序结构清晰、易于阅读。

3. 结构化程序设计的缺点

在结构化程序设计中，整个程序的功能是通过模块之间的相互调用而实现的。所以结构化程序设计在实际应用中存在一些缺点：

1）将数据和数据处理过程分离成为相互独立的实体，当数据结构发生变化时，所有相关的处理都要进行相应的修改，因此，程序代码的可重用性较差。

2）对于图形用户的应用开发起来比较困难，而图形界面越来越被人们广泛使用。

3）用户的要求难以在系统分析阶段准确定义，从而导致系统在交付使用时会产生许多问题。

1.2.2　面向对象程序设计方法

在程序设计方法的发展过程中，每一次重大突破都使得程序员可以应对更大的复杂性问题。在这条道路上迈出的每一步中，新的方法都运用和发展了以前的方法中最好的理念。今天，许多项目的规模又进一步发展，为了解决这个问题，面向对象程序设计方法应运而生。面向对象程序设计方法把数据看作程序开发中的基本元素，并且不允许它们在系统中自由流动。它将数据和操作这些数据的函数紧密地连接在一起，并保护数据不会被外界的函数意外地改变。面向对象程序设计在程序设计方法中是一个新的概念，对于不同的人可能意味着不同的内容。面向对象程序设计的定义是"面向对象程序设计是一种方法，这种方法为数据和函数提供共同的独立内存空间，这些数据和函数可以作为模板以便在需要时创建类似模块的副本"。从以上定义可以看到，一个对象被认为是计算机内存中的一个独立区间，在这个区间中保存着数据和能够访问数据的一组操作。因为内存区间是相互独立的，所以对象可以不经修改就应用于多个不同的程序中。

面向对象程序设计方法以对象为基础，它最主要的特点和成就是利用特定的软件工具直接完成从对象客体的描述到软件结构之间的转换。与结构化程序设计方法不同，面向对象程序设计方法是一种运用对象、类、继承、封装、消息传递、多态性等概念来构造系统的软件开发方法。它的应用解决了传统结构化开发方法中客观世界描述工具与软件结构的不一致性问题，缩短了开发周期，解决了从分析和设计到软件模块结构之间多次转换映射的繁杂过程。

1.2.3　两种程序设计方法的比较

面向对象程序设计方法克服了结构化程序设计方法中存在的问题。在面向对象程序设计方法出现以前，结构化程序设计方法是程序设计的主流。在结构化程序设计方法中，问题被看作一系列需要完成的任务，函数（在此泛指例程、函数、过程）用于完成这些任务，解决问题的焦点集中于函数。其中函数是面向过程的，即它关注如何根据规定的条件完成指定的任务。在多函数程序中，许多重要的数据被放置在全局数据区，这样它们可以被所有的函数访问。每个函数都可以具有自己的局部数据。这种结构很容易造成全局数据在无意中被其他函数改动，因而程序的正确性不易保证。面向对象程序设计方法的出发点之一就是弥补结构化程序设计方法中的缺点，即对象是程序的基本元素，它将数据和操作紧密地联系在一起，并保护数据不会被外界的函数意外地改变。

表 1-1 在基本思想、代表语言等方面进一步比较了结构化程序设计方法与面向对象程序设计方法的异同。

表 1-1 结构化程序设计方法与面向对象程序设计方法的比较

方法 项目	结构化程序设计方法	面向对象程序设计方法
基本思想	自顶向下设计过程库，逐步求精，分而治之	自底向上设计类库
代表语言	BASIC、FORTRAN、C 等	Visual Basic、Java、C++ 等
处理问题的出发点	面向过程	面向问题
控制程序方式	通过设计调用或返回程序	通过"事件驱动"来激活和运行程序
可扩展性	功能变化会危及整个系统，扩展性差	只需修改或增加操作，而基本对象结构不变，扩展性好
重用性	不好	好
层次结构的逻辑关系	用模块的层次结构概括模块和模块之间的关系和功能	用类的层次结构来体现类之间的继承和发展
运行效率	相对高	相对低

1.3 C++ 语言的发展及特点

1.3.1 C++ 语言的发展

程序设计语言的发展是一个逐步递进的过程，究其根源，C++ 语言是从 C 语言发展过来的，而 C 语言的历史可以追溯到 1969 年。

1969 年，美国贝尔实验室的 Ken Thompson 设计了一个操作系统软件 UNIX。接着，他又根据剑桥大学的 Martin Richards 设计的 BCPL（Basic Combined Programming Language）为 UNIX 设计了一种便于编写系统软件的语言，命名为 B。1972 年，贝尔实验室的 Dennis Ritchie 在 B 语言的基础上设计并实现了 C 语言。C 语言既保持了 BCPL 和 B 语言的优点（精炼、接近硬件），又克服了它的缺点（过于简单、无数据类型），得到了广泛的应用。随着 C 语言的广泛使用，它的不同实现版本之间出现了或多或少的差异。为了解决这个问题，1983 年，美国国家标准学会（American National Standards Institute，ANSI）制定了新的 C 语言标准，称之为 ANSI C。C 语言兼有汇编语言和高级语言的优点，既适合开发系统软件，也适合编写应用程序，被广泛应用于事务处理、科学计算、工业控制、数据库技术等领域。但是随着软件规模的增大，用 C 语言编写程序渐渐显得有些吃力了。C 语言是结构化和模块化的语言，它是面向过程的。在处理较小规模的程序时，程序员用 C 语言还比较得心应手。但是当问题比较复杂、程序的规模比较大时，结构化程序设计方法就显出它的不足。C 程序的设计者必须细致地设计程序中的每一个细节，准确地考虑程序运行时每一时刻发生的事情，例如，各个变量的值是如何变化的，什么时候应该进行哪些输入，在屏幕上应该输出什么等。这对程序员的要求是比较高的，如果面对的是一个复杂问题，程序员往往感到力不从心。当初提出结构化程序设计方法的目的是解决软件设计危机，但是这个目标并未完全实现。

为了解决软件设计危机，面向对象程序设计方法在 20 世纪 80 年代被提出，需要设计出能支持面向对象程序设计方法的语言。在实践中，人们发现 C 语言是如此深入人心，使用如此广泛，面对程序设计方法的革命，最好的办法不是另外发明一种新的语言去代替它，而是在它原有的基础上加以发展。在这种形势下，C++ 应运而生。C++ 是由贝尔实验室的 Bjarne Stroustrup 博士及其同事于 20 世纪 80 年代在 C 语言的基础上进行改进和扩充的，其将"类"的概念引入了 C 语言，构成了最早的 C++ 语言。后来，Stroustrup 和他的同事们又为 C++ 语言引进了运算符重载、引用、虚函数等许多特性，并使之更加精炼，于 1989 年推出了 AT&T C++ 2.0 版。随后美国国家标准学会和国际标准化组织（International Organization for Standardization，ISO）一起进行了标准化工作，并于 1998 年正式发布了 C++ 语言的国际标准 ISO/IEC：98—14882。

1.3.2   C++ 语言的特点

C++ 语言是广泛使用的程序设计语言之一，因其特有的优势在计算机应用领域占有重要的地位。下面介绍 C++ 语言的主要特点。

1）全面兼容 C 语言。C++ 语言继承了 C 语言简明、高效、灵活等众多优点；绝大多数 C 语言程序不经修改可以直接在 C++ 语言环境中运行；C 语言程序员只需要学习 C++ 语言扩充的新特性，就可以很快地使用 C++ 语言编写程序。

2）C++ 语言是 C 语言的超集。它既保持了 C 语言的简洁、高效和接近汇编语言等特点，又克服了 C 语言的缺点，其编译系统能检查更多的语法错误，因此，C++ 语言比 C 语言更安全。

3）支持面向对象的程序设计特征。对 C 语言的兼容性使得 C++ 语言既支持面向过程的程序设计，又支持面向对象的程序设计。C++ 语言支持抽象性、封装性、继承性和多态性等。程序各个模块的独立性更强，程序的可读性和可理解性更好，程序代码的结构性更加合理。这对于设计和调试一些大的软件尤为重要。

4）具有程序效率高、灵活性强的特点。C++ 语言使程序结构清晰、易于扩展、易于维护而不失效率。

5）具有通用性和可移植性。C++ 语言是一种标准化的、与硬件基本无关的程序设计语言，C++ 语言程序通常无须修改或稍加修改便可在其他计算机上运行。

6）具有丰富的数据类型和运算符，并提供了强大的库函数。

1.4   C++ 语言程序

1.4.1   C++ 语言程序举例

首先来看几个简单的 C++ 语言程序。

【例 1-1】 在屏幕上输出一行字符"Hello! Welcome to C++!"。

```
#include <iostream>                      //包含头文件iostream
using namespace std;                     //使用命名空间std
int main( )                              //函数首部
    {                                    //函数体开始
        cout<<"Hello!Welcome to C++! \n"; //输出Hello! Welcome to C++!
        return 0;                        //程序正常结束时向操作系统返回0值
    }                                    //函数体结束
```

程序运行结果如图 1-1 所示。

图 1-1　例 1-1 的运行结果

说明：

① `#include<iostream>`

这是 C++ 语言的编译预处理命令，用"#"开始的行称为编译预处理命令，"#include <iostream >"的作用是将头文件 iostream 的内容包含到该命令所在的程序文件中，代替该命令行。头文件 iostream 的作用是向程序提供输入或输出所需要的一些信息。

② `int main()`

每个程序都必须有且只有一个名为 main 的函数，称为主函数，该函数是程序执行的入口，main() 函数前 int 的作用是声明该函数的返回值类型是整型。函数体用"{}"括起来。

③ `cout<<"Hello!Welcome to C++! \n";`

cout 实际上是 C++ 语言系统定义的对象名，称为输出流对象。"<<"是插入运算符，对象 cout 结合运算符"<<"的作用是将其后的内容依据一定的规则显示到标准的输出设备（通常为显示器）中，本例中的参数为字符串 "Hello! Welcome to C++! \n"，它控制显示内容。在字符串尾部的"\n"代表一个称为换行符的单字符。需要注意的是，本行用一个";"结束，分号是 C++ 语言的语句结束标志。

④ `//`

为了提高程序的可读性，C++ 语言提供了两种注释方法：一种是单行注释"//"，其后的内容（直到换行）为注释内容，注释只占用一行；另一种是多行注释"/*"和"*/"，它们之间的内容为注释内容，注释可以占用一行或跨越几行。注释仅供阅读程序使用，是程序的可选部分。

【例 1-2】　求 a 和 b 之和，a 和 b 的值由键盘输入。

```
#include <iostream>                //编译预处理命令
using namespace std;
int main( )
{
    int a,b,sum;                   //定义变量
    cout<<"请输入两个数a和b: ";     //用来提示输入何种信息的输出语句
    cin>>a>>b;                     //输入语句
    sum=a+b;                       //赋值语句
    cout<<"a+b="<<sum<<endl;       //输出语句
    return 0;
}
```

程序运行结果如图 1-2 所示。

图 1-2 例 1-2 的运行结果

说明：

① int a,b,sum;

变量说明语句，用于定义 3 个整型变量 a、b、sum。

② cin>>a>>b;

cin 实际上是 C++ 语言系统定义的对象名，称为输入流对象。"＞＞"是提取运算符，对象 cin 结合运算符"＞＞"的作用是从输入设备中（如键盘）提取数据送到输入流 cin 中。本语句的作用是将从键盘上读取的第一个整型数赋值给变量 a，再将从键盘上读取的第二个整型数赋值给变量 b，这样就可以从键盘上获得 a、b 的值。

③ sum=a+b;

赋值语句，本语句的作用是将 a+b 的值赋给整型变量 sum。

④ cout<<"a+b="<<sum<<endl;

输出语句，其作用是先输出字符串" a+b="，再输出变量 sum 的值。"endl"的作用和"\n"的作用一样，都表示换行。

【例 1-3】 给定两个数 x 和 y，求两数中的最大数。

```cpp
#include <iostream>
using namespace std;
int max(int x,int y)            //定义max函数,函数值为整型,形式参数x、y为整型
{                               //max函数开始
    int z;                      //变量声明,定义本函数中用到的变量z为整型
    if(x>y)
    z=x;                        //if语句,如果x>y,则将x的值赋给z
    else
    z=y;                        //否则,将y的值赋给z
    return(z);                  //将z的值返回,通过max带回调用处
}                               //max函数结束
int main( )                     //主函数
{
    int a,b,m;                  //变量声明
    cout<<"please enter two numbers:";
    cin>>a>>b;                  //输入变量a和b的值
    m=max(a,b);                 //调用max函数,将得到的值赋给m
    cout<<"max="<<m<<endl;      //输出最大数m的值
    return 0;
}
```

程序运行结果如图 1-3 所示。

图 1-3 例 1-3 的运行结果

说明：

①该程序由两个函数组成：主函数 main 和被调用函数 max，主函数 main 调用 max 函数，max 函数是用户自定义的函数。

② max 函数的作用是将 x 和 y 两个数的最大值赋值给变量 z，通过 return 语句将 z 的值返回给主函数 main。main 函数调用 max 函数时，实际参数 a 和 b 的值分别传递给 max 函数中的形式参数 x 和 y，经过调用 max 函数后得到一个返回值（即 max 函数中变量 z 的值），将这个返回值赋值给变量 m，最后输出的 m 值即为最大值。

1.4.2　C++ 语言程序的构成

从上面的 C++ 语言程序的例子中可以看到，一个 C++ 语言程序可以由一个程序单位或多个程序单位构成。每个程序单位作为一个文件。在一个程序单位中，可以包括以下几个部分。

（1）编译预处理命令

C++ 语言预处理命令以"#"开头，在编译时由预处理器执行。例如，"#include"称为文件包含预处理命令，"#include"后面的"iostream"称为 C++ 库文件，由于"iostream"总是被放置在源程序文件的起始处，故又被称为头文件。头文件定义了标准输入输出流的相关数据及其操作，由于程序用到了输入输出流对象 cin 和 cout，因而需要用"#include"将其合并到程序中。

（2）main 函数

在程序中，main 表示主函数。每个 C++ 语言程序有且只有一个 main 函数。不管 main 函数在整个程序中的具体位置如何，每个程序执行时都必须从 main 函数开始。

（3）其他函数

C++ 语言程序由零个或多个其他函数组成，函数之间的关系是"调用"和"被调用"的关系。一个函数由两部分组成：

1）函数首部。即函数的第一行，包括函数返回值类型、函数名、函数参数名、参数类型。具体内容可参考本书 8.1 节。

例如：

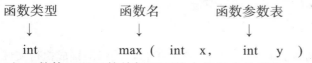

```
函数类型        函数名         函数参数表
   ↓              ↓              ↓
  int            max (   int  x,     int   y )
```

2）函数体。即函数首部下面的大括号内的部分。

函数体一般包括：

①局部声明部分（在函数内的声明部分）。包括对本函数中所用到的类型、函数的声明和变量的定义。

②执行部分。由若干个执行语句组成，用来进行有关的操作，以实现函数的功能？

（4）语句

语句是组成程序的基本单元。函数是由若干条语句组成的。

C++ 语言程序中的语句以分号结束。C++ 语言程序中的语句包括两类：一类是声明语句；另一类是执行语句。

以上对 C++ 语言程序的构成进行了介绍，为了增加程序的可读性以及提高程序的可维护性，必须养成良好的书写风格和习惯，从而规范 C++ 语言程序的书写，现将 C++ 语言程序的书写格式介绍如下：

1）一行一般书写一条语句。如果是长语句可以一条写多行，分行原则是不能将一个单词分开。

2）采用适当的缩格书写方式。表示同一类内容的语句行要对齐，例如，一个循环的循环体语句要对齐。

3）为增加程序的可读性，多使用注释。用"//"作注释时，有效范围为一行，即本行有效，不能跨行。用"/*…*/"作注释时有效范围为多行。

1.5　C++ 语言集成开发环境

与其他高级语言源程序一样，调试一个 C++ 语言程序需要经历 4 个基本步骤：编辑、编译、链接和运行。本节将对 C++ 语言的集成开发环境 Visual C++ 6.0 及程序调试步骤进行介绍。

1.5.1　C++ 语言程序的调试步骤

1. 编辑

编辑是将写好的 C++ 语言源程序输入计算机中，生成磁盘文件的全过程。用高级语言编写的程序称为源程序（source program）。程序的编辑是在计算机提供的编辑器中进行的。保存编辑的 C++ 语言源程序时，自动加上".cpp"扩展名，这是 C++ 语言源程序的默认扩展名。

2. 编译

对源程序的语法和逻辑结构等进行检查以生成目标文件（object）的过程就是编译。编译过程是通过编译程序进行的，编译程序是将编辑好的程序"翻译"成目标代码，目标代码的扩展名为".obj"或".o"。

编译的作用是对源程序进行词法检查和语法检查。词法和语法检查即检查源程序中的单词拼写是否有错，根据源程序的上下文检查程序的语法是否有错。编译时对文件中的全部内容进行检查，如果发现有错误，编译结束后会显示出所有的错误信息。一般编译系统给出的错误信息分为两种：一种是错误（error）；另一种是警告（warning）。

3. 链接

编译得到的目标代码还不能直接在计算机上运行，必须把目标代码链接成执行文件后才可以运行。链接的作用是使用系统提供的链接程序（或称链接器（linker））把目标文件、其他目标程序模块与系统提供的标准库函数有机地结合起来，最终生成一个可执行的二进制文件，可执行文件的扩展名为".exe"。

4. 运行

运行程序的可执行文件".exe"，运行后可以看到程序的运行结果。

C++ 语言程序的开发过程如图 1-4 所示。

1.5.2　在 Visual C++ 6.0 环境中开发 C++ 语言程序

Visual C++ 6.0 是由 Microsoft 公司推出的基于 Windows 系统的可视化集成开发环境。同其他可视化集成开发环境一样，Visual C++ 6.0 集程序的代码编辑、编译、链接和运行等功能于一体。

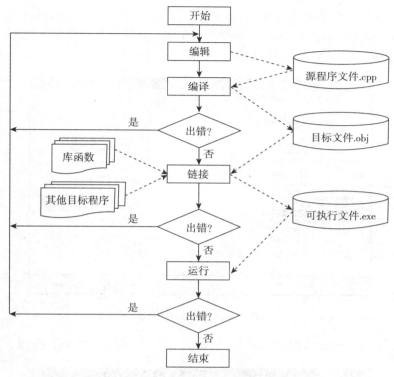

图 1-4　C++ 语言程序的开发过程

下面介绍在 Visual C++ 6.0 中开发 C++ 语言程序的过程，操作步骤如下。

1. 编辑程序

Visual C++ 6.0 开发环境提供了便利、完整的编辑功能，下面以建立例 1-1 的程序为例介绍在 Visual C++ 6.0 环境中开发 C++ 语言程序的上机步骤。

（1）创建工程

1）启动 Visual C++ 6.0，显示如图 1-5 所示的界面。

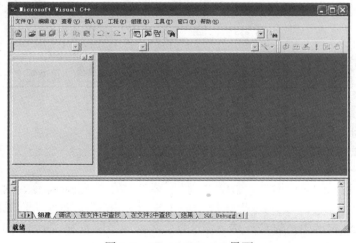

图 1-5　Visual C++ 6.0 界面

2）选择"文件"菜单中的"新建"命令，则会弹出如图1-6所示的对话框，在该对话框中可填入新建工程名，如"exam1"，选择工程相应的存放位置，并在"工程"选项卡中选择工程类型"Win32 Console Application"（32位控制台应用程序），最后单击"确定"按钮。

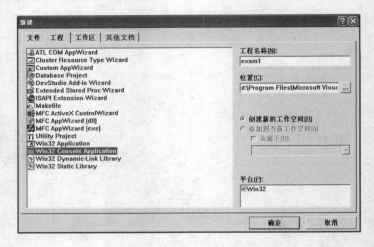

图1-6　创建工程（1）

3）单击"确定"按钮后出现如图1-7所示的对话框，单击"完成"按钮。

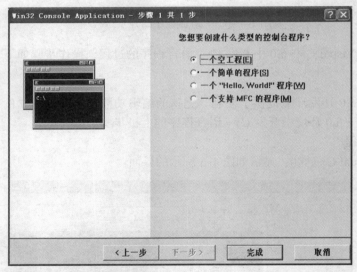

图1-7　创建工程（2）

4）进入如图1-8所示的对话框，单击"确定"按钮。

5）此时已经建立好一个空的工程，如图1-9所示。

（2）创建C++语言源文件

1）在图1-9所示的对话框中，选择"文件"菜单中的"新建"命令，则会弹出如图1-10所示的对话框，在"文件"选项卡上选择"C++ Source File"以确定文件类型，此时需要将"添加到工程"复选框选中，为C++语言源文件命名，如文件名为"exam1_11"，系统会自动给该文件加上扩展名".cpp"，从而创建了源程序文件"exam1_11.cpp"。单击"确定"按钮。

图 1-8　创建工程（3）

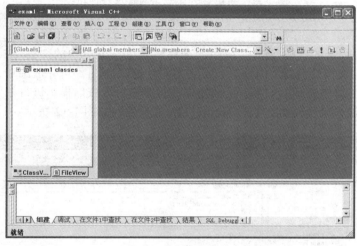

图 1-9　创建工程（4）

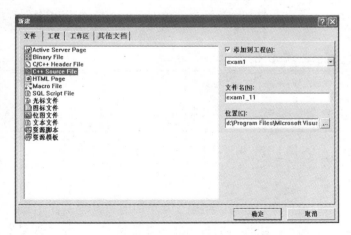

图 1-10　新建 C++ 语言源程序文件对话框

2）弹出如图 1-11 所示的代码编辑窗口，输入例 1-1 的源程序代码。

图 1-11　新建 C++ 语言源程序文件窗口

2. 编译程序

在如图 1-11 所示的代码编辑窗口中, 选择"组建"菜单中的"编译 [exam1_11.cpp]"命令进行编译 (或按下快捷键 Ctrl+F7), 或者单击快捷图标 ![icon] 即可完成编译, 编译的相关信息在"output"窗口中显示, 如果有语法错误, 程序员可以按照提示进行相应的修改, 当然本例没有语法错误, 编译成功后生成 exam1_11.obj 文件, 如图 1-12 所示。

图 1-12　编译后的 C++ 语言源程序文件窗口

3. 链接程序

在如图 1-12 所示的窗口中, 选择"组建"菜单中的"组建 exam1.exe"命令 (或按下快捷键 F7), 或者单击快捷图标 ![icon] 即可完成链接, 在链接的过程中, 如果发现语法错误, 相关的信息则在"output"窗口中显示, 程序员根据提示可以进行相应的修改, 本例没有链接错误, 链接成功后生成"exam1.exe"文件, 如图 1-13 所示。

图 1-13   链接后的 C++ 语言源程序文件窗口

4. 运行程序

在如图 1-13 所示的窗口中，选择"组建"菜单中的"执行 [exam1.exe]"命令（或按下快捷键 Ctrl+F5），或者单击快捷图标即可完成加载运行，则会出现程序运行结果，如图 1-14 所示。

图 1-14   例 1-1 程序的运行结果

1.5.3   Visual C++ 6.0 程序调试常见错误

程序调试即在编制的程序投入实际运行前，借助编译系统对程序进行语法及逻辑的检查，修正错误的过程。这是保证高级语言程序顺利运行必不可少的步骤。利用 Visual C++ 6.0 作为编辑工具进行程序调试的主要错误类型有如下几种。

1. 严重错误 (fatal error)

这种错误很少出现，通常是内部编译器出错，造成编译立即停止。

2. 语法错误 (error)

语法错误是指源程序中存在不符合 C++ 语言语法规定的语句，如将 int 写成 Int、括号不匹配等，这些错误不改正是不能通过编译的。将 cout 错写成 coutt 编译时所显示的错误信息如图 1-15 所示。

```
example1.cpp
d:\error\example1.cpp(8) : error C2065: 'coutt' : undeclared identifier
d:\error\example1.cpp(8) : error C2297: '<<' : illegal, right operand has type 'char [5]'
执行 cl.exe 时出错。

example1.obj - 1 error(s), 0 warning(s)
```

图 1-15   语法错误信息

3. 警告错误（warning）

如图 1-16 所示，对于一些在语法上有轻微问题但不影响程序运行的错误，编译时会发出警告信息。此时，程序虽然能通过编译、链接、运行，但常常出现程序非法操作、运行结果错误等问题。所以要尽量避免警告错误的发生。

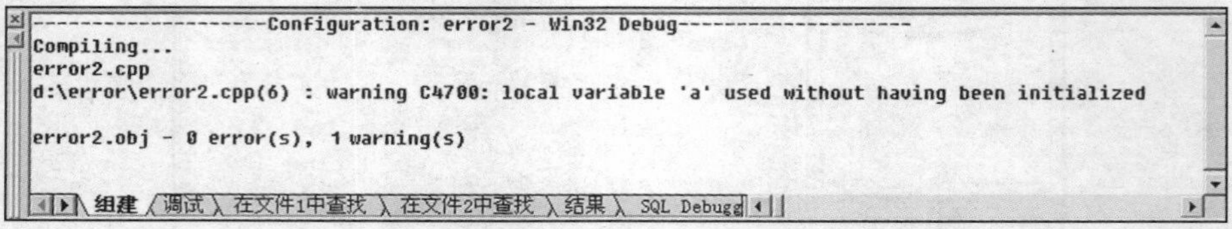

```
----------------------Configuration: error2 - Win32 Debug----------------------
Compiling...
error2.cpp
d:\error\error2.cpp(6) : warning C4700: local variable 'a' used without having been initialized

error2.obj - 0 error(s), 1 warning(s)

◄│►\组建\调试\在文件1中查找\在文件2中查找\结果\SQL Debugg◄│►
```

图 1-16　警告错误信息

4. 链接错误（link error）

程序语法上没有问题，但是在链接时出现错误。这类问题常常是程序依赖函数、库不匹配造成的，如图 1-17 所示。

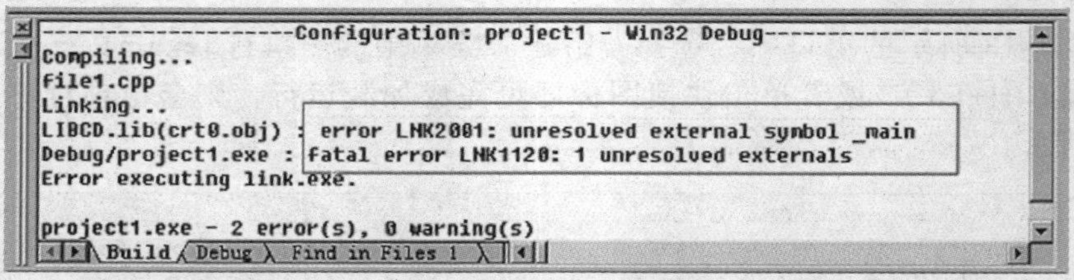

```
--------------------Configuration: project1 - Win32 Debug--------------------
Compiling...
File1.cpp
Linking...
LIBCD.lib(crt0.obj) : error LNK2001: unresolved external symbol _main
Debug/project1.exe : fatal error LNK1120: 1 unresolved externals
Error executing link.exe.

project1.exe - 2 error(s), 0 warning(s)
◄│►\Build\Debug\Find in Files 1\◄│►
```

图 1-17　链接错误信息

5. 逻辑错误

逻辑错误是指程序无语法错误，也能正常运行，但结果不对。这类错误常常是算法设计错误，计算机无法检查出来。逻辑错误是最难改正的错误之一，引起错误的原因往往可能很不起眼，所以改正这类错误常常需要投入大量的精力。

6. 运行错误

有时程序无语法和逻辑错误，但是程序就是不能正常运行。这种情况多数是输入数据和程序要求的数据不匹配造成的，也可能是系统的支持问题。

在 C++ 语言中，语法错误、链接错误相对较为容易改正。而逻辑错误是最隐蔽的错误之一，较难改正。运行错误则主要是在程序健壮性、兼容性上存在问题，可以通过提高程序的适应能力来修正。而最容易让程序开发人员忽略的就是警告错误了，因为警告错误不一定会影响程序的运行，但是这种不确定性会影响程序的执行结果，因此，一定要重视警告错误。

习题

一、选择题

1. 下列关于机器语言与高级语言的说法中，正确的是（　　　）。

　　A. 机器语言程序比高级语言程序执行得慢　　　　B. 机器语言程序比高级语言程序可移植性强
　　C. 机器语言程序比高级语言程序可移植性差　　　　D. 有了高级语言，机器语言就无存在的必要了

2. C++ 语言属于（　　　）。

A. 机器语言　　　　B. 低级语言　　　　C. 中级语言　　　　D. 高级语言

3. 下列各种高级语言中，不是面向对象的程序设计语言是（　　　）。

A. Java　　　　　　B. C++　　　　　　C. Visual Basic　　D. C

4. 关于对象的描述中，（　　　）是错误的。

A. 对象就是 C 语言中的结构变量　　　B. 对象是状态与操作的封装体

C. 对象之间的信息传递是通过消息进行的　　D. 对象是某个类的一种实例

5. 由 C++ 目标文件链接而成的可执行文件的默认扩展名为（　　　）。

A. .cpp　　　　　　B. .obj　　　　　　C. .lib　　　　　　D. .exe

6. 关于 C 和 C++ 的描述中，正确的是（　　　）。

A. C 是面向过程的，C++ 是纯面向对象的　　B. C++ 是 C 的超集

C. C++ 是对 C 的错误的修改　　　　　　　D. C++ 和 C 没有关系

7. 关于 C++ 和 C 的关系中，使 C 发生了质的变化，即从面向过程变成为面向对象的是（　　　）。

A. 增加了新的运算符　　　　　　　　B. 允许函数重载，并允许缺省参数

C. 规定函数有原型　　　　　　　　　D. 引进了类和对象的概念

8. #include 语句（　　　）。

A. 总是在程序运行时最先执行　　　　B. 按照在程序中的位置顺序执行

C. 在最后执行　　　　　　　　　　　D. 在程序运行前就执行了

9. 一个 C++ 语言程序的执行从（　　　）。

A. 本程序的 main 函数开始，到本程序的 main 函数结束

B. 本程序的 main 函数开始，到本程序的最后一个函数结束

C. 本程序的第一个函数开始，到本程序的 main 函数结束

D. 本程序的第一个函数开始，到本程序的最后一个函数结束

10. C++ 语言程序能够在不同操作系统下编译、运行，说明 C++ 语言具有良好的（　　　）。

A. 适应性　　　　　B. 移植性　　　　　C. 兼容性　　　　　D. 操作性

11. 系统规定 C++ 语言源程序文件名的默认扩展名为（　　　）。

A. .cpp　　　　　　B. .c++　　　　　　C. .bcc　　　　　　D. .vcc

12. C++ 语言是（　　　）。

A. 面向任务的编程语言　　　　　　　B. 面向过程的编程语言

C. 面向过程和对象的混合编程语言　　D. 面向对象的编程语言

13. 关于 C++ 语言和 C 语言的描述中，错误的是（　　　）。

A. C 语言是 C++ 语言的一个子集　　　B. C 语言和 C++ 语言是兼容的

C. C++ 语言对 C 语言进行了一些改进　　D. C 语言和 C++ 语言都是面向对象的

14. 下列关于 C++ 语言源程序正确的说法是（　　　）。

A. 最好向右缩进表达程序的层次结构

B. 每条语句（包括预处理命令）必须以分号结束

C. 注释语句会生成机器码

D. 每行只能写一个语句

15. 将高级语言编写的源程序"翻译"成目标程序的是（　　　）。

A. 解释程序　　　　B. 编译程序　　　　C. 汇编程序　　　　D. 调试程序

16. C++ 语言最有意义的方面是支持（　　　）。

A. 面向事件　　　　B. 面向程序　　　　C. 面向对象　　　　D. 面向用户

17. 关于源程序中注释部分的说法，（　　　）是正确的。

A. 注释参加编译，出现在目标程序中　　B. 注释参加编译，但不出现在目标程序中

C. 注释不参加编译，但出现在目标程序中　　D. 注释不参加编译，也不出现在目标程序中

18. 编译程序的功能是（   ）。

    A. 修改并建立源程序   B. 将源程序"翻译"成目标程序

    C. 调试程序   D. 命令计算机运行可执行程序

19. （   ）不是 Visual C++ 6.0 的开发过程。

    A. 创建工程   B. 使用 .exe 程序

    C. 创建 C++ 语言源程序文件   D. 编译源程序

20. 在 Visual C++ 6.0 中，运行一个 C++ 语言程序的步骤是（   ）。

    A. 编译、链接、编辑、运行   B. 编辑、编译、链接、执行

    C. 编译、编辑、链接、执行   D. 编辑、链接、编译、执行

21. 在 Visual C++ 6.0 中，若在调试信息窗口给出编译报告"error C2026: 'cout': undeclared identifier"，则在源程序中可能错误的是（   ）。

    A. 忘记声明变量 cout   B. 输入时将 cout 拼错了

    C. 忘记声明加入头文件 iostream   D. 缺少 main 函数

22. 下面描述中，符合结构化程序设计风格的是（   ）。

    A. 使用顺序、选择和重复（循环）3 种基本控制结构表示程序的控制逻辑

    B. 模块只有一个入口，可以有多个出口

    C. 注重提高程序的执行效率   D. 不使用 goto 语句

23. 在设计程序时，应采纳的原则之一是（   ）。

    A. 不限制 goto 语句的使用   B. 减少或取消注解行

    C. 程序越短越好   D. 程序结构应有助于读者理解

二、填空题

1. _____是计算机直接理解并执行的语言，由一系列_____组成。

2. 用高级语言编写的程序称为_____。

3. 一个程序应包括两方面内容：_____和_____。

4. _____语言既可用于面向过程的结构化程序设计，又可用于面向对象的程序设计。

5. C++ 语言提供了两种注释标识符：_____和_____。

6. 对源程序的语法和逻辑结构等进行检查以生成目标文件的过程是_____。

7. 在 Visual C++ 6.0 环境下，运行程序的快捷键是_____。

8. 以下程序的运行结果是_____。

```
#include <iostream >
using namespace std;
int main( )
{    cout<<"One";
     cout<<"World";
     cout<<"One";
     cout<<"Dream";
     return 0;
}
```

9. 若程序运行时从键盘输入"B+Enter"，则程序的输出结果为_____。

```
#include <iostream>
using namespace std;
int main()
{
     char c1,c2;
     cin>>c1;
     c2=c1+9;
     cout<<c1<<c2;
```

```
        return 0;
    }
```

10. 若程序运行时从键盘输入 5 和 6，则程序的输出结果是_____。

```cpp
#include <iostream >
using namespace std;
int main()
{
    int x,y;
    cin>>x>>y;
    cout<<"please enter x,y: ";
    cout<<"x="<<x<<","<<"y="<<y<<endl;
    cout<<"x*y="<<x*y<<endl;
    return 0;
}
```

三、改错题

修改下面这些程序中的错误，写出程序运行结果。

```cpp
1. main()
   {
   cout<<"This is my first program. "
   }
```

```cpp
2. #include <iostream>
   main()
   {
       cin>>x;
   int y=2*x;
   cout<<"y="<<y<<"\n;
   }
```

```cpp
3. #include <iostream>
   using namespace std;
   int main()
   {
       in a,b;
       a=3;
       int sum=a+b;
       cout<<"a+b="<<sum<<endl;
   }
```

四、简答题

1. 简述机器语言、汇编语言、高级语言的特点。
2. 简述结构化程序设计方法与面向对象程序设计方法的联系与区别。
3. 简述 C 语言和 C++ 语言之间的关系。
4. 叙述 C++ 语言程序的开发过程。

五、编程题

编写一个 C++ 语言程序，输出以下信息：

```
***************************
    Welcome to C++!
***************************
```

第2章 算 法

【本章要点】

- 算法的概念。
- 算法的表示方法。

计算机是一种具有内部存储能力的自动、高效的电子设备，它最本质的使命就是执行指令所规定的操作。如果我们需要计算机完成什么工作，只要将其步骤用诸条指令的形式描述出来，并把这些指令存放在计算机的内存中，机器就会自动逐条顺序执行指令，全部指令执行完成就得到预期的结果。这种可以被连续执行的一条条指令的集合称为计算机程序。也就是说，程序是计算机指令的序列，编制程序的过程就是为计算机安排指令序列。

一个程序应包括以下两方面内容：

1）对数据的描述，即在程序中要指定数据的类型和数据的组织形式。

2）对数据的操作，即操作步骤，也就是算法。

2.1 什么是算法

做任何事情都有一定的步骤。例如，你要买衣服，先要选好衣服，然后开票、付款、拿发票、取衣服、打车回家；如果你要做菜，先要买菜，然后洗菜、切菜、炒菜等。这些步骤都是按一定的顺序进行的，缺一不可，次序错了也不行。从事各种工作和活动都必须按事先想好的步骤，按部就班地进行，才能避免错乱。实际上，在日常生活中由于已养成习惯，所以人们并没有意识到每件事情都需要事先设计出"行动步骤"。例如吃饭、上学、运动和做饭等，事实上都是按照一定的规律进行的，只是人们不必每次都要重复考虑而已。

算法（algorithm）一词源于算术（algorism），即算术方法，是指一个由已知推求未知的运算过程。后来，人们把它推广到一般情况。广义地说，算法是为解决一个问题而采取的方法和步骤。算法解决"做什么"和"怎么做"的问题。算法普遍存在于日常生活中，例如，菜谱是做菜肴的"算法"，洗衣机的使用说明书是操作洗衣机的"算法"，歌谱是一首歌曲的"算法"。对计算机而言，算法是用计算机求解一个具体问题或执行特定任务的一组有序的操作步骤（或指令）。

程序设计的关键步骤是算法设计。算法在很大程度上决定了程序的效能。著名的计算机科学家 Niklaus Wirth 曾提出：

$$程序＝数据结构＋算法$$

其中：数据结构是对程序中数据的描述，主要是数据的类型和数据的组织形式；算法是对程序中操作的描述，即操作步骤。数据是操作的对象，操作的目的是对数据进行加工处理，以得到期望的结果。算法是灵魂，数据结构是加工对象。

通常计算机算法分为两大类：数值运算算法和非数值运算算法。数值运算是指对问题求数值解，如对微分方程求解、对函数的定积分求解、对高次方程求解等，都属于数值运算范围。非数值运算的应用领域非常广泛，如资料检索、事务管理、数据处理等。数值运算有确定的数学模型，一般都有比较成熟的算法。许多常用算法通常还会被编写成通用程序并汇编成各种程序库的形式，用户需要时可直接调用，如数学程序库、数学软件包等。而非数值运算的种类繁多，要求不一，很难提供统一规范的算法。目前，计算机在非数值运算方面的应用远远超过了在数值运算方面的应用。

2.2　简单的算法举例

【例2-1】　输入3个数，然后输出其中最大的数。

分析：首先，用 a、b、c 代表这3个数，用 max 代表最大数。由于一次只能比较两个数，因此，首先把 a 与 b 相比，大的数放入 max 中。其次，把 max 与 c 进行比较，把大的数放入 max 中。此时 max 中存放的就是 a、b、c 3个数中的最大数。最后，将 max 输出，算法可以表示如下：

1）输入 a、b、c。

2）若 $a>b$，则 max←a；否则 max ← b。

3）若 $c>$max，则 max←c。

4）此时 max 为最大数，输出 max。

【例2-2】　求解 $n!=1\times2\times3\times4\times5\times\cdots\times(n-1)\times n$。

分析：在本例中可以设两个数，一个是被乘数 f，另一个是乘数 i，将每一步的乘积结果放入被乘数 f 中，算法步骤如下：

1）确定 n 的值。

2）令等号右边的算式项中 i 的初始值为1。

3）令 f 中存放 $n!$ 的值，且初始值为1。

4）如果 $i\leqslant n$，执行5），否则执行8）。

5）计算 $f=f\times i$。

6）计算 $i=i+1$。

7）转去执行4）。

8）输出 f 的值，即 $n!$ 的值，算法结束。

【例2-3】　判定2000—2600年中的每一年是否为闰年，并将结果输出。

分析：闰年的条件：

1）能被4整除，但不能被100整除的年份都是闰年，如1996年、2004年、2008年、2016年都是闰年。

2）能被400整除的年份是闰年，如2000年是闰年。

设 year 为被检测的年份，算法步骤如下：

1）2000→year。

2）若 year 不能被4整除，则输出 year 的值和"不是闰年"，然后转到6），检查下一个年份。

3）若 year 能被4整除，不能被100整除，则输出 year 的值和"是闰年"，然后转到6）。

4）若 year 能被400整除，输出 year 的值和"是闰年"，然后转到6）。

5）输出 year 的值和"不是闰年"。

6）year+1→year。

7）当 year≤2600时，转2）继续执行，否则算法停止。

在这个算法中，采用多次判断。先判断 year 能否被4整除，如不能，则 year 必然不是闰年。如 year 能被 4 整除，并不能马上决定它是否是闰年，还要检查能否被 100 整除。如不能被 100 整除，则肯定是闰年（如 2004 年）。如能被 100 整除，还不能判断它是否是闰年，还要检查它能否被 400 整除，如果能被 400 整除，则是闰年；否则不是闰年。

2.3　算法的特点

一个有效算法应该具有以下特点：

1）有穷性。一个算法应包含有限个操作步骤。也就是说，在执行若干个操作之后，算法能正常结束，而且每一步都在合理的时间内完成。

2）确定性。算法中的每一条指令必须有确定的含义，不能有二义性，对于相同的输入必须得出相同的执行结果。

3）可行性。算法中指定的操作都可以通过确定的、计算机能识别的基本运算执行有限次后完成。

4）有零个或多个输入。在计算机上实现的算法是用来处理数据对象的，在大多数情况下这些数据需要通过输入得到。

5）有一个或多个输出。算法的目的是为了求"解"，这些"解"只有通过输出才能得到。输出的形式多种多样，可以输出到屏幕或打印机，也可以输出到一个磁盘文件中。

2.4　算法的表示方法

算法可以用多种方法来表示，常用的有自然语言表示法、流程图表示法、N-S 流程图表示法，下面分别介绍。

2.4.1　自然语言表示法

自然语言就是人们日常使用的语言。虽然用自然语言描述算法通俗易懂，但是有几个缺点。

（1）描述烦琐冗长

往往要用一段冗长的文字才能说清楚所要进行的操作，如"把名字为 n 的存储单元的值放入到名字为 m 的存储单元中"等描述。

（2）容易出现"歧义性"

自然语言往往要根据上下文才能正确地判断出其含义，表达不严格。例如，"张三要李四把他的笔记本拿来"，究竟指的是谁的笔记本，此描述就有歧义性。

（3）表达不直观

虽然由自然语言描述的顺序执行步骤容易理解，但是如果算法中包含判断和转移，用自然语言就不那么直观清晰了。

2.4.2　流程图表示法

1. 流程图

流程图是一种用于表示算法或过程的图形。在流程图中，使用各种符号表示算法或过程的每一个步骤，并使用箭头符号将这些步骤按照顺序连接起来。使用流程图表示算法可以避免自然语言的模糊缺陷，且独立于任何一种特定的程序设计语言。美国国家标准学会规定了一些常用的符号，表 2-1 列出了标准的流程图符号及其名称和功能，这些符号已被世界各国的广大程序设计工作者普遍接受和采用。

表 2-1　流程图的表示符号

符　号	名　称	功　能
⬭	起 / 止框	表示算法的开始和结束
▱	输入 / 输出框	表示算法过程中，从外部获取信息（输入），或将处理后的信息输出
◇	条件判断框	表示算法过程中的分支结构。菱形框的 4 个顶点中，通常用上面的顶点表示入口，根据需要用其余的顶点表示出口
▭	处理框	表示算法过程中需要处理的内容，只有一个入口和一个出口
⟶ 或 ↓	流程线	在算法过程中指向流程的方向
◯	连接点	在算法过程中用于把画在不同地方的流程线连接起来
- - - - ⌐	注释框	对流程图中某些框的操作做必要的补充说明，可以帮助读者很好地理解流程图的作用。不是流程图中的必要部分

【例 2-4】　有黑和蓝两个墨水瓶，但却错把黑墨水装在了蓝墨水瓶子里，而蓝墨水错装在了黑墨水瓶子里，请将其互换。

分析：这是一个非数值运算问题。因为两个瓶子的墨水不能直接交换，所以解决这一问题的关键是需要引入第三个墨水瓶。设 A 代表装黑墨水的瓶子，B 代表装蓝墨水的瓶子，C 代表空瓶子，$A \to C$ 代表把黑墨水瓶的墨水倒入空瓶子中，$B \to A$ 代表把蓝墨水瓶的墨水倒入黑墨水瓶中，$C \to B$ 代表把空瓶子中的墨水倒入蓝墨水瓶中，其算法的流程图表示如图 2-1 所示。

【例 2-5】　用流程图来描述"求 A 除以 B 的余数（A、B 为整数）"算法。

分析：在本例中，为了使算法具有更好的适用性，A 和 B 的值可以由键盘输入得到，为了增强算法的严密性，可以首先判断输入的除数 B 是否为零，然后计算 A 除以 B 的余数，最后输出，算法的流程图表示如图 2-2 所示。

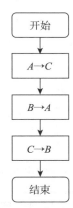

图 2-1　例 2-4 的流程图

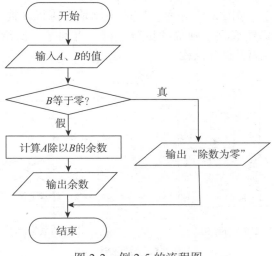

图 2-2　例 2-5 的流程图

2. 用流程图表示的 3 种基本结构

1966 年，Bohra 和 Jacopini 提出了算法的 3 种基本结构，并用这 3 种基本结构作为描述算法的基本单元。

（1）顺序结构

顺序结构表示的是算法按照操作步骤描述的顺序依次执行的一种结构，用流程图来描述如图 2-3 所示。

（2）选择结构

选择结构（又称分支结构）表示的是按照条件的成立与否决定程序执行不同的操作。图 2-4 为选择结构的流程图。

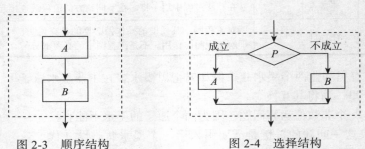

图 2-3　顺序结构　　　　　　图 2-4　选择结构

在选择结构中，根据条件 P 的判断结果，决定执行 A 或执行 B，不能既执行 A 又执行 B。无论执行 A 或执行 B，都要经过一个出口脱离选择结构。在许多情况下，B 框允许是空的，即不执行任何操作。

（3）循环结构

在一些算法中，经常会出现从某处开始，按照一定条件，反复执行某一处理步骤的情况，这就是循环结构，反复执行的处理步骤称为循环体。循环结构又称重复结构，循环结构可细分为两类：

1）当型循环结构。如图 2-5a 所示，它的功能是当给定的条件 $P1$ 成立时，执行 A 框，A 框执行完毕后，再判断条件 $P1$ 是否成立，如果 $P1$ 仍然成立，再执行 A 框，如此反复执行 A 框，直到某一次给定的条件 $P1$ 不成立为止，此时不再执行 A 框，离开循环结构。

2）直到型循环结构。如图 2-5b 所示，它的功能是先执行 A 框，然后判断给定的条件 $P2$ 是否成立，如果 $P2$ 仍然成立，则继续执行 A 框，直到某一次给定的条件 $P2$ 不成立为止，此时不再执行 A 框，离开循环结构。

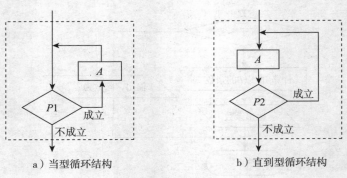

a）当型循环结构　　　　　　b）直到型循环结构

图 2-5　循环结构

3. 流程图算法举例

【例 2-6】 已知一名学生的平时成绩和期末成绩，请画出计算这名学生的总评成绩并给出成绩评定结果的流程图。

分析：本例要求输入学生的平时成绩 sc1 及期末成绩 sc2，根据公式计算学生总评成绩 tol。计算 tol 的公式为：tol＝sc1×0.3＋sc2×0.7，算法的流程图表示如图 2-6 所示。

【例 2-7】 使用流程图描述例 2-2 中 $n!$ 的算法，如图 2-7 所示。

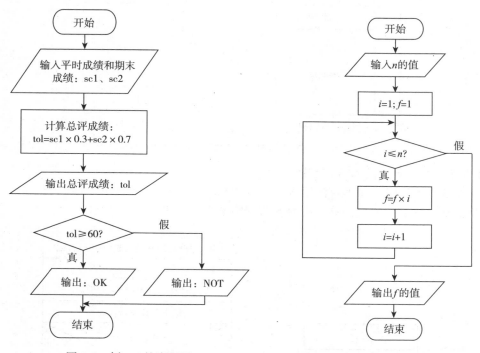

图 2-6　例 2-6 的流程图　　　　　　图 2-7　求 n 的阶乘的算法流程图

2.4.3　N-S 流程图表示法

N-S 流程图是美国学者 I. Nassi 和 B. Shneiderman 在 1973 年提出的一种流程图形式，用两个学者名字的首字母命名。其根据是：既然任何算法都是由前面介绍的 3 种基本结构组成的，那么各基本结构之间的流程线就是多余的，因此其去掉了所有的流程线，将全部的算法写在一个矩形框内，在该框内可以包含其他从属于它的框。N-S 流程图也是算法的一种结构化描述方法，同样也有 3 种基本结构，使用 3 种 N-S 流程图可以完成任何复杂算法的表示，下面分别进行介绍。

1）顺序结构：图 2-8a 表示顺序结构，用 A 和 B 两个框表示顺序结构，即先执行 A，再执行 B。

2）选择结构：图 2-8b 表示选择结构，当条件 P 成立时，执行 A 操作；不成立时，执行 B 操作。

3）循环结构：图 2-8c 表示当型循环结构，当条件 P 成立时，反复执行循环体，直到条件 P 不成立为止。图 2-8d 表示直到型循环结构，先执行循环体，再判断条件 P 是否成立，若条件 P 成立，继续执行循环体，直到条件 P 不成立则不再执行循环体。

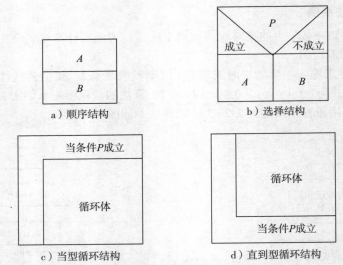

a）顺序结构   b）选择结构

c）当型循环结构   d）直到型循环结构

图 2-8　N-S 流程图中 3 种基本结构的示意图

下面给出前面算法的 N-S 流程图表示。

【例 2-8】　将例 2-4 中的算法用 N-S 流程图来表示，如图 2-9 所示。

【例 2-9】　将例 2-6 中的算法用 N-S 流程图来表示，如图 2-10 所示。

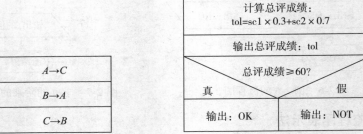

图 2-9　例 2-4 的 N-S 流程图　　　　　图 2-10　例 2-6 的 N-S 流程图

【例 2-10】　将例 2-7 中的算法用 N-S 流程图来表示，如图 2-11 所示。

除上述 3 种表示法，还可以用伪代码表示算法。作为初学者，应重点掌握流程图表示法和 N-S 流程图表示法。

2.4.4　用计算机语言实现算法

要完成一件工作，需要完成设计算法和实现算法两个部分。例如，作曲家创作一首曲谱就是设计一个算法，但它仅仅是一个乐谱，并未变成音乐。而作曲家的目的是希望人们听到悦耳动人的音乐，由演奏家按照乐谱的规定进行演奏，就是"实现算法"。

程序设计的任务是用计算机解题，也就是要用计算机实现算法。计算机是无法识别流程图的，只有用计算机语言编写

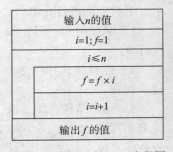

图 2-11　例 2-7 的 N-S 流程图

的程序才能被计算机执行。因此在用流程图描述一个算法后，还要将它转换成计算机语言程序。

用计算机语言实现算法必须严格遵循所用语言的语法规则。下面，我们将前面介绍过的算法用 C++ 语言实现。

【例 2-11】 将例 2-7 表示的算法（求 $n!$）用 C++ 语言实现。

```
#include <iostream>
using namespace std;
int main()
{
    int i=1,n;
    long int f=1;
    cin>>n;
    while(i<=n)
    {
        f=f*i;
        i=i+1;
    }
    cout<<n<<"!="<<f<<endl;
return 0;
}
```

习题

一、选择题

1. 以下给出关于算法的若干说法，其中正确的是（　　　）。

  A. 算法就是某一个问题的解题方法

  B. 对于给定的一个问题，其算法不一定是唯一的

  C. 一个算法可以不产生确定的结果

  D. 算法的步骤可以无限地执行下去

2. 一个算法应该具有"确定性"等 5 个特性，对另外 4 个特性的描述中错误的是（　　　）。

  A. 有零个或多个输入　　　　　　　　B. 有零个或多个输出

  C. 有穷性　　　　　　　　　　　　　D. 可行性

3. 算法的 3 种基本结构是（　　　）。

  A. 顺序结构、模块结构、选择结构　　B. 顺序结构、循环结构、模块结构

  C. 顺序结构、选择结构、循环结构　　D. 模块结构、选择结构、循环结构

4. 在计算机中，算法是指（　　　）。

  A. 加工方法　　　　　　　　　　　　B. 解题方案的准确而完整的描述

  C. 排序方法　　　　　　　　　　　　D. 查询方法

5. 算法的有穷性是指（　　　）。

  A. 算法程序的运行时间是有限的　　　B. 算法程序所处理的数据量是有限的

  C. 算法程序的长度是有限的　　　　　D. 算法只能被有限的用户使用

二、填空题

1. 算法的定义是_____。

2. 计算机算法分为两大类：_____和_____。

三、编程题

用流程图表示法求解以下问题的算法。

1）输入 3 个数 a、b、c，输出其中的最大数。

2）输入三条边长 a、b、c，计算三角形面积 s。

3）输入一元二次方程 $ax^2+bx+c=0$ 的系数，输出它的实数根。

4）求 $1+2+3+\cdots+100$。

5）求 $10!$。

6）猴子第 1 天摘下若干个桃子，当即吃了一半，还不过瘾，又多吃了一个；第 2 天早上又将剩下的桃子吃掉一半，又多吃了一个。以后每天早上都吃了前一天剩下的一半多一个。到第 10 天早上想再吃时，见只剩下一个桃子了。请问猴子第 1 天共摘了多少个桃子？

第3章　C++语言基础知识

【本章要点】

- C++语言的基本数据类型。
- C++语言的运算符和表达式。
- C++语言的运算符的优先级和结合性。

C++语言是目前广泛使用的程序设计语言之一。本章主要介绍C++语言的字符集与词汇、数据类型、常量、变量、运算符和表达式、数据类型转换等，它们是C++语言编程的基础。本章是后续章节学习的基础。

3.1　C++语言的字符集与词汇

3.1.1　C++语言的字符集

字符是组成C++语言不可再分的最小单位。C++语言字符集由以下几部分构成。

1）字母：包括26个小写字母（a，b，c，…，z）和26个大写字母（A，B，C，…，Z）。

2）数字：0，1，2，3，4，5，6，7，8，9。

3）其他字符：空格，_（下画线），+，-，*，/，%，<，[，]，&，~等。

在字符的基础上，可以根据词法规则组成词汇。

3.1.2　C++语言的词汇

词汇是一种词法记号，它是由若干个字符组成的具有意义的最小程序单元。下面分别进行介绍。

1. 关键字

在C++语言中关键字又称保留字，它是预先由系统定义好的词汇，具有特定的含义。C++语言中的关键字都是小写的，在程序设计时经常用到。标准C++语言中预定义了63个关键字，参见附录B。

2. 标识符

标识符是程序员用来命名程序中实体的字符序列，这些实体包括变量、常量、函数、对象、类型和语句标号等。

C++语言要求标识符必须符合以下语法规定：

1）组成标识符的字符只能有：字母（A~Z，a~z）、数字（0~9）、_（下画线）。

2）标识符必须以字母或下画线开始。例如，name、NAME、_old、_988、double_list、Total等都是合法的标识符；3c（不能以数字开头）、B$7（包含非法字符 $）、grade 1（包含非法字符"空格"）等都是不合法的标识符。

3）标识符的长度可以是任意的。

4）标识符中大小写字母表示不同的实体，如 time、TIME、Time 等标识符在同一程序中使用被视为不同的标识符。

5）标识符不能分行书写。

为了便于读写，标识符的命名最好选择能够代表一定意义的词汇或缩写，但不能用关键字，如用"day"表示日期，用"myage"表示年龄等；为了增强程序的可读性，可适当地使用下画线，如用"load_num"表示取数据，一般变量名、函数名和类型名用小写字母，符号常量名用大写字母。

3. 分隔符

C++ 语言常用的分隔符有以下几种。

1）空格：用作词汇之间的分隔符。

2）逗号：用作变量之间或对象之间的分隔符，或用作函数的多个参数之间的分隔符。

3）冒号：用作语句标号及 switch 语句中 case 表达式与语句序列之间的分隔符。

4）花括号：用来界定函数体、复合语句等。

5）分号：用于标识每条语句的结束。

4. 运算符

运算符是一些用来标识某种操作的词汇，它实际上是系统预定义的函数名，这些函数作用于被操作的对象并获得一个结果值。运算符是由一个或多个字符组成的词汇，C++ 语言的运算符除了包含了 C 语言中的运算符外，还增加了一些新的运算符。C++ 语言的运算符可以重载。

5. 注释符

在程序中注释起到对程序的注解和说明的作用，目的是为了便于程序的阅读和分析。C++ 语言中常采用以下注释方法。

1）使用"/*"和"*/"进行注释，在"/*"和"*/"之间的所有字符都为注释符。这种注释方法适用于有多行注释信息的情况。

2）使用"//"进行注释，从"//"后面的字符开始直到它所在行的行尾，所有字符都为注释信息。这种方法适用于仅有一行注释信息的情况。

3.2 C++ 语言的数据类型

C++ 语言程序在处理数据之前，要求数据必须具有明确的数据类型。所谓数据类型是按被说明量的性质、表示形式、占据存储空间的多少及构造特点来划分的。C++ 语言的数据类型定义了使用存储空间（内存）的方式，通过定义数据类型告诉编译系统怎样创建一段特定的存储空间，以及怎样操作这段存储空间。

C++ 语言的数据类型可以分为基本数据类型和构造数据类型两种。基本数据类型最主要的特点是其值不可以再分解为其他类型。构造数据类型也叫复杂数据类型，是根据已定义的一个或多个数据类型用构造的方法来定义的。也就是说，一个构造数据类型的值可以分解成若干个"成员"或"元素"。每个"成员"都是一个基本数据类型或是一个构造数据类型。C++ 语言的数据类型层次图如图 3-1 所示。

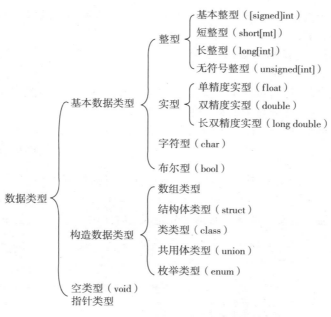

图 3-1　C++ 语言的数据类型层次图

数据类型的描述确定了数据在内存中所占空间的大小与数据的表示范围，以 Visual C++ 6.0 为例，C++ 语言的基本数据类型如表 3-1 所示。

表 3-1　C++ 语言的基本数据类型

类型	类型标识符	字节	数值范围
整型	[signed] int	4	–2 147 483 648～2 147 483 647
短整型	short [int]	2	–32 768～32 767
长整型	long [int]	4	–2 147 483 648～2 147 483 647
无符号整型	unsigned [int]	4	0～4 294 967 295
无符号短整型	unsigned short [int]	2	0～65 535
无符号长整型	unsigned long [int]	4	0～4 294 967 295
字符型	char	1	0～255
单精度实型	float	4	3.4×10^{-38}～3.4×10^{38}
双精度实型	double	8	1.7×10^{-308}～1.7×10^{308}
长双精度实型	long double	8	1.7×10^{-308}～1.7×10^{308}

3.3　常量与变量

C++ 语言存在着两种表示数据的形式：常量与变量。常量与变量的区别在于程序运行时存放在内存中的数值可否变化。程序执行时其值可变的为变量，不可变的为常量。

3.3.1　变量

变量是指程序在运行时其值可以改变的量。变量提供了一个有名字的内存区域，可以通过程序对其进行读、写和处理。每个变量由一个变量名标识，同时，每个变量又具有一个特定的数据类型，用于决定变量内存的大小、该变量的取值范围以及可以作用于其上的运算。变量具有以下 3 个要素。

1）变量名：每个变量都必须有一个名字，即变量名。变量命名应该遵循标识符的命名规则。

2）变量值：在程序运行过程中，变量值存储在内存中，通过变量名来引用变量的值。

3）变量地址：变量在内存中的存储单元地址。

例如，定义一个整型变量 a，其值为 3，表示如图 3-2 所示。

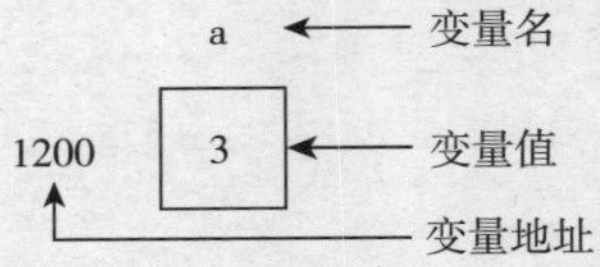

1. 定义变量

在使用变量之前，必须为其命名并明确规定其所属的数据类型，这个过程称为变量定义或变量声明。在 C++ 语言中，要求对所有用到的变量作强制定义，也就是必须"先定义，后使用"，定义变量的一般形式是：

图 3-2　变量 a 的表示

```
数据类型标识符　变量名1，变量名2，…；
```

例如：

```
int a,b,c,d,e;          //定义a,b,c,d,e为整型变量,注意各变量间以逗号分隔,最后是分号
char ch;                //定义字符型变量ch
float i,j;              //定义单精度实型变量i和j
double area;            //定义双精度实型变量area
```

变量名是一个标识符，由字母、数字、下画线组成，但必须以字母或下画线开始。在组成变量名的元素中，大小写字母的含义是不同的。

2. 变量初始化

可以在定义变量时指定它的初值，称为变量的初始化。为变量所赋的初值可以是常量，也可以是表达式，该表达式必须在编译时就能计算出值来，系统计算得到其值后，将其赋值给该变量。

例如：

```
int a=2,b,c=50,d=17,e;     //对变量a、c、d指定了初值,b和e未指定初值
double aver=5.4*16.7;      //定义双精度实型变量aver,同时将5.4*16.7的值赋予它
```

也可以在变量定义后为其赋值，例如：

```
int a;             //定义一个整型变量a
a = 100;           //给a赋值100
```

【例 3-1】 变量初始化举例。

```cpp
#include <iostream >
using namespace std;
int main()
{
    int a=3,b=5,c;
    char ch='D';
    double area=34.52645;
    cout<<a<<endl<<b<<endl<<c<<endl<<ch<<endl<<area<<endl;
    return 0;
}
```

说明：在例 3-1 中，分别将初始化后的变量 a、b、ch、area 的值输出，由于变量 c 没有初始化，则它的值是不定的，程序输出随机数 –858 993 460。程序的运行结果如图 3-3 所示。

图 3-3　例 3-1 程序的运行结果

3. 变量的引用

所谓引用，就是给变量起一个别名，也就是说，使变量和变量的引用共用一段内存单元。因此，无论对变量还是变量引用的值进行修改，都是对同一段内存单元的内容进行修改。所以，变量和变量的引用总是具有相同的值。为变量定义一个引用的语法格式如下：

数据类型 &引用名=已定义的变量名；

例如：

```
int    num=20;
int    &ref=num;
```

【例 3-2】 变量的引用举例。

```
#include <iostream >
using namespace std;
int main()
{
    int    num=200;
    int    &ref=num;              //定义变量num的别名为ref
    ref=ref+100;
    cout<<"num="<<num<<",ref="<<ref<<endl;
    num=num+50;
    cout<<"num="<<num<<",ref="<<ref<<endl;
    return 0;
}
```

程序的运行结果如图 3-4 所示。

图 3-4　例 3-2 程序的运行结果

3.3.2　常量

在程序运行过程中其值始终不变的量称为常量。C++ 语言中的常量有以下几种。

1. 整型常量

一个整型常量可以用 3 种不同的方式表示。

1）十进制整数：由 0～9 十个数字组成，不能以 0 开始，如 237、–579、4879 等。

2）八进制整数：以 0 为前缀，由 0～7 之间的数字组成，如 020、0205、043、–024 等。

3）十六进制整数：以 0X 或 0x 开始，由 0～9 及 a～f（A～F）组成，如 0X20、0x4c 等。

另外，还可以在整型常量后加后缀字母 L（或 l）表示长整型常量；加后缀字母 U（或 u）表示无符号整型常量；同时加 U（或 u）和 L（或 l）表示无符号长整型常量。如 2546L、58U、45635UL。

2. 实型常量

实型常量有两种表示方法。

1）十进制小数表示形式：由整数部分和小数部分组成，具体格式如下

<整数部分>.<小数部分>

例如：12.78、0.98 等。

2）指数表示形式（即科学表示法）：由小数表示法加 e（或 E）和指数组成，字母 e（或 E）表示其后的数是以 10 为底的幂，如 e3 表示 10^3，具体格式如下

<整数部分>.<小数部分>e<指数部分>

其中，e（或 E）的前面必须有数字，e（或 E）的后面指数部分必须是整数且可正可负。例如，5.78e6、0.34e-3、3e4 是合法的，e3、6e2.5、.e5 是不合法的。

3. 字符常量

字符常量是由一对单引号括起的单个字符，如 'a'、'b'、'#'、'!'、'8' 等。

特殊字符如回车符、换行符等因无法正常显示，需要用特殊的方式表示，这些特殊字符一般以"\"开始，C++ 语言将这种以"\"开始的特殊字符称为"转义字符"。表 3-2 列出了常用的转义字符。

表 3-2　常用的转义字符

转义字符	含　义	转义字符	含　义
\n	换行	\\	反斜杠字符（\）
\t	水平制表符	\'	单引号字符（'）
\b	退格	\"	双引号字符（"）
\r	回车	\0	空字符
\a	响铃	\ddd	1~3 位八进制数所代表的字符
\v	垂直制表符	\xhh	1~2 位十六进制数所代表的字符

说明：值为 0 的字符称为空字符，用 '\0' 表示。注意，它与数字字符 '0' 是完全不同的。空格也是一个字符，表示为 ' '。

在存放一个字符常量到内存单元时，并不是把该字符本身放入内存单元中，而是将该字符相应的 ASCII 码值存放到存储单元中。如果字符变量 ch 的值为 'A'，则在变量中存放的是 'A' 的 ASCII 码值 65。各字符的 ASCII 码值参见附录 A。所以，字符数据在内存单元中的存储形式与整数的存储形式相似，这样，在 C++ 语言中字符型数据和整型数据之间就可以相互赋值，也可以进行简单的算术运算。

【例 3-3】　字符常量的使用。

```
#include <iostream>
using namespace std;
int main()
{
```

```
    char c1,c2;
    c1='C';
    c2='D';
    cout<<c1<<' '<<c2<<'\n';
    return 0;
}
```

程序的运行结果如图 3-5 所示。

图 3-5　例 3-3 程序的运行结果

【例 3-4】　转义字符的使用。

```
#include <iostream>
using namespace std;
int main()
{
    char c1='a',c2='b',c3='c',c4='\101',c5='\116';
    cout<<c1<<c2<<c3<<'\n';
    cout<<"\t\b"<<c4<<'\t'<<c5<<'\n';
    return 0;
}
```

程序的运行结果如图 3-6 所示。

图 3-6　例 3-4 程序的运行结果

4. 字符串常量

字符串常量是由一对双引号括起的字符序列，如 "Hello, world!"、" "、"Hello"、"D"。

注意：编译系统在将字符串存入内存时，自动为其加上 '\0' 作为字符串结束的标志。因此，'C' 与 "C" 的区别：'C' 是字符常量，占 1 字节内存空间；"C" 是字符串常量，占 2 字节内存空间，一个内存单元用于存放字符 'C' 的 ASCII 码值，另一个内存单元用于存放字符串结束标识 '\0'。

【例 3-5】　字符串常量的使用。

```
#include <iostream>
using namespace std;
int main()
{
    char c1='C',c2='+',c3='+';
    cout<<"I say:\""<<c1<<c2<<c3<<'\"';
    cout<<"\t\t"<<"He says:\"C++ is very interesting!\""<<'\n';
    return 0;
}
```

程序的运行结果如图 3-7 所示。

图 3-7　例 3-5 程序的运行结果

5. 符号常量和常变量

（1）符号常量

为了编程和阅读的方便，在 C++ 语言程序设计中，常用一个符号名代表一个常量，称为符号常量。# define 命令是一条编译预处理命令，可以用它来定义符号常量。其定义格式为：

```
#define  <符号常量名>  <字符序列>
```

其中，<符号常量名>是用户定义的标识符，称为宏或宏标识符；<字符序列>是由用户给定的用来代替宏的一串字符序列，称为宏替换体，它可以是数值常量、可计算值的表达式或字符串。它不是 C++ 语言语句，因此行尾没有分号。宏被该命令定义后就可以使用在其后的程序中。当程序被编译时，将把所有使用宏标识符的地方替换为对应的字符序列。

【例 3-6】　符号常量的使用。

```cpp
#include <iostream>
using namespace std;
# define PI 3.14159
int main()
{
    double perimeter,area, r=5.0;
    perimeter=2*PI*r;
    area=PI*r*r;
    cout<<" perimeter="<< perimeter<<" ,area="<<area<<endl;
    return 0;
}
```

程序中用预处理命令 #define 指定 PI 在本程序中代表常量 3.14159，此后凡在本程序中出现的 PI 都由 3.14159 替换，PI 可以和常量一样进行运算，程序的运行结果如图 3-8 所示。

图 3-8　例 3-6 程序的运行结果

（2）常变量

在定义变量时，如果加上关键字 const，则变量的值在程序运行期间不能改变，这种变量称为常变量。它的定义形式为：

```
const<类型名><常变量名><=初值表达式>…;
```

例如：

```
const int a=3;  //用const来声明这种变量的值不能改变,指定其值始终为3
```

注意：在定义常变量时必须同时对它进行初始化，此后它的值不能再改变。例如，下面的常变量的定义形式是错误的：

```
const int a;
```

```
a=3;                    //常变量不能被赋值
```

【例 3-7】 常变量的使用。

```
#include <iostream>
using namespace std;
int main()
{
    double r,perimeter,area;
    const double pi=3.14159;
    cout<<"请输入圆的半径r: ";
    cin>>r;
    perimeter=2*pi*r;
    area=pi*r*r;
    cout<<"圆的周长perimeter="<< perimeter<<",圆的面积area="<<area<<endl;
    return 0;
}
```

从键盘上输入 r 为 3，则程序的运行结果如图 3-9 所示。

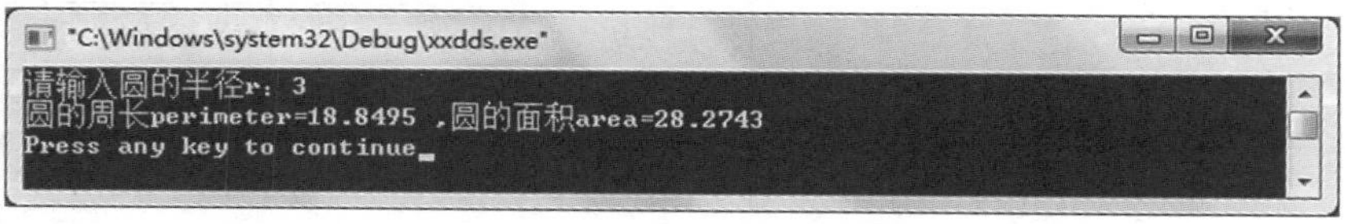

图 3-9 例 3-7 程序的运行结果

请注意符号常量和常变量的区别：

1）符号常量只是用一个字符串代替一个符号，在预编译时把所有符号常量替换为所指定的字符串，它没有类型，在内存中并不存在以符号常量命名的存储单元。

2）常变量具有变量的特征，它具有类型，在内存中存在着以它命名的存储单元，可以用 sizeof 运算符计算出其长度，它与一般变量唯一的不同是常变量的值在程序运行期间不能改变。

3.4 运算符与表达式

运算符是施加在数据上的操作，变量、常量通过运算符组合成 C++ 语言的表达式，构成了 C++ 语言程序的基本要素。本节将介绍 C++ 语言中的运算符和表达式。

运算是对数据的加工过程，标识不同运算的符号称为运算符，参与运算的数据称为操作数。表 3-3 列出了 C++ 语言中的运算符、优先级及其与操作数的结合性。

表 3-3 C++ 语言的运算符与结合性

优先级	运 算 符	运 算 顺 序	功 能
1	：：	从右向左结合	全局范围符（单目）
	：：	从左向右结合	类范围符（双目）
2	→,.	从左向右结合	成员选择符
	[ ]	从左向右结合	数组下标符
	( )	从左向右结合	函数调用
	( )	从左向右结合	强制类型转换
	sizeof	从左向右结合	所占用内存字节数

（续）

优先级	运 算 符	运 算 顺 序	功 能
3	++, --	从右向左结合	自增，自减
	~	从右向左结合	按位反
	!	从右向左结合	逻辑非
	+, -	从右向左结合	取正，取负
	*, &	从右向左结合	指针操作，取址
	(	从右向左结合	类型转换
	new,delete	从右向左结合	动态分配（删除）内存
4	*, /, %	从左向右结合	乘、除、取余运算
5	+, -	从左向右结合	加、减运算
6	<<, >>	从左向右结合	移位运算
7	<, <=, >, >=	从左向右结合	关系比较
8	==, !=	从左向右结合	等值，不等值比较
9	&	从左向右结合	按位与
10	^	从左向右结合	按位异或
11	|	从左向右结合	按位或
12	&&	从左向右结合	逻辑与
13	||	从左向右结合	逻辑或
14	? :	从左向右结合	条件运算符
15	=, *=, /=, %=, +=, -=, <<=, >>=, &=, |=, ^=	从右向左结合	赋值运算符
16	,	从左向右结合	逗号运算符

注：优先级相同的运算符，其执行顺序由该运算符在语句中的位置决定。

运算符的优先级和数学运算中的优先级意义相同，它决定了一个运算符在表达式中的运算顺序，优先级越高，运算次序越靠前。例如，根据先乘除后加减的原则，表达式 c+a*b，先计算 a*b，将得到的结果再和 c 相加。当表达式中出现了括号时会改变优先级，先计算括号中的表达式值，再计算整个表达式的值。

结合性决定一个运算符对其操作数的运算顺序。如果一个运算符对其操作数的操作运算是自左向右执行的，则称该操作符是左结合的，如 a+b+c；反之如果一个运算符对其操作数的操作运算是自右向左执行的，则称该操作符是右结合的，如 a=b。

根据运算符所带的操作数的数量进行划分，可以分为 3 种运算符：

1）单目运算符：只带一个操作数的运算符，如 ++、--、! 等运算符。

2）双目运算符：带两个操作数的运算符，如 +、-、*、/ 等运算符。

3）三目运算符：带 3 个操作数的运算符，如 ？：运算符。

根据运算符表示的运算性质的不同，可以将 C++ 语言中的运算符分为算术运算符、关系运算符、逻辑运算符、逗号运算符、条件运算符、赋值运算符、位运算符和 sizeof 运算符等，下面分别进行讨论。

3.4.1 算术运算符与算术表达式

1. 算术运算符

C++ 语言提供的算术运算符如下。

（1）+、- 运算符

1）+：取正。单目运算符，如 +5。

2）-：取负。单目运算符，如 -123。

（2）+、-、*、/、% 运算符

1）+：加法运算符。如 1+2 的结果为 3。

2）-：减法运算符或负值运算符。如 5-3 的结果为 2。

3）*：乘法运算符。如 2*3 的结果为 6。

4）/：除法运算符。如 4/2 的结果为 2。需要说明的是，如果两个整数相除，则结果为整数，小数部分被舍弃，如 5/3 的结果为 1，舍去小数部分；如果除数或被除数中有一个为实数，则结果为实数，如 5.0/2 的结果为 2.5。

5）%：求余运算符。要求两边的操作数必须为整型数据，如 8%3 的结果为 2。

【例 3-8】 从键盘上输入华氏温度，将其转换成摄氏温度并输出。

提示：华氏温度 f 和摄氏温度 c 之间的转换关系为：$c=5*(f-32)/9$。

```cpp
#include <iostream>
using namespace std;
int main()
{
    float c,f;
    cout<<"please enter temperature as degrees Fahrenheit:";//提示用户输入华氏温度
    cin>> f;
    c=5*( f-32)/9;
    cout<<"temperature:" <<c<<" degree celius:"<<endl;
    return 0;
}
```

从键盘上输入华氏温度 97，则程序的运行结果如图 3-10 所示。

图 3-10 例 3-8 程序的运行结果

（3）自增和自减运算符

自增运算符"++"和自减运算符"--"主要用在循环语句中，为循环控制变量提供格式紧缩的加 1 和减 1 运算。

自增与自减运算符的运算规则如下。

1）++i：先执行 i=i+1，再使用 i 的值（先自增后使用）。

2）i++：先使用 i 的值，再执行 i=i+1（先使用后自增）。

3）--i：先执行 i=i-1，再使用 i 的值（先自减后使用）。

4）i--：先使用 i 的值，再执行 i=i-1（先使用后自减）。

例如：

```
int  i=10,j=0;
j=i++ ;
cout<< "i= "<<i<< ",j= "<<j;         // 输出i=11,j=10
```

分析：表达式 j=i++ 的运算过程为先使用 i 的值，将其赋值给变量 j，然后将 i 的值增加 1。即：

```
j=i;
i++;
```

再如：

```
int i=10,j=0;
j=++i;
cout<< "i= "<<i<< ",j= "<<j;//输出i=11,j=11
```

分析：表达式 j=++i 的运算过程为先将 i 的值增加 1，然后将 i 的值赋给变量 j。即：

```
i++;
j=i;
```

前缀 "++" 表示 "先自增后使用"，后缀 "++" 表示 "先使用后自增"。"−−" 的用法与 "++" 相同。

说明：

1）自增运算符和自减运算符只能用于变量，而不能用于常量或表达式。

2）注意运算符的结合方向，如在表达式 k=−i++ 中，由于负号运算符和自增运算符优先级相同，则需要看结合方向，自增、自减运算符及负号运算符的结合方向是从右向左，因此，上式等效于 k=−(i++)。

3）运算符 "++" 和 "−−" 必须连写，中间不能有空格。

【例 3-9】 自增自减运算符的使用。

```cpp
#include <iostream>
using namespace std;
int main()
{
    int x,y,z;
    x=3;                      //整数3赋给变量x
    y=++x+3;                  //自增运算符前置，++x的值等于自增后的值即4，4+3=7
    cout<<"x="<<x<<",y="<<y<<endl;       //输出x和y的值
    z=x++ +5;                 //自增运算符后置，x++的值等于自增前的值4，z=4+5之后x的值为5
    cout<<"x="<<x<<",z="<<z<<endl;          //输出x和z的值
    return 0;
}
```

程序的运行结果如图 3-11 所示。

图 3-11   例 3-9 程序的运行结果

2. 算术表达式

用算术运算符和括号将运算对象（常量、变量和函数等）连接起来的式子称为算术表达式，如 9+5*7、(a+b)/2+8 等。

当一个表达式中存在多个算术运算符时，运算应遵循以下原则：即先乘、除和取余，后计算加、减，同级运算符的结合方式是从左向右。单目运算符 +、− 的优先级高于 *、/、%，

结合方式是从右至左。例如，表达式 7+8*2–9/3 的求解过程是：

第一步：计算 8*2=16。

第二步：计算 9/3=3。

第三步：计算 7+16=23。

第四步：计算 23–3=20。

3.4.2 关系运算符与关系表达式

1. 关系运算符

C++ 语言提供的关系运算符有：

1）<：小于运算符。比较两个对象的大小，若前者小于后者，运算结果为真，否则为假。例如，1<4，运算结果为真；3<1，运算结果为假。

2）<=：小于等于运算符。比较两个对象的大小，若前者小于或等于后者，运算结果为真，否则为假。例如，3<=5，运算结果为真。

3）>：大于运算符。比较两个对象的大小，若前者大于后者，运算结果为真，否则为假。例如，x=6，y=4，则 x>y 的运算结果为真。

4）>=：大于等于运算符。比较两个对象的大小，若前者大于或等于后者，运算结果为真，否则为假。例如，3>=2 的运算结果为真，2>=2 的运算结果为真。

5）==：等于运算符。对两个对象进行判断，若前者与后者相等，运算结果为真，否则为假。例如，a=1，b=1，则 a==b 的运算结果为真。

6）!=：不等于运算符。对两个对象进行判断，若前者不等于后者，运算结果为真，否则为假。例如，a=3，b=1，则 a!=b 的运算结果为真。

关系运算的结果仅产生两个值：1 表示"真"，0 表示"假"。在 C++ 语言中，任何非 0 整数都为"真"（true），0 值为"假"（false）。

2. 关系运算符的结合性与优先级

关系运算符的结合性为"从左往右"。关系运算符中 <、<=、>、>= 的优先级相等，= =、!= 的优先级相等，且前者高于后者。关系运算符的优先级低于算术运算符。

3. 关系表达式

用关系运算符将两个表达式连接起来的式子，称为关系表达式。关系表达式的值是一个逻辑值，即"真"或"假"，如果关系运算成立，则关系表达式的值为 1（真），否则为 0（假）。

关系表达式的一般形式可以表示为：

表达式 关系运算符 表达式

其中的"表达式"可以是算术表达式或关系表达式、逻辑表达式、赋值表达式等。例如：

```
5+8>3+1              //相当于13>4,表达式成立，结果为真，其值为1
3==2                 //表达式不成立，结果为假，其值为0
a>b, a+b>b+c, 'a'<'b', (a>b)>(b<c)
```

3.4.3 逻辑运算符与逻辑表达式

1. 逻辑运算符

逻辑运算表示两个数据或表达式之间的逻辑关系。C++ 语言提供的逻辑运算符有 3 种。

1）&&：逻辑与运算符。参与运算的两个操作数的值都为真时，结果为 1，否则为 0。

2）||：逻辑或运算符。参与运算的两个操作数中，只要有一个为真，结果就为 1，两个操作数都为假时，结果为 0。

3）!：逻辑非运算符。参与运算的操作数为真时，结果为 0，参与运算的操作数为假时，结果为 1。

表 3-4 为逻辑运算的真值表，其中"1"表示真，"0"表示假。

表 3-4　逻辑运算的真值表

a	b	!a	a&&b	a||b
1	1	0	1	1
1	0	0	0	1
0	1	1	0	1
0	0	1	0	0

例如：

1）若 a=4，则 !a 的值为 0。C++ 语言将所有非 0 整数记作真，所以 !a=!4=!1=0。

2）若 a=4，b=5，则 a && b 的值为 1。

3）若 a=4，b=5，a–b||a+b 的值为 1。

2. 逻辑运算符的结合性与优先级

逻辑运算符"!"的结合性为"从右往左"、"&&"和"||"的结合性为"从左往右"。

逻辑运算符的优先级为："!">"&&">"||"。

例如，!（3<4）||（2>5）&&（4>1），则 ! 的运算结果为假、&& 的运算结果为假，最终 || 的运算结果为假，即该表达式的值为 0。

"!"的优先级高于算术运算符，"&&"和"||"的优先级低于关系运算符。例如，(a>b) && (x>y) 可写成 a>b && x>y，(a==b) || (x==y) 可写成 a==b || x==y，(!a) || (a>b) 可写成 !a || a>b。

3. 逻辑表达式

用逻辑运算符将两个表达式连接起来的式子称为逻辑表达式，逻辑表达式的一般形式可以表示为：

表达式　逻辑运算符　表达式

逻辑表达式的值为真（1）或假（0）。由于 C++ 语言编译系统以 0 为"假"，以非 0 为"真"，所以逻辑运算符可以直接连接数据，如 4 && 0 || 2 的值为 1。

当利用"&&"和"||"连接多个表达式时，往往采用优化的方法，即在从左到右的运算中，只要结果确定就停止对后面表达式的运算。例如：

表达式1 && 表达式2 &&表达式3&&…

从左往右计算表达式的值时，当首次见到表达式为假时，就停止对后面表达式的运算，即"见假为假"。再如：

表达式1 || 表达式2 ||表达式3||…

从左往右计算表达式的值时，当首次见到表达式为真时，就停止对后面表达式的运算，即"见真为真"。

例：设"int a=2，b=3，c=4，d=5，m=3，n=3;"，执行表达式 (m=a>b)&&(n=c>d) 后，n 的值为多少？

分析：先运算 && 运算符前的表达式 m=a>b，由于 a>b 为 0，则 m 赋值为 0，根据优化方法"见假为假"，可以判断整个逻辑表达式的值为 0，则停止对 && 运算符后的表达式的运算，也就是 n 的值还是其初始值 3。

熟练掌握 C++ 的关系运算符和逻辑运算符后，可以巧妙地用一个逻辑表达式来表示一个复杂的条件。例如，判别某一年份（year）是否为闰年。由于闰年的条件是满足下面两者之一：①年份能被 4 整除，但不能被 100 整除；②年份能被 100 整除，又能被 400 整除。根据闰年满足的条件，可以用一个逻辑表达式来表示判定闰年的表达式：

```
(year % 4 == 0 && year % 100 != 0) || year % 400 == 0
```

当给定年份 year 为某一整数值时，如果上述表达式的值为真（1），则 year 为闰年；否则 year 为非闰年。

【例 3-10】 求逻辑表达式的值。

```cpp
#include <iostream>
using namespace std;
int main()
{
    int i=4,j=7,k=11,l=3,x1,x2;
    x1=i>j&&k>l;
    x2=!(i>j)&&k>l;
    cout<<"x1="<<x1<<", x2="<<x2<<endl;
    return 0;
}
```

程序的运行结果如图 3-12 所示。

图 3-12　例 3-10 程序的运行结果

3.4.4　逗号运算符与逗号表达式

C++ 语言中逗号（,）也是一种运算符，称为逗号运算符。其功能是把几个表达式连接起来组成一个表达式。逗号既是分隔符，又是运算符，且优先级最低。用逗号连接起来的表达式称为逗号表达式。它的一般形式是：

表达式1，表达式2，…，表达式n

逗号表达式的运算过程是从左到右依次求出这 n 个表达式的值，整个逗号表达式的值是最后一个表达式的值。例如，表达式"5+3，4*5"的值为 20。再如：

```cpp
x=(a=3,4*5)  //把逗号表达式a=3,4*5的值20赋值给x,则a=3, x=20
```

【例 3-11】 分析下列程序的输出结果。

```cpp
#include <iostream>
using namespace std;
int main()
{
```

```
    int x,y,z;
    x=3,y=4,z=x+y+3;        //x=3,y=4,z=10
    cout<<x<<','<<y<<','<<z<<endl;
    z=(x=y=4,x==y,x+y);     //将逗号表达式x=y=4,x==y,x+y的值8赋值给z,此时x=4,y=4
    cout<<x<<','<<y<<','<<z<<endl;
    cout<<(x=1,y=x+2,x&&y||(z=5))<<endl;
    return 0;
}
```

程序的运行结果如图 3-13 所示。

```
"C:\Windows\system32\Debug\xxdds.exe"
3,4,10
4,4,8
1
Press any key to continue_
```

图 3-13   例 3-11 程序的运行结果

3.4.5   条件运算符与条件表达式

条件运算符（?:）是 C++ 语言中唯一的一个三目运算符，它的一般形式为：

表达式1? 表达式2:表达式3

该表达式执行时，先计算表达式 1，若值为真，则表达式 2 的值为条件表达式的值；否则表达式 3 的值为条件表达式的值。例如，表达式 max=(a>b)?a:b 是将 a 和 b 两者中较大的一个赋给 max，表达式 min=(a<b)?a:b 是将 a 和 b 两者中较小的一个赋给 min。

条件运算符的优先级低于算术运算符、关系运算符和逻辑运算符，高于赋值运算符。例如：m<n?x:a+3 等价于 (m<n)?(x):(a+3),a++>=10 && b-->20?a:b 等价于 (a++>=10 && b-->20)?a:b, x=3+a>5?100:200 等价于 x=((3+a>5)?100:200)。

条件运算符具有右结合性，当一个表达式中出现多个条件运算符时，应该将位于最右边的问号与离它最近的冒号配对，并按这一原则正确区分各条件运算符的运算对象。例如，w<x?x+w:x<y?x:y 与 w<x?x+w:(x<y?x:y) 等价。

【例 3-12】 从键盘任意输入一个整数，判断它是"偶数"还是"奇数"。

```
#include <iostream>
using namespace std;
int main()
{
    int i;
    cout<<"请输入一个整数：";
    cin>>i;
    cout<<((i%2==0) ? "它是偶数":"它是奇数")<<endl;
    return 0;
}
```

例如，从键盘上键入"99"时，程序的运行结果如图 3-14 所示。

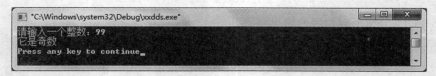

```
"C:\Windows\system32\Debug\xxdds.exe"
请输入一个整数：99
它是奇数
Press any key to continue_
```

图 3-14   例 3-12 程序的运行结果

3.4.6 赋值运算符与赋值表达式

C++ 语言中最常见的赋值运算符是"=",其作用是将赋值运算符右边的表达式的值赋予左边的变量。由赋值运算符将一个变量和一个表达式连接起来的式子称为赋值表达式。它的一般形式为:

<变量> = <表达式>

例如,x=4,x=y=z=5,a=(b=8)+(c=10)。

对赋值表达式求解的过程是:先求赋值运算符右侧"表达式"的值,然后赋值给赋值运算符左侧的变量。赋值运算符的结合性为从右往左,其优先级低于算术运算符、关系运算符和逻辑运算符。注意:赋值运算符的左边必须是变量。

为了简化程序,C++ 语言允许在赋值运算符"="之前加上其他运算符,构成复合赋值运算符,如 +=、-=、*=、/=、%=、<<=、>>=、&=、^=、|= 等。例如,a+=3 等价于 a=a+3,a-=3+1 等价于 a=a-(3+1),x*=y+8 等价于 x=x*(y+8),x%=3 等价于 x=x%3,a/=3+1 等价于 a=a/(3+1)。

复合赋值运算符的结合性和优先级等同于简单的赋值运算符"="。

【例 3-13】 赋值运算符的使用。

```cpp
#include <iostream>
using namespace std;
int main()
{
    int a=2,b=3,c=4,d=5;
    a+=b;
    b-=c;
    d/=a;
    a%=c;
    cout<<"a="<<a<<",b="<<b<<",c="<<c<<",d="<<d<<endl;
    return 0;
}
```

程序的运行结果如图 3-15 所示。

图 3-15 例 3-13 程序的运行结果

3.4.7 其他运算符

1. 位运算符

C++ 语言提供了 6 种位运算符: ~ (按位求反)、& (按位与)、| (按位或)、^ (按位异或)、<< (左移位)、>> (右移位)。其中按位求反是单目运算符,其余都是双目运算符。位运算符的操作数都应为整型数且为二进制形式。它们的运算规则如下。

1) ~ (按位求反): 其作用是对一个二进制数的每一位求反,即 0→1,1→0。

~0=1

~1=0

2) & (按位与): 其作用是对两个操作数对应的每一位分别进行逻辑与操作。

0 & 0 = 0

0 & 1 = 0

1 & 0 = 0

1 & 1 = 1

3) |（按位或）：其作用是对两个操作数对应的每一位分别进行逻辑或操作。

1 | 1 = 1

0 | 1 = 1

1 | 0 = 1

0 | 0 = 0

4) ^（按位异或）：其作用是对两个操作数对应的每一位分别进行逻辑异或操作。即相同为 0，相异为 1。

1 ^ 1 = 0

1 ^ 0 = 1

0 ^ 1 = 1

0 ^ 0 = 0

5) >>（右移位）：将左操作数的各二进制位右移，右移位数由右操作数给出。右移 1 位相当于将操作数除以 2。例如，表达式 8>>1 等价于 1000>>1，它的结果为 4。

6) <<（左移位）：将左操作数的各二进制位左移，左移位数由右操作数给出。左移 1 位相当于将操作数乘以 2。例如，表达式 2<<1 等价于 10<<1，它的结果为 4。

注意：移位运算的结果就是位运算表达式的值，参与运算的两个操作数的值并没有发生变化。

例如，十六进制数 m 为 0x32，其二进制数为 00110010，十六进制数 n 为 0x10，其二进制数为 00010000，则进行以下运算：

```
    m&n:                  m|n:                  m^n:
    00110010              00110010              00110010
  & 00010000            | 00010000            ^ 00010000
  ---------------------  ---------------------  ---------------------
    00010000              00110010              00100010
```

例如，int a=5，a<<1 就是将 00000101 变为 00001010，结果为 10；a<<2 就是将 00000101 变为 00010100，结果为 20；a>>1 就是将 00000101 变为 00000010，结果为 2；a>>2 就是将 00000101 变为 00000001，结果为 1。

2. sizeof 运算符

sizeof 运算符也称字长提取运算符，它以字节为单位计算操作数所需（或占用）的字节数。它的格式如下：

```
sizeof(数据类型名或表达式)
```

如 sizeof(int)、sizeof(float)、sizeof(int[5]) 等。

3.5 数据类型转换

在 C++ 语言中，若表达式中的某操作数不符合语法要求，则系统要对操作数进行类型转换。C++ 语言中数据类型转换有 3 种情况：隐式类型转换、显示类型转换和赋值转换。

3.5.1 隐式类型转换

隐式类型转换是由编译系统自动完成的类型转换。当编译系统遇到不同类型的数据参与同一运算时，会自动将它们转换为相同类型后再进行运算。转换规则如图 3-16 所示。

图 3-16 中向左的横向箭头表示必定转换，例如，float 型数据在运算时一定先转换成双精度型，即使是两个 float 型数据运算，也要转换为 double 型数据再运算。char 型数据必定转换为 int 型数据，short 型数据必定转换为 int 型数据。纵向箭头表示当运算对象为不同数据类型时转换的方向。例如，一个 int 型数据与一个 double 型数据进行运算，直接将 int 型数据转换为 double 型数据，再进行运算。一个 int 型数据与一个 long 型数据进行运算，直接将 int 型数据转换为 long 型数据，再进行运算。

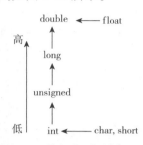

图 3-16　数据类型的转换规则

假设已指定 i 为整型变量，f 为 float 变量，d 为 double 型变量，e 为 long 型变量，有表达式 10+'a'+i*f–d/e，则运算次序为：①进行 10+'a' 的运算，先将 'a' 转换成整数 97，运算结果为 107；②进行 i*f 的运算，先将 i 与 f 都转换成 double 型，运算结果为 double 型；③整数 107 与 i*f 的积相加，先将 107 转换成双精度数，结果为 double 型；④将变量 e 转换成 double 型，d/e 的结果为 double 型；⑤将 10+'a'+i*f 的结果与 d/e 的商相减，结果为 double 型。需要强调的是，上述的类型转换是由系统自动进行的。

3.5.2 显式类型转换

显式类型转换也称为强制类型转换。对于表达式可使用强制类型转换运算符，将其转换为所需要的类型。强制类型转换的一般形式为：

(类型名)(表达式)

例如：

```
int b = 5, c = 2;
float a = (float)b/c;
(int)(x+y)              //将x+y的结果转换为int类型
(int)x+y               //将x转换为int类型之后再加y
```

【例 3-14】 强制类型转换的举例。

```
#include <iostream>
using namespace std;
int main( )
{
    float b;
    int a;
    b=5.8;
    a=(int)b;
    cout<<"b="<<b<<",a="<<a<<endl;
    return 0;
}
```

程序的运行结果如图 3-17 所示。

图 3-17　例 3-14 程序的运行结果

3.5.3 赋值转换

如果赋值运算符两侧的类型不一致，将进行类型转换，转换的规则为：以赋值运算符左边的数据类型为准进行隐式数据转换；如果赋值运算符右边的操作数具有较高级别的类型，则进行截断或舍弃。

【例 3-15】 变量的赋值转换。

```cpp
#include <iostream>
using namespace std;
int main()
{
    int i;
    long j;
    float k;
    double l;
    i=j=k=l=100/3;
    cout<<"i="<<i<<",j="<<j<<",k="<<k<<",l="<<l<<endl;
    i=j=k=l=100.0/3;
    cout<<"i="<<i<<",j="<<j<<",k="<<k<<",l="<<l<<endl;
    i=j=k=l=(double)100/3;
    cout<<"i="<<i<<",j="<<j<<",k="<<k<<",l="<<l<<endl;
    return 0;
}
```

程序的运行结果如图 3-18 所示。

图 3-18 例 3-15 程序的运行结果

习题

一、选择题

1. 下列字符串中可以用作 C++ 语言标识符的是（   ）。

    A. 2009var   B. goto   C. test-2009   D. _123

2. （   ）是 C++ 语言的不正确标识符。

    A. _No1   B. int   C. bgc   D. Ab1

3. 在 C++ 语言中，自定义的标识符号（   ）。

    A. 能使用关键字并且不区分大小写   B. 不能使用关键字并且不区分大小写

    C. 不能使用关键字并且区分大小写   D. 能使用关键字并且区分大小写

4. 下面关于 C++ 语言数据类型的说法不正确的是（   ）。

    A. C++ 语言中基本数据类型是由系统预定义的

    B. C++ 语言中非基本数据类型是由系统预定义的

    C. 数据类型决定了可以对该类型变量进行的操作以及如何操作

    D. 数据类型决定了系统要为该类型分配多少字节的内存

5. 下列数据中，不合法的实型数据是（   ）。

    A. 0.123   B. 123e3   C. 2.1e3.5   D. 789.0

6. 下面 4 个选项中，均是合法整型常量的选项是（   ）。

    A. 160、-0xff、011   B. 123.5 01a 0xe   C. -01 1,986,012 0963   D. -2e3.2 0.234 1e0

7. 在 C++ 语言中，080 是（   ）。

    A. 十进制数   B. 八进制数   C. 十六进制   D. 非法数

8. 定义整型变量 x、y、z 并赋初始值 6 的正确语句是（   ）。

    A .int x=y=z=6   B. int x,y,z=6;

    C .x=y=z=6   D. int x=6,y=6,z=6;

9. 下列选项中不属于 C++ 语言的数据类型是（   ）。

    A. signed short int   B. unsigned long int

    C. unsigned int   D. long short

10. 整型变量的字节长度为（   ）。

    A. 8   B. 2   C. 4   D. 10

11. 在以下选项中，可以用作变量名的是（   ）。

    A. 2   B. sum   C. int   D. *p

12. 在 C++ 语言中，属于合法字符常量的是（   ）。

    A. '\084'   B. '\x43'   C. 'ad'   D. "\0"

13. 下面 4 个选项中，均是合法转义字符的选项是（   ）。

    A. '\'、'\\'、'\n'   B. '\\'、'\017'、'\n'   C. '\018'、'\f'、'xab'   D. '\\0'、'\101'、'x1f'

14. 在 C++ 语言中，char 型数据在内存中的存储形式是（   ）。

    A. ASCII 码   B. 补码   C. 反码   D. 原码

15. 在 C++ 语言中，运算对象必须为整型数的运算符是（   ）。

    A. %   B. /   C. *   D. % 和 *

16. x 为 int 型，s 为 float 型，x=3，s=2.5。表达式 s+x/2 的值为（   ）。

    A. 4   B. 3.5   C. 2.5   D. 3

17. 以下语句段的输出结果是（   ）。

```
int   x=13,y=4,z; cout<<(z=(x/y,x%y))<<endl;
```

    A. 3   B. 0   C. 1   D. 4

18. 若有定义 "int a=7; float x=2.5,y=4.7;" 则表达式 x+a%3*(int)(x+y)%2/4 的值是（   ）。

    A. 2.500 000   B. 2.750 000   C. 3.500 000   D. 0.000 000

19. 表达式 18/4*sqrt(4.0)/5 值的数据类型是（   ）。

    A. int   B. float   C. double   D. 不确定

20. 在下列运算符中，（   ）的优先级最高。

    A. <=   B. *=   C. +   D. *

21. 在下列运算符中，（   ）的优先级最低。

    A. !   B. &&   C. !=   D. *

22. 下列选项中，（   ）不能交换变量 a 和 b 的值。

    A. t=b; b=a; a=t;   B. a=a+b; b=a-b ;a=a-b;

    C. t=a; a=b; b=t ;   D. a=b; b=a ;

23. 假定有变量定义 "int k=7,x=12;"，则能使值为 3 的表达式是（   ）。

    A. x%=(k%=5)   B. x%=(k-k%5)   C. x%=k-k%5   D.(x%=k)-(k%=5)

24. 代数关系式 x≥y≥z 对应的合法 C++ 语言表达式是（   ）。

    A. (x>=y)&&(y>=z)   B.(x>=y)and(y>=z)

    C. (x>=y>=z)   D.(z>=y)&(y>=z)

25. 设有定义 " int a,b,c,d,m,n,p;a=1;b=2;c=3;d=4;m=1;n=1;"，则执行表达式 p=(m=a>b)&&(n=c>d) 后，m、n、p 的值分别是（   ）。

　　　A. 0、1、0　　　　　B. 0、0、0　　　　　C. 1、1、1　　　　　D. 1、0、1

26. x、y 为整数，x=15，y=–2。表达式 x>10 && y<2 ||x*y==10 && x 的值是（　　　）。

　　　A. 0　　　　　　　　B. 15　　　　　　　　C. 1　　　　　　　　D. 2

27. 下列程序段的输出结果是（　　　）。

```
int a=010,b=0x10,c=10;cout<<a<<','<<b<<','<<c<<endl;
```

　　　A. 10,10,10　　　　　B. 10,16,8　　　　　C. 8,16,10　　　　　D. 程序出错

28. 如果 a=1,b=2,c=3,d=4，则条件表达式 "a>b?a:c<d?c:d" 的值为（　　　）。

　　　A. 3　　　　　　　　B. 2　　　　　　　　C. 1　　　　　　　　D. 4

29. 若 d 为 double 型变量，则表达式 d=1,d+5,d++ 的值是（　　　）。

　　　A. 1　　　　　　　　B. 6.0　　　　　　　C. 2.0　　　　　　　D. 1.0

30. 设有 int a=2.8*6，整型变量 a 定义后赋初值的结果是（　　　）。

　　　A. 12　　　　　　　　B. 16　　　　　　　　C. 17　　　　　　　　D. 18

31. 设有 int b=12，表达式 b+=b-=b*b 求值后 b 的值是（　　　）。

　　　A. 552　　　　　　　B. 264　　　　　　　C. 144　　　　　　　D. –264

32. 设变量 k、n1、n2、n3、i 为 int 型，下列选项中不正确的赋值表达式是（　　　）。

　　　A. i=++k　　　　　　B. n1 = n2 = n3　　　C. k = i == 1　　　　D. n1=n2+n3=1

33. 若 w、x、y、z、m 均为 int 型变量，则执行下面的语句后 m 的值是（　　　）。

```
w=2,x=3,y=4,z=5;
m=(w<x)?w:x;
m=(m<z)?m:z;
m=(m<y)?m:y;
```

　　　A. 2　　　　　　　　B. 3　　　　　　　　C. 5　　　　　　　　D. 4

34. 能正确表示逻辑关系 "a 大于等于 10 或 a 不大于 0" 的 C++ 语言表达式是（　　　）。

　　　A. a>=10 or a=0　　　　　　　　　　　　B. a>=0 or a<=10

　　　C. a>=10 && a<=0　　　　　　　　　　　D. a>=10 || a<=0

35. 以下非法的赋值语句是（　　　）。

　　　A. n=(i=2, ++i);　　B. j++;　　　　　　C. ++(i+1);　　　　　D. x=j>0;

36. 语句 "cout<<((a=2)&&(h=−2));" 的输出结果是（　　　）。

　　　A. 1　　　　　　　　B. 编译错误　　　　　C. −1　　　　　　　　D. 无输出

37. 设有定义 "int x=3,y=4,z=5;" 则值为 0 的表达式是（　　　）。

　　　A. x>y++　　　　　　B. x<=++y　　　　　C. x!=y+z>y−z　　　D. y%z>=y−z

38. 对字符常量与字符串常量的描述不正确的是（　　　）。

　　　A. 两者表示形式不同：前者使用单引号，后者使用双引号

　　　B. 存放不同：前者存放在字符变量中，后者存放在字符数组或字符指针指定的位置

　　　C. 存放字符串常量时系统会自动加一个结束符 "\0"

　　　D. 字符、字符串都能参与连接运算

39. 若有定义 "int x;"，则下面不能将 x 的值强制转换成双精度数的表达式是（　　　）。

　　　A. (double) x　　　　B. x (double)　　　　C.(double) (x)　　　　D. double(x)

40. 运行以下程序的结果是（　　　）。

```
#include <iostream>
using namespace std;
int main( )
{ int x;
  x=10;
  y=2*x;
  cout<<y;
  return 0;}
```

A.20 　　　　　　　　　　　　　　B.missing ';' before identifier 'y'

C.error C2065: 'y': undeclared identifier 　　D. local variable 'y' used without having been initialized

41. 以下程序段的输出结果是（　　　）。

```
int x=10, y=10;
cout<<x--<<", "<<--y<<endl;
```

A. 10, 9 　　　　　　B. 9, 10 　　　　　　C. 10, 10 　　　　　　D. 9, 9

42. 设有定义"int x; double y;"及语句"x=y;"，则下面正确的说法是（　　　）。

A. 将 y 的值四舍五入为整数后赋给 x 　　　　B. 将 y 的整数部分赋给 x

C. 该语句执行后 x 与 y 相等 　　　　　　　D. 将 x 的值转换为实数后赋给 y

43. 设有 int m=1,n=2，则 ++m==n 的结果是（　　　）。

A. 0 　　　　　　　B. 1 　　　　　　　C. 2 　　　　　　　D. 3

44. 设有 int x=2,y=3,z=4，则下面的表达式中值为 0 的表达式是（　　　）。

A. 'X'&&'z'　　B. (!y==1)&&(!z==0)　C. (x<y)&&!z||1　　D. x||y+y&&z-y

45. .sizeof(double) 是一个（　　　）表达式。

A. 整型 　　　　　　　B. 双精度 　　　　　　C.不合法 　　　　　　D. 函数调用

46. 已知"int m=10;"，下列表示引用的方法中，（　　　）是正确的。

A. int &x=m; 　　　B. int &y=10; 　　　C. int z; 　　　　D. float &t=&m;

47. 下列字符串常量的表示中，（　　　）是错误的。

A. "\"yes\"or\"No\"""　B. "\'OK!\'"　　　　C. "abcd\n"　　　　D. "ABC\0"

48. 已知"int i=0, j=1, k=2;"则逻辑表达式 ++i||--j&&++k 的值是（　　　）。

A.0 　　　　　　　B.1 　　　　　　　C.2 　　　　　　　D.3

49. 假设程序中有语句"ss=2*PI*radius;"，则以下能够正确定义常量 PI 的是（　　　）。

A. #define PI "3.14159" 　　　　　　B. const float PI=3.14159;

C. int const PI 3.14159; 　　　　　　D. #define PI=3.14159

50. (x=4*5, x*5), x+25 逗号表达式的值为（　　　）。

A. 25 　　　　　　B. 20 　　　　　　C. 100 　　　　　　D. 45

51. 字面常量 42、4.2、42L 的数据类型分别是（　　　）。

A. long、double、int 　　　　　　　B. long、float、int

C. int、double、long 　　　　　　　D. int、float、long

52. 关键字 unsigned 不能修饰的类型是（　　　）。

A. char 　　　　　　B. int 　　　　　　C. float 　　　　　　D. long int

53. 下列选项中，正确的 C++ 表达式是（　　　）。

A. counter++3 　　　B. element3+ 　　　C. a+=b 　　　　D. 'a'=b

54. 表达式 10>5 && 6%3 的值是（　　　）。

A. −1 　　　　　　B. 非零值 　　　　　C. 0 　　　　　　D. 1

55. sizeof(float) 是（　　　）。

A. 一个双精度型表达式 　　　　　　B. 一个整型表达式

C. 一种函数调用 　　　　　　　　　D. 一个不合法的表达式

56. 设有 int x = 1, y = 3，能正确表示代数式 3x|x−y| 的 C++ 表达式是（　　　）。

A. abs(x−y)*3*x　　B. 3x(abs(x−y))　　C. 3x||(x−y)　　　D.3*x*(x−y)|| 3*x*(y−x)

57. 设有变量定义"int i, j;"，与表达式 i==0 && j==0 等价的表达式是（　　　）。

A. i||j 　　　　　　B. !i&&!j 　　　　　C. !i==!j 　　　　D. i==j

58. 设有变量定义"int a = 5;"，（　　　）表达式计算后，使得变量 b 的值等于 2。

A. b=a/2 　　　　　B. b=6-(a--) 　　　C. b=a%2 　　　　D. b=a>3?3:2

59. 逻辑运算符两侧运算对象的数据（　　　）。

  A. 只能是逻辑型数据   B. 只能是整型数据

  C. 只能是整型或字符型数据   D. 可以是任何类型的数据

60. 下列十六进制整型常量的写法中，正确的是（　　　）。

  A. oxaf   B. 2f0x   C. 021b   D. 0xAE

61. 能将数学表达式 a<=c<=b 表示为正确的 C++ 表达式的是（　　　）。

  A. a<=c<=b   B. c<=a && c>=b

  C. c>=a && c<=b   D. c>=a || c<=b

62. 已知 a=5,b=3, 表达式 a+=a*=++b*3 的值为（　　　）。

  A. 40   B. 80   C. 100   D. 120

二、填空题

1. 标识符是以_____及下画线开头的数字、字母及下画线组成的字符串。

2. 变量具有三要素，分别是_____、_____和_____。

3. C++ 语言中的一个三目运算符是_____。

4. 十六进制常量前面应该加_____。

5. sizeof 运算符的功能是_____。

6. 写出下列表达式的值：

  ① 201/4   ② 201%4   ③ 201/4.0

  ④ 2<3&&6<9   ⑤ !(4<7)   ⑥ !(3>5) || (6<2)

7. 已知 a=13, b=6:

  ① a/b:_____ ② a%b:_____ ③ a&&b:_____ ④ a&b:_____

  ⑤ a^b:_____ ⑥ !a:_____ ⑦ a||b:_____ ⑧ a|b:_____

8. 把下列数学表达式写成 C++ 表达式：

  ① $1+\dfrac{1}{1+\dfrac{1}{x+y}}$ ：_____

  ② $\dfrac{-b+\sqrt{|b^2-4ac|}}{2a}$ ：_____

  ③ $e^{2x}+\cos\left(\dfrac{2\pi x}{2}\right)$ ：_____

  ④ $\lg(a^2+ab+b^2)$ ：_____

9. 用逻辑表达式表示下列条件：

  ① i 被 j 整除：_____

  ② $1\leqslant x<30$：_____

  ③ $y\notin[-20, -10]$，并且 $y\notin[10, 20]$：_____

  ④ 3 条边 a、b 和 c 构成三角形：_____

  ⑤ 字符变量 ch 是英文字母：_____

  ⑥ 年份 year 能被 4 整除，但不能被 100 整除或者能被 400 整除：_____

10. 以下程序的运行结果是_____。

```cpp
#include <iostream>
using namespace std;
int main( )
{
```

```
    int x=5,y=2;
    cout<<!(y==x/2)<<",";
    cout<<(y!=x%3)<<",";
    cout<<(x>0&&y<0)<<",";
    cout<<(x!=y||x>y)<<endl;
    return 0;
}
```

11. 以下程序的运行结果是_____。

```
#include <iostream >
using namespace std;
int main( )
{
    int x,y,z;
    x=y=z=3;
    y=x++-1;
    cout<<x<<y<<"," ;
    y=++x-1;
    cout<<x<<y<<"," ;
    y=z--+1;
    cout<<x<<y<<endl;
    return 0;
}
```

12. 以下程序的运行结果是_____。

```
#include <iostream>
using namespace std;
int main()
{
    int x=1,y=2,z=3;
    x+=y+=z;
    cout<<(x<y?y:x)<< ",";
    cout<<(x<y?x++:y++)<<", ";
    cout<<y<<endl;
    return 0;
}
```

13. 以下程序的运行结果是_____。

```
#include <iostream >
using namespace std;
int main()
{
    cout << "The size of an int is:\t\t" << sizeof(int) << " bytes.\n";
    cout << "The size of a short int is:\t" << sizeof(short) << " bytes.\n";
    cout << "The size of a long int is:\t" << sizeof(long) << " bytes.\n";
    cout << "The size of a char is:\t\t" << sizeof(char) << " bytes.\n";
    cout << "The size of a float is:\t\t" << sizeof(float) << " bytes.\n";
    cout << "The size of a double is:\t" << sizeof(double) << " bytes.\n";
    return 0;
}
```

14. 设有定义语句"int a=12;",则表达式 a*=2+3 的运算结果是_____。

15. C++ 语言中只有两个逻辑常量：true 和_____。

16. 以下程序的功能是：将值为 3 位正整数的变量 x 中的数值按照个位、十位、百位的顺序拆分并输出。请填空。

```
#include <iostream>
using namespace std;
```

```cpp
int main()
{   int x=256;
    cout<<_____<< x/10%10<<x/100;
    return 0;
}
```

17. 以下程序运行的结果为_____。

```cpp
#include <iostream>
using namespace std;
int main()
{
int a,b,c,x,y,z;
a=10;b=2;
c=!(a%b);x=!(a/b);
y=(a<b)&&(b>=0);
z=(a<b)||(b>=0);
cout<<c<<","<<x<<","<<y<<","<<z<<"\n";
return 0;
}
```

18. 以下程序的输出结果是_____。

```cpp
#include <iostream>
using namespace std;
int main()
{
int a = 7, b = 4, c = 6, d;
cout << (d = a > b ? (a > c? a : c):(b));
}
```

三、改错题

修改下面程序中的错误，并写出运行结果。

1.

```cpp
#include <iostream>
using namespace std;
int main()
    int i
    int j;
    i = 10; /* 给i赋值
    j = 20; /* 给j赋值 */
    cout << "i + j = << i + j; /* 输出结果 */
    return 0;
}
```

2.

```cpp
#include <iostream>
using namespace std;
int main()
{
    in a,b, sum;
    sum=a+b;
    cin>>a>>b;
    cout<<"a+b="<<sum<<endl;
}
```

第4章 顺序结构程序设计

【本章要点】

- C++ 语言的语句。
- 数据的输入与输出。
- 顺序结构程序设计。

本章将学习在 C++ 语言中实现顺序结构程序设计。在设计程序前，首先要熟悉 C++ 语言程序中的语句，还要掌握在 C++ 语言中输入与输出的实现。

4.1 C++ 语言的语句

语句是 C++ 语言程序中最小的可执行单元，一条语句的结束用分号（；）标识。C++ 语句可以分为 4 类：表达式语句、控制语句、复合语句、空语句。

1. 表达式语句

表达式语句是由表达式加一个分号（；）组成的。例如：

```
a=3;        //赋值表达式语句
i++ ;       //自增表达式语句
```

2. 控制语句

控制语句用于完成一定的程序控制功能，主要包括 if-else（条件语句）、for（循环语句）、while（循环语句）、do-while（循环语句）、continue（结束本次循环语句）、break（中止执行 switch 或循环语句）、switch（多分支选择语句）、goto（转向语句）、return（从函数返回语句）。

3. 复合语句

复合语句是由两条或两条以上的语句用"{}"括起来组成的，在程序执行时具有相对完整性。如下面是一个复合语句：

```
{
    z=x+y;
    b=a+c;
    cout<<z;
}
```

4. 空语句

只有分号（；）的语句称为空语句。下面是一个空语句：

```
;
```

空语句在语法上占据一条语句的位置，它不执行任何操作，常出现在空循环中，用作时间延迟。

4.2 数据的输入与输出

C++ 语言的输入和输出是用"流"（stream）的方式实现的。"流"是 C++ 语言的一个核心概念，数据从一个位置到另一个位置的流动抽象为"流"。输入流 (Input Stream) 表示的是数据从输入设备 (如键盘、磁盘等) 流向内存；输出流 (Output Stream) 表示的是数据从内存流向输出设备 (如屏幕、打印机、磁盘等)。从流中获取数据的操作称为提取操作，向流中添加数据的操作称为插入操作。

为了方便用户对基本输入输出流进行操作，C++ 语言提供了标准流对象：cin 是标准输入流对象，cout 是标准输出流对象。有关流对象 cin、cout 和流运算符的定义等信息存放在 C++ 语言的输入输出流库中，因此如果在程序中使用 cin、cout 和流运算符，就必须使用编译预处理命令把头文件 iostream（输入输出流）包含到程序中。例如：

```
#include <iostream>
```

4.2.1 输入输出流的基本操作

在实现基本输入操作时，把由 cin 和流提取运算符 ">>" 组成的语句称为输入语句。输入语句的作用是从默认的输入设备（键盘）的输入流中提取各种不同类型的数据，给相应的变量赋值。输入语句的一般格式为：

cin>>变量1>>变量2>>…>>变量n；

从一个输入流中可以提取多个数据项赋给其后的多个变量，输入时用空格、回车或 Tab 键来分隔输入数据项。

在实现基本输出操作时，把由 cout 和流插入运算符 "<<" 组成的语句称为输出语句。输出语句的作用是将输出的内容插入输出流中，默认的输出设备是显示器。它的一般格式为：

cout<<表达式1<<表达式2<<…<<表达式n；

【例 4-1】 基本的输入输出语句的使用。

```
#include <iostream>
using namespace std;
main ()
{
    int a,b;
    cin>>a>>b;
    cout<<a+b<<endl;
}
```

从键盘上按下 "2[回车]3[回车]" 时，程序的运行结果如图 4-1 所示。

图 4-1   例 4-1 程序的运行结果

C++ 语言程序除了需要输入数值类数据外，还需要输入字符。通常使用 cin 为字符变量输入字符，通过流提取运算符 ">>" 获取数据。例如：

```
char c1,c2,c3;
cin>>c1;
cin>>c2>>c3;
```

输出字符时可以用 cout 语句实现。例如：

```
cout<<c1<<c2<<c3;
```

从键盘上键入"a[空格]b[空格]c[回车]"时，则分别将 a、b、c 赋值给变量 c1、c2、c3。

除了上述输入输出字符的方法，还可以通过以下方式输入输出字符。

C++ 语言还保留了 C 语言中用于输入单个字符的函数，其中最常用的有 getchar() 函数。该函数的作用是从终端（或系统隐含指定的输入设备）输入一个字符。getchar() 函数的一般形式为：

```
getchar();
```

一般地，在程序中可以将 getchar() 函数的运行结果赋值给一个字符变量，如：

```
char ch;
ch=getchar();
```

如果在程序中需要输出字符，则可以用 putchar() 函数，该函数的作用是向终端输出一个字符，其一般形式为：

```
putchar(字符变量);
```

【例 4-2】 字符型输入输出函数的使用。

```cpp
#include <iostream>
using namespace std;
int main()
{
    cout<<"enter two char:"<<endl;
    char a=getchar();
    char b=getchar();
    cout<<a<<endl<<b<<endl;
    putchar(a);
    putchar('\n');
    putchar(b);
    putchar('\n');
    return 0;
}
```

当从键盘上键入字符"ab"时，程序的运行结果如图 4-2 所示。

图 4-2 例 4-2 程序的运行结果

【例 4-3】 输入一个大写字母，输出与它对应的小写字母。

```cpp
#include <iostream>
using namespace std;
int main( )
{
    char c;
    c=getchar( );
    putchar(c+32);
    putchar('\n');
```

```
        return 0;
    }
```

在程序运行时，如果从键盘输入大写字母"B"并按回车键，就会在屏幕上输出小写字母 'b'，程序的运行结果如图 4-3 所示。

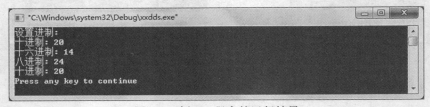

图 4-3　例 4-3 程序的运行结果

4.2.2　输入输出流的格式控制

C++ 语言提供了控制符，可以对输入输出流进行控制。使用这些控制符时，要在程序中使用文件包含命令，包含头文件 iomanip。例如：

```
#include <iomanip>
```

1. 不同进制数的输出

C++ 语言定义了 3 种常用的控制符，能分别显示十进制数、十六进制数和八进制数：dec（十进制）、hex（十六进制）、oct（八进制），系统默认输出为十进制。

【例 4-4】　十进制数、十六进制数和八进制数的显示。

```
#include <iostream>
#include <iomanip>
using namespace std;
int main ()
{
    int n=20;
    cout<<"设置进制："<<endl;
    cout<<"十进制："<<n<<endl;
    cout<<"十六进制："<<hex<<n<<endl;
    cout<<"八进制："<<oct<<n<<endl;
    cout<<"十进制："<<dec<<n<<endl;
    return 0;
}
```

程序的运行结果如图 4-4 所示。

图 4-4　例 4-4 程序的运行结果

2. 设置值的输出宽度

数据输出宽度可以用 C++ 语言提供的函数 setw() 指定。setw() 函数的括号中通常给出一个正整数值，用于限定紧跟其后的一个数据项的输出宽度，如 setw(10) 表示紧跟其后的数据项的输出占 10 个字符的宽度。

【例 4-5】 设置值的输出宽度。

```cpp
#include <iostream>
#include <iomanip>
using namespace std;
int main ()
{
    int m=1234;
    cout<<"设置域宽: "<<endl;
    cout<<setw(3)<<m<<endl;
    cout<<setw(5)<<m<<endl;
    cout<<setw(10)<<m<<endl;
    return 0;
}
```

程序的运行结果如图 4-5 所示。

图 4-5　例 4-5 程序的运行结果

说明：

1）如果数据的实际宽度小于指定宽度，按右对齐的方式在左边留空；如果数据的实际宽度大于指定宽度，则按实际宽度输出，即指定宽度失效。

2）setw() 只能限定紧随其后的一个数据项，输出后即回到默认输出方式。

C++ 语言程序可以用 setfill(c) 设置填充字符，c 为填充的字符。注意：setfill(c) 需要与 setw(n) 合用，setfill() 与 setw() 不同，它一旦指定就会一直有效，直到指定下一个 setfill() 为止。

【例 4-6】 设置填充字符。

```cpp
#include <iostream>
#include <iomanip>
using namespace std;
int main ()
{
    int m=1234;
    cout<<"设置填充字符: "<<endl;
    cout<<setfill('*')<<setw(5)<<m<<endl;
    cout<<setw(10)<<m<<endl;
    return 0;
}
```

程序的运行结果如图 4-6 所示。

图 4-6　例 4-6 程序的运行结果

3. 设置对齐方式

setiosflags(ios::left)（左对齐）和 setiosflags(ios::right)（右对齐）可以控制输出对齐格式。

默认情况下以左对齐显示输出内容。

【例 4-7】 左对齐、右对齐格式控制输出举例。

```
#include <iostream>
#include <iomanip>
using namespace std;
int main ()
{
    int m=1234;
    cout<<"设置对齐方式"<<endl;
    cout<<setfill(' ');
    cout<<setiosflags(ios::left)<<setw(10)<<m<<endl;
    cout<<setiosflags(ios::right)<<setw(10)<<m<<endl;
    return 0;
}
```

程序的运行结果如图 4-7 所示。

图 4-7 例 4-7 程序的运行结果

4. 浮点数的输出

使用 cout 输出浮点数时，默认格式为左对齐、定点数、6 个输出有效位。在默认情况下，当浮点数的值为整数时，cout 只输出整数而不输出小数点。可以用 C++ 语言标准库 iomanip 提供的格式控制符 setprecision(n) 设置浮点数的小数输出位数。若已用格式控制符 fixed 或 scientific 设置浮点数的输出格式，则 n 表示输出浮点数的小数位数；否则 n 表示输出浮点数的有效位数。一旦指明一种输出格式，则对其后的浮点数输出一直有效，直到指明另一种浮点数的输出形式为止。

【例 4-8】 浮点数的输出显示。

```
#include <iostream>
#include <iomanip>
using namespace std;
int main ()
{
double d1=22.0/7;
cout<<"C++中小数的显示格式："<<endl;
cout<<d1<<endl;
double d2=123.4567;
cout<<setiosflags(ios::scientific)<<d2<<endl;
cout<<setiosflags(ios::fixed)<<d2<<endl;
double d3=123.4567;
cout<<setprecision(2)<<d3<<endl; //设置精度：setprecision(n)后的数字自动四舍五入
cout<<setprecision(3)<<d3<<endl;
cout<<setprecision(4)<<d3<<endl;
cout<<setprecision(5)<<d3<<endl; //输出十六进制数时控制英文字母的大小写
setiosflags(ios::uppercase);
int num=510;
cout<<"以大小写方式输出进制数："<<endl;
cout<<"16进制数(默认：小写方式)："<<hex<<num<<endl;
cout<<"以大写方式输出进制数："<<setiosflags(ios::uppercase)<<hex<<num<<endl;
cout<<"恢复小写方式输出进制数："<<resetiosflags(ios::uppercase)<<hex<<num<<endl;
```

```
    return 0;
}
```

程序的运行结果如图 4-8 所示。

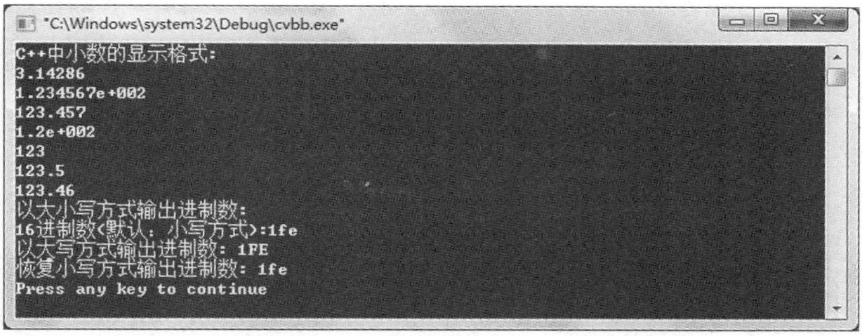

图 4-8   例 4-8 程序的运行结果

C++ 语言提供了在输入输出流中使用的控制符，如表 4-1 所示。

表 4-1   输入输出流的控制符

控制符	作 用
dec	设置整数的基数为 10
oct	设置整数的基数为 8
hex	设置整数的基数为 16
setw(n)	设置字段宽度为 n 位
setfill(c)	设置填充字符 c，c 可以是字符常量或字符变量
setprecision(n)	设置实数的精度为 n 位。在以一般十进制小数形式输出时，n 代表有效数字。在以 fixed（固定小数位数）形式、scientific（指数）形式输出时，n 为小数位数
setiosflags(ios::fixed)	设置浮点数以固定的小数位数显示
setiosflags(ios::scientific)	设置浮点数以科学记数法（即指数形式）显示
setiosflags(ios::left)	输出数据左对齐
setiosflags(ios::right)	输出数据右对齐
setiosflags(ios::showpos)	输出正数时，给出"+"号

4.3   顺序结构程序举例

【例 4-9】   求一元二次方程式 $ax^2+bx+c=0$ 的根。

分析：为了增强程序的适应性，a、b、c 的值可以在程序运行时由键盘输入（假设输入的 a、b、c 值总满足 $b^2-4ac \geqslant 0$），根据求解一元二次方程根的公式，可以编写出以下 C++ 语言程序：

```cpp
#include <iostream>
#include <cmath>              //由于程序要用到数学函数sqrt，故应包含头文件cmath
using namespace std;
int main()
{
    float   a,b,c,x1,x2;
```

```
    cout<<"请输入a,b,c的值: ";
    cin>>a>>b>>c;
    x1=(-b+sqrt(b*b-4*a*c))/(2*a);
    x2=(-b-sqrt(b*b-4*a*c))/(2*a);
    cout<<"x1="<<x1<<endl;
    cout<<"x2="<<x2<<endl;
    return 0;
}
```

程序运行时从键盘上键入"4.5[空格]8.8[空格]2.4[回车]",程序的运行结果如图 4-9 所示。

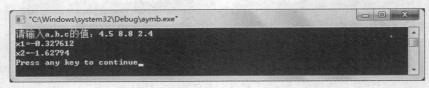

图 4-9   例 4-9 程序的运行结果

【例 4-10】 已知三角形 3 条边 a、b、c,用海伦公式求三角形的面积（假定从键盘输入的 3 边长总能构成三角形）。

```
#include <iostream>
#include <cmath>
using namespace std;
int main()
{
    int a,b,c;
    float area,p;
    cout<<"请输入三角形三边a b c值: ";
    cin>>a>>b>>c;
    p=(a+b+c)/2;
    area=sqrt(p*(p-a)*(p-b)*(p-c));
    cout<<"三角形的面积: ";
    cout<<"area="<<area<<endl;
    return 0;
}
```

程序运行时从键盘上键入"3[空格]4 [空格]5[回车]",程序的运行结果如图 4-10 所示。

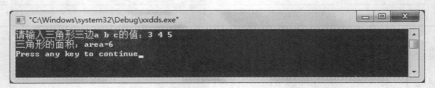

图 4-10   例 4-10 程序的运行结果

【例 4-11】 输入一个华氏温度,求摄氏温度。输出要有文字说明,取两位小数。

分析:设 f 表示华氏温度,c 表示摄氏温度,它们之间的转换公式为 $c=5/9\times(f-32)$。

```
#include <iostream>
#include <iomanip>
using namespace std;
int main()
{
    float c,f;
```

```
cout<<"请输入f的值: ";
cin>>f;
c=5.0/9*(f-32);
cout<<setiosflags(ios::fixed)<<setprecision(2);
cout<<"相对应c值"<<"c="<<c<<endl;
return 0;
}
```

程序运行时从键盘上键入"46"，程序的运行结果如图 4-11 所示。

图 4-11   例 4-11 程序的运行结果

【例 4-12】 设圆的半径 $r=1.5$，圆柱的高 $h=3$，求圆的周长、面积，圆球的表面积、体积，圆柱体积。用 cin 输入数据，输出计算结果，输出时要有必要的文字说明，取小数点后两位数字。

```
#include <iostream>
#include <iomanip>
using namespace std;
int main()
{
    float r,h,a;
    a=3.1415926;
    float L,s1,s2,V1,V2;
    cout<<"请输入圆的半径r及圆柱体高h的值: ";
    cin>>r>>h;
    L=2*a*r;
    s1=a*r*r;
    s2=4*a*r*r;
    V1=4/3*a*r*r*r;
    V2=a*r*r*h;
    cout<<setiosflags(ios::fixed)<<setprecision(2);
    cout<<"圆周长:"<<"L="<<L<<endl;
    cout<<"圆面积:"<<"s1="<<s1<<endl;
    cout<<"圆球表面积:"<<"s2="<<s2<<endl;
    cout<<"圆球体积:"<<"V1="<<V1<<endl;
    cout<<"圆柱体积:"<<"V2="<<V2<<endl;
    return 0;
}
```

程序运行时从键盘上键入"1.5[空格]3"，程序的运行结果如图 4-12 所示。

图 4-12   例 4-12 程序的运行结果

习题

一、选择题

1. C++ 语言程序的基本运行单位是（   ）。

    A. 语句　　　　　　　　B. 函数　　　　　　　　C. 字符　　　　　　　　D. 数据

2. 在 C++ 语言中，表示一条语句结束的标号是（   ）。

    A. "#"　　　　　　　　B. ";"　　　　　　　　C. "}"　　　　　　　　D. "//"

3. 下列选项中属于 C++ 语言语句的是（   ）。

    A. ;　　　　　　　　　B. a=87　　　　　　　　C. i+5　　　　　　　　D. cout<<'\n'

4. 要利用 C++ 语言流实现输入输出的各种格式控制，必须在程序中包含的头文件是（   ）。

    A. fstream　　　　　　B. istream　　　　　　C. iostream　　　　　　D. iomanip

5. 如果调用 C++ 语言流进行输入输出，下面的叙述中正确的是（   ）。

    A. 只能借助流对象进行输入输出

    B. 只能进行格式化输入输出

    C. 只能借助 cin 和 cout 进行输入输出

    D. 只能使用运算符 ">>" 和 "<<" 进行输入输出

6. 在语句 cout<<'A' 中，cout 是（   ）。

    A. 类名　　　　　　　　B. 对象名　　　　　　　C. 函数名　　　　　　　D. C++ 语言的关键字

7. 有如下程序：

```
#include <iomanip>
#include <iostream>
using namespace std;
int main( )
 {
    cout<<setfill( '*' )<<setw(6)<<123<<456;
    return 0;
}
```

    运行时的输出结果是（   ）。

    A. ***123***456　　B. ***123456***　　C. ***123456　　　D.123456

8. 使用（   ）格式控制符可转换十六进制数为十进制数。

    A. dec　　　　　　　　B. oct　　　　　　　　C. hex　　　　　　　　D. endl

9. 在下列控制格式输入输出的操作中，能够设置浮点数精度的是（   ）。

    A. setprecision()　　　B. setw()　　　　　　C. setfill()　　　　　　D.showpoint()

10. 在控制格式 I/O 的操作中，（   ）是设置域宽的。

    A. ws　　　　　　　　B. oct　　　　　　　　C. setfill()　　　　　　D. setw()

11. 已知一程序运行后执行的第一个输出操作是 cout<<setw(10)<<setfill(*)<<1234，则此操作的输出结果是（   ）。

    A. 1234　　　　　　　B. ******1234　　　　C. **********1234　　D. 1234******

12. 设 x 和 y 均为 int 型变量，则以下语句：

```
x+=y;
y=x-y;
x-=y;
```

    的功能是（   ）。

    A. 把 x 和 y 按从大到小排列　　　　　　B. 把 x 和 y 按从小到大排列

    C. 无确定结果　　　　　　　　　　　　　D. 交换 x 和 y 中的值

13. 下列程序的运行结果是（　　　）。

```
#include <iostream>
using namespace std;
int main()
{
int a=2,b=5;
cout<<"a="<<a<<",b="<<b<<"\n";
return 0;
}
```

A. a=%2,b=%5　　　　B. a=2,b=5　　　　C. a=d, b=d　　　　D. a=%d, b=%d

14. 若有以下程序段：

```
int c1=1, c2=2,c3;
c3=1.0/c2*c1;
```

则执行后 c3 中的值是（　　　）。

A. 0　　　　B. 0.5　　　　C. 1　　　　D. 2

15. 在 C++ 语言中，自定义的标识符（　　　）。

A. 能使用关键字并且不区分大小写　　　　　　B. 不能使用关键字并且不区分大小写
C. 能使用关键字并且区分大小写　　　　　　D. 不能使用关键字并且区分大小写

16. 字符串常量 "ME" 的字符个数是（　　　）。

A. 4　　　　B. 3　　　　C. 2　　　　D. 1

17. 有如下程序：

```
#include <iostream>
    #include <iomanip>
    using namespace std;
    int main(){
    cout<<setw(10)<<setfill('x')<<setprecision(8)<<left;
    cout<<12.3456793<<_____<<98765;
    return 0;
}
```

若程序的输出是 12.345679x98765xxxxx，则划线处缺失的部分是（　　　）。

A. setw(10)　　　　B. setfill('x')　　　　C. setprecision(8)　　　　D. right

18. 下列关于 C++ 语言预定义流对象的叙述中，正确的是（　　　）。

A.cin 是 C++ 语言预定义的标准输入流对象
B.cin 是 C++ 语言预定义的标准输入流类
C.cout 是 C++ 语言预定义的标准输入流对象
D.cout 是 C++ 语言预定义的标准输入流类

19. 已知"int a,b;"，用语句"cin>>a>>b;"输入 a、b 的值时，不能作为输入分隔符的是（　　　）。

A. ,　　　　B. 空格键　　　　C. Enter 键　　　　D. Tab 键

二、填空题

1. C++ 语言的语句可以分为 4 类，它们是_____、_____、_____和_____。

2. 对输入输出流格式进行控制时，需要包含的头文件是_____。

3. 执行下列代码：

```
int b=100;
cout<<"Oct:"<<oct<<b;
```

程序的输出结果是_____。

4. C++ 语言保留了 C 语言中用于输入输出单个字符的函数，其中最常用的有_____和_____。

5. _____可以控制输出格式以左对齐的方式输出。

6. 以下程序的运行结果是_____。

```cpp
#include <iostream>
#include <iomanip>
using namespace std;
int main()
{
    char c1,c2;
    c1='A';
    c2='B';
    c1=c1+32;
    c2=c2+32;
    cout<<c1<<","<<c2<<endl;
    return 0;
}
```

7. 以下程序的运行结果是_____。

```cpp
#include <iostream>
#include <iomanip>
using namespace std;
int main( )
{
    double a=123.456,b=3.14159,c=-3214.67;
    cout<<setiosflags(ios::fixed)<<setiosflags(ios::right)<<setprecision(2);
    cout<<setw(10)<<a<<endl;
    cout<<setw(10)<<b<<endl;
    cout<<setw(10)<<c<<endl;
    return 0;
}
```

8. 以下程序的运行结果是_____。

```cpp
#include <iostream>
#include <iomanip>
using namespace std;
int main()
{
    double amount = 22.0/7;
    cout <<amount <<endl;
    cout <<setprecision(0) <<amount <<endl;
    cout <<setprecision(1) <<amount <<endl;
    cout <<setprecision(2) <<amount <<endl;
    cout <<setprecision(3) <<amount <<endl;
    cout <<setprecision(4) <<amount <<endl;
    cout <<setiosflags(ios::fixed);
    cout <<setprecision(8) <<amount <<endl;
    cout <<setiosflags(ios::scientific);
    cout<<amount <<endl;
    cout <<setprecision(6);
    return 0;
}
```

9. 以下程序运行后，输出结果是_____。

```cpp
#include <iostream.h>
#include <iomanip.h>
int main()
{
    int a=10;
    cout<<dec<<a<<oct<<a<<hex<<a<<endl;
```

```
        return 0;
    }
```

10. 以下程序运行的结果是_____。

```
#include <iostream>
using namespace std;
int main()
{
    int x=2,y,z;
    x*=3+1;
    cout<<x++<<",";
    x+=y=z=5;
    cout<<x<<",";
    x=y==z;
    cout<<x<<"\n";
    return 0;
}
```

三、编程题

1. 输入长、宽、高，求立方体的体积（体积保留两位小数）。

2. 从键盘上输入圆的半径 r，计算并输出圆的周长和面积。

3. 假设从键盘输入从某日午夜零点到现在已经经历的时间（单位：秒），编一程序计算到现在为止已过了多少天，现在的时间是多少？

4. 输入一个 3 位数，要求把这个数的百位数与个位数对调，输出对调后的数。

5. 已知某班有男同学 x 位，女同学 y 位，x 位男生的平均分是 87 分，y 位女生的平均分是 85 分，问全体同学的平均分是多少？

第5章 选择结构程序设计

【本章要点】

- if 语句的 3 种格式。
- if 语句的嵌套。
- 多分支选择 switch 语句。

通过前面几章内容的学习，我们对 C++ 语言的基本内容（数据类型、数据的表达、运算符、表达式和顺序结构程序）有了初步的认识，了解了结构化程序设计的 3 种结构，即顺序结构、选择结构和循环结构。顺序结构的程序只能解决逻辑关系相对比较简单的问题，在很多情况下需要根据不同的条件去选择执行不同的语句，这就是程序设计中的选择结构。在 C++ 语言中用条件语句（if 语句或 switch 语句）来实现选择结构，根据条件判断的结果，选择所要执行的程序语句。

5.1 if 语句

if 语句就是根据给定的条件成立与否选择要执行的语句。在 C++ 语言中，if 语句的格式主要有 3 种。

5.1.1 if 语句的省略格式

if 语句的省略格式为：

```
if (表达式) 语句；
```

说明："表达式"可以是任意表达式，但一般为关系表达式或逻辑表达式；而"语句"应是一条合法的 C++ 语句，称为 if 子句，它可以是一条语句，也可以是由多条语句构成的复合语句，还可以是一个空语句。如果是复合语句必须用"{}"括起来，但在逻辑上仍作为一条语句来处理。

其执行过程为：先计算"表达式"的值，如果"表达式"的值为真（非 0），则执行其后 if 子句；若值为假，不执行该子句，直接执行 if 语句的后继语句。其流程图如图 5-1 所示。

例如：

```
if(x>y) x=x-2;
y=y*4;
```

该例的执行过程为：如果 x 的值大于 y 的值，则先执行"x=x-2;"子句，然后执行语句"y=y*4;"；否则（即 x 不大于 y）直接执行语句"y=y*4;"。"if（x>y）"和"x=x-2;"一起构成一条 if 语句。

【例 5-1】 从键盘输入两个整数，输出其中较大者 (用 if 实现)。

分析：从键盘输入要用到 cin 语句，设输入的两个数分别为 a、b，首先默认 a 是较大的，即 max=a；然后把 max 和 b 比较大小，若 max<b，则 max=b。由此可得程序的流程图如图 5-2 所示。

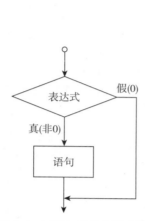

图 5-1   if 语句的执行流程图

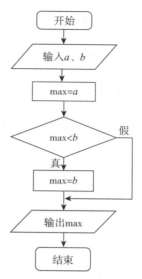

图 5-2   例 5-1 程序的流程图

程序如下：

```cpp
#include <iostream>
using namespace std;
int main()
{
    int a,b,max;
    cout<<"Please input a and b:\n";        //输入提示
    cin>>a>>b;                              //输入两个数
    max=a;                                 //先默认a为最大
    if (max<b)
        max=b;                             //若max<b,则b大，将b赋值给max
    cout<<"max= "<<max<<endl;
    return 0;
}
```

说明：为验证程序的正确性，要尽量考虑各种情况的运行结果，因此一般需要多次运行程序。本例可以运行两次，第一次输入的 a 值小于 b 值，第二次输入的 a 值大于 b 值，以第一次输入为例，程序的运行结果如图 5-3 所示。

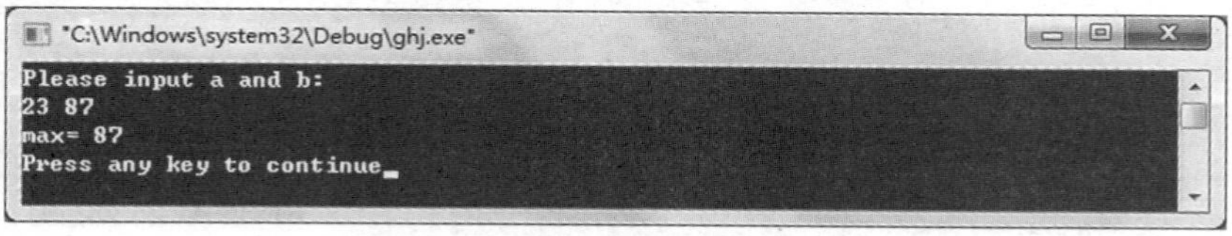

```
"C:\Windows\system32\Debug\ghj.exe"
Please input a and b:
23 87
max= 87
Press any key to continue_
```

图 5-3   例 5-1 程序的运行结果

5.1.2   if-else 语句格式

if-else 语句的一般格式为：

```
if(表达式)
    语句1;
else
    语句2;
```

说明：语句 1 称为 if 子句，语句 2 称为 else 子句，它们可以是单条语句，也可以是由多条语句构成的复合语句。

其执行过程：先计算"表达式"的值，如果"表达式"的值为真（非 0），则执行"语句 1"；否则执行"语句 2"。其执行流程图如图 5-4 所示。

虽然 if-else 语句中存在两个子句，且两个子句都以分号结束，但整个语句在语法上只是一条 if 语句。特别要注意 if 分支"语句 1"后的分号是不可省略的（除非这里是一条复合语句）。

【例 5-2】 从键盘输入两个整数，输出其中较大者（用 if-else 实现）。

分析：设输入的两个数分别为 a、b，当 $a>b$ 时，输出 a，否则输出 b。由此可得程序的流程图如图 5-5 所示。

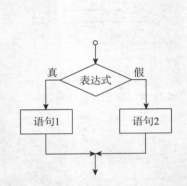

图 5-4   if-else 语句的执行流程图

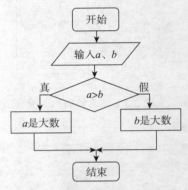

图 5-5   例 5-2 程序的流程图

程序如下：

```cpp
#include <iostream>
using namespace std;
int main()
{
    int a, b;
    cout<<"Please input a and b:\n";
    cin>>a>>b;                  //输入两个数
    if(a>b)
        cout<<"max= "<<a<<endl;   //若a>b，输出a
    else
        cout<<"max= "<<b<<endl;   //否则输出b
    return 0;
}
```

程序的运行结果如图 5-6 所示。

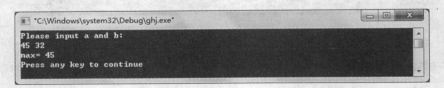

图 5-6   例 5-2 程序的运行结果

【例 5-3】 判断从键盘输入的整数是奇数还是偶数。

分析：设输入的数为 number，若 number%2==0，number 为偶数；否则 number 为奇数。程序的流程图如图 5-7 所示。

程序如下：

```cpp
#include <iostream>
using namespace std;
int main()
{
    int number;
    cout << "请输入number=";
    cin >> number;
    if (number %2==0)
        cout <<number<<"为偶数"<<endl;
    else
        cout <<number<<"为奇数"<<endl;
    return 0;
}
```

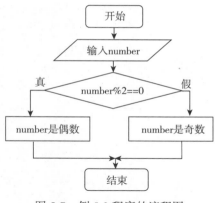

图 5-7　例 5-3 程序的流程图

程序的运行结果如图 5-8 所示。

图 5-8　例 5-3 程序的运行结果

5.1.3　if-else if-else 语句格式

前两种格式的 if 语句一般都用于两个分支（即二选一）的情况。当有多个分支时，可采用 if-else if-else 语句，其一般格式为：

```
if(表达式 1)
    语句1;
else  if(表达式2)
    语句2;
else  if(表达式3)
    语句3;
    …
else  if(表达式n-1)
    语句n-1;
else
    语句n;
```

其执行过程为：首先求解表达式 1，若"表达式 1"为真，则执行"语句 1"，并结束整个 if 语句的执行；否则求解表达式 2，若"表达式 2"为真（即在"表达式 1"为假的前提下，"表达式 2"为真），则执行"语句 2"，并结束整个 if 语句的执行……若前 $n-1$ 个表达式均为假，执行"语句 n"。然后继续执行 if-else if-else 的后续语句。if-else if-else 语句的执行流程如图 5-9 所示。

例如，有如下数学问题：

$$cost = \begin{cases} 0.15, & mumber > 500 \\ 0.10, & 300 < mumber \leqslant 500 \\ 0.075, & 100 < mumber \leqslant 300 \\ 0.05, & 50 < mumber \leqslant 100 \\ 0, & mumber \leqslant 50 \end{cases}$$

可用下列 if-else if-else 语句实现：

```
if (number>500)
```

```
    cost=0.15;
else  if(number>300)
    cost=0.10;
else  if(number>100)
    cost=0.075;
else  if (number>50)
    cost=0.05;
else
    cost=0;
```

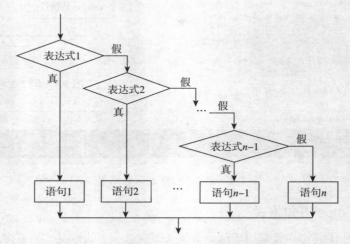

图 5-9   if-else if-else 语句的执行流程图

在使用 if 语句时还要注意以下几点：

1）在 3 种格式的 if 语句中，if 后面的"表达式"通常是逻辑表达式或关系表达式，但也可以是其他表达式，如赋值表达式等，甚至可以是一个变量。例如：

```
if(x=10) 语句;
if(y) 语句;
```

都是合法的。只要表达式的值为真（非 0）就执行语句。例如：

```
if(x=10) cout<<x;
```

该语句中表达式的值永远为真（非 0），因此就总会执行其后的语句" cout<<x;"，在语法上也是合法的。又如，有程序段：

```
if(x=y)   cout<<x;
else      cout<<"x=0";
```

该语句的执行：先把 y 值赋给 x，若 x 为真，则输出 x 的值，否则输出"x=0"字符串。

2）在 if 语句中，条件判断表达式必须用括号括起来，在语句之后必须加分号。

3）else 子句不能作为语句单独使用，它必须是 if 语句的一部分，与 if 语句配对使用。

4）在 if-else 和 if-else if-else 语句中，在每个 else 前面有一个分号，整个语句结束处有一个分号。例如：

```
if(y>0)   cout<<y;
else      cout<<-y;
```

5）在 if 语句的 3 种格式中，所有的语句应为单条语句，如果当满足条件时要执行一组（多条）语句，则必须把这一组语句用" {}"括起来，使其成为一个复合语句。但要注意的是在"}"之后不能再加分号。例如：

```
if(a>b)
{
    a++;
    b++;
}
else
{
    a=0;
    b=10;
}
```

【例5-4】 从键盘输入一个字符，判断字符类别（控制字符、数字字符、大写字母、小写字母、其他字符）。

分析：设从键盘输入的字符变量为c，可以根据输入字符的ASCII码值来判断字符的类型。由ASCII码值表可知：字符的ASCII码值小于32的为控制字符；在48～57之间的为数字字符；在65～90之间的为大写字母；在97～122之间的为小写字母；其余则为其他字符。该题是一个多选一的问题，可用if-else if-else语句编程实现，即判断输入字符ASCII码值所在的范围，分别给出不同的输出。如输入为"A"，则输出它为大写字符。由题意可画出流程图如图5-10所示。

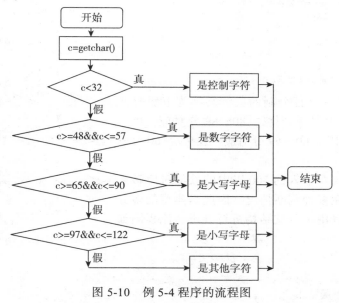

图5-10 例5-4程序的流程图

程序如下：

```
#include <iostream>
using namespace std;
int main()
{
    char c;
    cout<<"Please input a character:";
    c=getchar();
    if(c<32)
        cout<<c<<"是一个控制字符!"<<endl;
    else if(c>=48&&c<=57)
        cout<<c<<"是一个数字字符!"<<endl;
```

```
    else if(c>=65&&c<=90)
        cout<<c<<"是一个大写字母!"<<endl;
    else if(c>=97&&c<=122)
        cout<<c<<"是一个小写字母!"<<endl;
    else
        cout<<c<<"是其他字符!"<<endl;
    return 0;
}
```

程序运行时，输入"="，输出结果如图 5-11 所示。

图 5-11　例 5-4 程序的运行结果

另外，该例的 if 语句也可以写成如下形式：

```
if(c<32)
    cout<<c<<"是一个控制字符!"<<endl;
else if(c>='0'&&c<='9')
    cout<<c<<"是一个数字字符!"<<endl;
else if(c>='A'&&c<='Z')
    cout<<c<<"是一个大写字母!"<<endl;
else if(c>='a'&&c<='z')
    cout<<c<<"是一个小写字母!"<<endl;
else
    cout<<c<<"是其他字符!"<<endl;
```

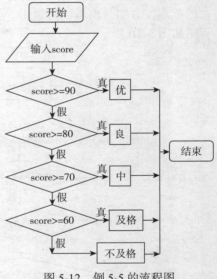

图 5-12　例 5-5 的流程图

【例 5-5】 将一个百分制的成绩转换为五级分制输出，即 90 分以上对应"优"，80～89 分对应"良"，70～79 分对应"中"，60～69 分对应"及格"，60 分以下对应"不及格"。

分析：该题要对输入的 100 以内的数值对应转换成五级分制，存在多种判断情况，因此是典型的多分支结构问题，可以用多分支结构进行处理。流程图如图 5-12 所示。

程序如下：

```
#include <iostream>
using namespace std;
int main()
{
    int score;
    cout << "请输入score=";
    cin >> score;
    if (score>=90)
        cout << "成绩为优"<<endl;
    else if(score>=80)
        cout << "成绩为良"<<endl;
    else if(score>=70)
        cout << "成绩为中"<<endl;
    else if(score>=60)
        cout << "成绩及格"<<endl;
    else
```

```
        cout << "成绩不及格"<<endl;
    return 0;
}
```

运行结果如图 5-13 所示。

图 5-13　例 5-5 程序的运行结果

5.1.4　if 语句的嵌套

在 if 语句中又包含一个或多个 if 语句称为 if 语句的嵌套。一个 if 语句只能处理两种（二选一）情况，嵌套的 if 常用来处理 3 种以上（含 3 种）情况。一般来说，如有 3 种情况，则需要两个 if 语句嵌套，若有 4 种情况，则需要 3 个 if 语句嵌套，若有 n 种情况，则需要 n−1 个 if 语句嵌套。

常见的嵌套方式有以下 4 种。

1）if(表达式 1)

　　　　if (表达式 2) 语句 1；

　　else　　语句 2；

执行流程图如图 5-14a 所示。

2）if(表达式 1)

　　if (表达式 2) 语句 1；

　　else　　语句 2；

　　　　else 语句 3；

执行流程图如图 5-14b 所示。

3）if(表达式 1)

　　　　if (表达式 2) 语句 1；

　　　　else 语句 2；

　　else

　　　　if (表达式 3) 语句 3；

　　　　else 语句 4；

执行流程图如图 5-14c 所示。

4）if(表达式 1)

　　　　语句 1；

　　else

　　　　if (表达式 2) 语句 2；

　　　　else 语句 3；

执行流程图如图 5-14d 所示。

在运用 if 嵌套编程时，通常使用最后一种嵌套方式（即图 5-14d），也就是说，if 只处理一种情况，把剩下的情况都放在 else 后面处理。用这种方式的好处是可以避免 if 和 else 的配对错误。

例如，下面的程序段使用格式不当，将导致程序的运行结果错误：

```
int a;
cin>>a;
if(a>=0)
```

```
    if(a<10)
        cout<< "0<=a<10";
else
    cout<< " a<0";
```

如果从键盘输入 11，则输出结果是 a<0。

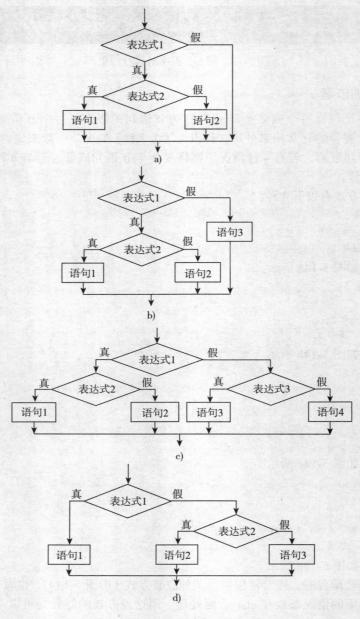

图 5-14   if 嵌套执行流程图

　　这段代码中的 else 看起来跟第一个 if 配对，而实际上跟第二个 if 配对。因为 C++ 语言规定，else 总是和它前面最近的、尚未配对的 if 配对。if 和 else 的配对关系与它们的对齐方式无关，也就是说，与缩进格式无关。缩进只是为了便于阅读，编译时将忽略所有缩进的空格。在编译系统看来，上面的代码段相当于下列程序段：

```
int  a;
cin>>a;
if(a>=0)
    if(a<10)
    cout<< "0<=a<10";
    else
    cout<< "a<0";
```

如果 if 和 else 的数目不一样，为了实现程序设计者的目的，可以加花括号来明确配对关系。例如：

```
if(表达式1)
    {
        if(表达式2) 语句1;
    }
else
    语句2;
```

这时"{}"限定了内嵌 if 语句的范围，即 else 与第一个 if 配对。

【例 5-6】 输入两个整数并输出两者的大小关系。

分析：该题的意图是输出两个整数的大小关系，实质是对两者的数值进行比较，两个数的大小关系有大于、小于和等于 3 种情况，因此可以使用多分支结构进行实现。流程图如图 5-15 所示。

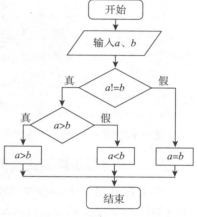

图 5-15 例 5-6 流程图

程序如下：

```
#include <iostream>
using namespace std;
int main()
{
    int a,b;
    cout<<"Please input a and b:";
    cin>>a>>b;
    if(a!=b)
        if(a>b)
            cout<<"a>b"<<endl;
        else
            cout<<"a<b "<<endl;
        else
            cout<<"a=b"<<endl;
    return 0;
}
```

运行结果如图 5-16 所示。

图 5-16 例 5-6 程序的运行结果

说明：本例中用了 if 语句的嵌套结构。采用嵌套结构实质上就是为了进行多分支选择，该例实际上有 3 种选择，即 $a>b$、$a<b$ 或 $a==b$。该问题也可以用 if-else if-else 语句来实现，

而且程序更加清晰，所以在一般情况下较少使用 if 语句的嵌套结构。

【例 5-7】 把例 5-6 改用 if-else if-else 语句实现。用 if-else if-else 语句实现的流程图如图 5-17 所示。

程序如下：

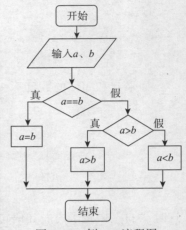

```cpp
#include <iostream>
using namespace std;
int main()
{
    int a,b;
    cout<<"Please input a and b:\n ";
    cin>>a>>b;
    if(a==b)
        cout<<"a=b "<<endl;
    else if(a>b)
        cout<<"a>b"<<endl;
    else
        cout<<"a<b"<<endl;
    return 0;
}
```

图 5-17 例 5-7 流程图

请比较例 5-6 和例 5-7 程序的流程图和程序，有什么不同？

5.1.5 if 语句与条件表达式的关系

如果在 if 语句中，当被判断的表达式的值为"真"或"假"时，都执行单个的赋值语句且给同一个变量赋值，可以用更简单的条件运算符来代替 if 语句。条件运算符不仅使程序简洁，也提高了运行效率。

例如，有下列 if 语句：

```cpp
if(x>y)    max=x;
else       max=y;
```

可用条件表达式写为：

```cpp
max=(x>y?x:y)
```

该语句的执行过程是：如果"x>y"为真，则把 x 赋予 max，否则把 y 赋予 max。

【例 5-8】 输入一个字符，判别它是否是大写字母。如果是，将它转换成相应的小写字母；如果不是，则不转换。输出最后得到的字符。

分析：C++ 语言中字符可以进行关系和逻辑运算，因此可以直接判断输入字符是否为一大写字母，而大写字母的 ASCII 码值比相应小写字母的 ASCII 码值小 32，利用这一规律可将大写字母转化为小写字母，设从键盘输入的字符变量为 ch。

程序如下：

```cpp
#include <iostream>
using namespace std;
int main()
{
    char ch;
    cout<<"Please input a character:\n";
    cin>>ch;
    ch=(ch>='A'&&ch<='Z')?(ch+32):ch;
    cout<<ch<<endl;
    return 0;
}
```

程序的运行结果如图 5-18 所示。

图 5-18　例 5-8 程序的运行结果

说明：条件表达式中的"ch+32"，用来将大写字母转化为小写字母，其中 32 是小写字母和大写字母 ASCII 码值的差值。

5.1.6　if 语句程序举例

【例 5-9】　求一元二次方程 $ax^2+bx+c=0$ 的解（$a\neq0$）。

分析：对于一元二次方程的求解是一个比较简单的数学问题，首先要计算出相应的根的判别式，然后根据根的判别式的取值来求解。一元二次方程的根有以下几种可能性：

1）$b^2-4ac=0$，有两个相等的实根。

2）$b^2-4ac>0$，有两个不相等的实根。

3）$b^2-4ac<0$，有两个共轭的复根。

程序的流程图如图 5-19 所示。

程序如下：

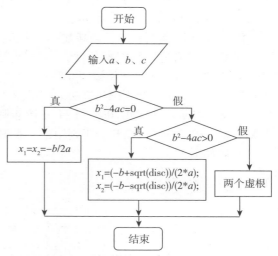

图 5-19　例 5-9 程序的流程图

```cpp
#include <iostream>
using namespace std;
#include  <cmath>
int main()
{
    float a,b,c,disc,x1,x2,p,q;
    cout<<"Enter number a,b and c:\n";
    cin>>a>>b>>c;
    disc=b*b-4*a*c;
    if (fabs(disc)<=1e-6)
    cout<<"x1=x2="<< -b/(2*a)<<"\n";
else
{
    if (disc>1e-6)
    {
        x1=(-b+sqrt(disc))/(2*a);
        x2=(-b-sqrt(disc))/(2*a);
        cout<<"x1="<< x1<<"  , x2= "<< x2<<"\n";
    } //输出两个不相等实根
    else
    {
        p=-b/(2*a);                          //p是复根的实部
        q=sqrt(-disc)/(2*a);                 //q是复根的虚部
        cout<<"x1="<<p<<"+"<<q<<"i"<<"\n";   //输出一个复数
        cout<<"x2="<<p<<"-"<<q<<"i"<<"\n";
    }  //输出另一个复数
}
return 0;
}
```

上例程序的运行结果如图 5-20 所示。

图 5-20   例 5-9 程序的运行结果

说明：当判断 b^2-4ac 是否等于 0 时，由于 disc（即 b^2-4ac）是实数，而实数在计算机中存储时，经常会有一些微小误差，因此不能直接进行 "if(disc==0)…" 判断，所以本例中判断 disc 是否为 0 的方法是：判断 disc 的绝对值是否小于一个很小的数（如 10^{-6}），如果小于此数（即 disc<1e-6），就认为 disc 等于 0。

【例 5-10】 编写程序，判断某一年是否为闰年。

分析：根据闰年的判断条件：①当年份能被 4 整除但不能被 100 整除时，它为闰年；②当年份能被 100 整除又能被 400 整除时，它为闰年。不符合这两个条件的年份不是闰年。根据判断条件先画出判别闰年算法的流程图，如图 5-21 所示，设变量 year 表示年份，flag 为标志变量，当 year 为闰年，flag←1（true），否则 flag←0（false）。最后判断 flag 是否为 1（真），若是，则输出 "闰年" 信息，否则输出 "非闰年" 信息。

程序如下：

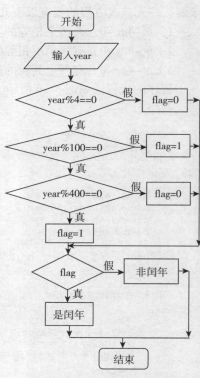

```cpp
#include <iostream>
using namespace std;
int main( )
{
    int year;
    int flag;
    cout<<"please enter year:";
    cin>>year;
    if(year%4==0)
        {if(year%100==0)
            {if(year%400==0)
                flag=1;
             else flag=0;
            }
        else flag=1;
    }
    else
        flag=0;
    if (flag)
        cout<<year<<" is" <<" a leap year.
        "<<endl;   //若flag为真，输出年份为闰年
    else
        cout<<year<<" is not "<<" a leap year.
        "<<endl;   //若flag为假，输出年份不是闰年
    return 0;
}
```

图 5-21   例 5-10 程序的流程图

运行结果如图 5-22 所示。

图 5-22   例 5-10 程序的运行结果

说明：本例用 if 语句嵌套来判断某一年份是否为闰年，也可以用一个逻辑表达式包含所有的闰年条件，可将上述 if 语句用下面的 if 语句代替：

```
if((year%4 == 0 && year%100 !=0) || (year%400 == 0))
    flag=1;
else
    flag=0;
```

5.2 switch 语句

5.2.1 switch 语句格式

除了 if 语句的嵌套和 if-else if-else 语句外，C++ 语言还提供了 switch 语句用于解决多分支选择问题，它的功能是根据给定条件，决定执行多个分支的某一个分支语句。

if 语句只能实现两个分支的选择，而实际问题中常常要遇到多分支的选择，如学生成绩分类（90 分以上为 A 等，80～89 分为 B 等，70～79 分为 C 等……）、人口统计分类（按年龄分为老、中、青、少、儿童）、工资统计分类、银行存款分类。当然这些问题都可以用嵌套的 if 语句或 if-else if-else 语句来处理，但如果分支较多，则这两种形式的 if 语句层数多，程序冗长而且可读性低。C++ 语言的 switch 语句可以处理多分支选择，其一般形式为：

```
switch(表达式)
{
    case 常量表达式 1：  语句1；
    case 常量表达式 2：  语句2；
    …
    case 常量表达式 n：  语句n；
    default      ：  语句n+1；
}
```

其中，"表达式"必须为整型或字符型。

switch 语句的执行过程为：先计算表达式的值，并逐个与其后的常量表达式值相比较，当表达式的值与某个常量表达式的值相等时，就执行其后的语句，然后不再进行判断，继续执行后面所有 case 后的语句。当表达式的值与所有 case 后的常量表达式的值均不相同时，则执行 default 后的所有语句。

使用 switch 语句时，应注意以下几点。

1）每一个 case 常量表达式的值必须互不相同。

2）各个 case 标号出现的顺序不影响执行结果。

3）switch 结构内的各个 case 及其后的语句执行流程为顺序执行。即执行完一个 case 后面的语句，流程控制转移到下一个 case 继续执行。"case 常量表达式"只是起语句标号作用，并不是在该处进行条件判断。在执行 switch 语句时，根据 switch 后面表达式的值找到匹配的入口标号，就从此标号开始执行下去，不再进行判断。

例如，要求按照考试成绩的等级打印出百分制分数段，可以用 switch 语句实现：

```
switch(grade)
{
    case 'A':  cout<<"90~100\n";
    case 'B':  cout<<"80~89\n";
    case 'C':  cout<<"70~79\n";
    case 'D':  cout<<"60~69\n";
```

```
    case 'E':  cout<<"<60\n";
    default :  cout<<"error\n";
}
```

若 grade 的值等于 'B'，则将连续输出：

80~89

70~79

60~69

<60

error

所以，程序应该在执行某一个 case 子句后，使流程跳出 switch 结构，即终止 switch 语句的执行。此时，可以用一个 break 语句来达到此目的。将上面的 switch 结构改写如下：

```
switch(grade)
{
    case 'A':   cout<<"90~100\n"; break; .
    case 'B':   cout<<"80~89\n"; break;
    case 'C':   cout<<"70~79\n"; break;
    case 'D':   cout<<"60~69\n"; break;
    case 'E':   cout<<"<60\n";  break;
    default :   cout<<"error\n"; break;
}
```

最后一个子句（default）可以不加 break 语句。此时如果 grade 的值为 'B'，则输出 "80～89"。该 switch 语句的执行流程图如图 5-23 所示。

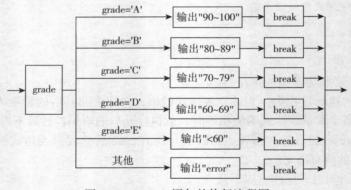

图 5-23   switch 语句的执行流程图

在 case 子句中如果包含一个以上的执行语句，也可以不用花括号括起来，程序会自动顺序执行本 case 子句中所有的执行语句。

4）多个 case 可以共用一组执行语句，如：

```
...
case "A":
case "B":
case "C":
case "D": cout<<">=60\n"; break;
...
```

5.2.2 switch 语句程序举例

【例 5-11】 根据输入的数字来输出这个数字对应星期几的英文单词，如输入 "1"，则输出"Monday";输入"7",则输出"Sunday"。

分析:输入 1~7 之间的任意数字,每个数字应代表一个星期日期,与星期日期存在一一对应关系,因此完全可以使用 switch 多分支选择结构来实现。具体操作步骤为:

1)从键盘输入任意数字。

2)判断输入数字是否在许可范围。

3)构造 switch 多分支选择结构并输出结果。

程序如下:

```cpp
#include <iostream>
using namespace std;
int main()
{
    int a;
    cout<<"Please input integer number(1~7): ";
    cin>>a;
    switch (a)
    {
        case 1 :  cout<<"Monday"<<endl; break;
        case 2 :  cout<<"Tuesday"<<endl; break;
        case 3 :  cout<<"Wednesday"<<endl; break;
        case 4 :  cout<<"Thursday"<<endl; break;
        case 5 :  cout<<"Friday"<<endl; break;
        case 6 :  cout<<"Saturday"<<endl; break;
        case 7 :  cout<<"Sunday"<<endl; break;
        default :  cout<<"Data error"<<endl; break;
    }
 return 0;
}
```

运行结果如图 5-24 所示。

图 5-24　例 5-11 程序的运行结果

【例 5-12】 用 switch 语句改写例 5-5。

分析:对于百分制成绩,其可能的取值在 0~100 之间,若对每个分值都进行判断,显然是不可取的。根据题目的要求,应该将成绩区间映射到有限的几个整数,我们可以将百分制成绩除以 10 再取整,就可以将取值范围缩小到 0~10。

程序如下:

```cpp
#include <iostream>
using namespace std;
int main()
{
    int score, grade;
    cout<<"Input a score(0~100): ";
    cin>>score;
    grade = score/10;
    switch (grade)
    {
        case  10:
        case  9: cout<<"成绩为优\n"; break;
```

```
        case    8:  cout<<"成绩为良\n";  break;
        case    7:  cout<<"成绩为中\n";  break;
        case    6:  cout<<"成绩及格\n";  break;
        case    5:
        case    4:
        case    3:
        case    2:
        case    1:
        case    0:  cout<<"成绩不及格\n";  break;
        default:  cout<<"The score is out of range!\n";
    }
    return 0;
}
```

运行结果如图 5-25 所示。

图 5-25　例 5-12 程序的运行结果

【例 5-13】 计算器程序。用户输入运算数和四则运算符，输出计算结果。
程序如下：

```
#include <iostream>
using namespace std;
int main()
{
    float a,b;
    char c;
    cout<<"Input expression: a+(-,*,/)b:\n";
    cin>>a>>c>>b;
    switch(c)
    {
        case '+'    : cout<<a+b<<endl;  break;
        case '-'    : cout<<a-b<<endl;  break;
        case '*'    : cout<<a*b<<endl;  break;
        case '/'    : cout<<a/b<<endl;    break;
        default    : cout<<"Input error"<<endl;
    }
    return 0;
}
```

运行结果如图 5-26 所示。

图 5-26　例 5-13 程序的运行结果

说明：该例可用于四则运算求值。switch 语句用于判断运算符，然后输出运算值。当输入运算符不是 "+" "-" "*" "/" 时，给出错误提示。

【例 5-14】 已知某公司员工的保底薪水为 500（计量单位：元），某月所接工程的利润 profit（整数）与利润提成的关系如下：

1）profit≤1000，没有提成。

2）1 000＜profit≤2000，提成 10%。

3）2 000＜profit≤5000，提成 15%。

4）5 000＜profit≤10 000，提成 20%。

5）10 000＜profit，提成 25%。

分析：为使用 switch 语句，必须将利润 profit 与提成的关系转换成某些整数与提成的关系。分析本题可知，提成的变化点都是 1000 的整数倍（1000、2000、5000…），如果将利润 profit 整除 1000，则得：

1）profit≤1000，对应 0、1。

2）1000＜profit≤2000，对应 1、2。

3）2000＜profit≤5000，对应 2、3、4、5。

4）5000＜profit≤10000，对应 5、6、7、8、9、10。

5）10000＜profit，对应 10、11、12…

为解决相邻两个区间的重叠问题，最简单的方法就是：利润 profit 先减 1（最小增量），然后再整除 1000 即可：

1）profit≤1000，对应 0。

2）1000＜profit≤2000，对应 1。

3）2000＜profit≤5000，对应 2、3、4。

4）5000＜profit≤10 000，对应 5、6、7、8、9。

5）10 000＜profit，对应 10、11、12…

程序如下：

```cpp
#include <iostream>
using namespace std;
int main()
{
    long  profit;
    int  grade;
    float  salary=500;
    cout<<"Input  profit: ";
    cin>>profit;
    grade= (profit - 1) / 1000;
      switch(grade)
      {
        case  0:  break;                          /*profit≤1000 */
        case  1: salary += profit*0.1; break;     /*1000<profit≤2000 */
        case  2:
        case  3:
        case  4: salary += profit*0.15; break;    /*2000<profit≤5000 */
        case  5:
        case  6:
        case  7:
        case  8:
        case  9: salary += profit*0.2; break;     /*5000<profit≤10000 */
        default: salary += profit*0.25;           /*10000<profit */
      }
    cout<<"salary="<<salary<<"\n";
    return 0;
}
```

运行结果如图 5-27 所示。

图 5-27　例 5-14 程序的运行结果

说明：解此题的关键是找出所接工程的利润 profit（整数）与利润提成的关系。一般情况下，这类问题都有一定的规律，要细心观察分析，找出规律，问题就变得简单了。如果的确没有什么规律，就不能使用 switch 语句处理，可以用嵌套的 if 语句或 if-else if-else 语句来处理。

5.2.3　if 语句与 switch 语句的比较

if 语句与 switch 语句都可以用来处理程序中的分支结构问题，可以相互替换，但还是存在一些差异：

1）if 语句常用于分支较少的场合；而 switch 语句常用于分支较多的场合。

2）if 语句可以用来判断一个值是否落在一个范围内；而 switch 语句则要求其相应分支的常量必须与某一个值严格相等。

3）若值的范围较大，显然 if 语句要优于 switch 语句，特别是当表达式的值是一个实数时，只能使用 if 语句。

习题

一、选择题

1. 在 C++ 程序中判逻辑值时，用"非 0"表示逻辑值"真"，用"0"表示逻辑值"假"。求逻辑值时，用（　　）表示逻辑表达式的值为"真"，又用（　　）表示逻辑表达式的值为"假"。

A. 1，0　　　　　　　B. 0，1　　　　　　C. 非 0，非 0　　　　D. 1，1

2. 有如下程序段：

```
int a=14,b=15,x;
char c='A';
x=(a&&b)&&(c<'B');
```

执行该程序段后，x 的值为（　　）。

A. true　　　　　　　B. false　　　　　　C. 0　　　　　　　　D. 1

3. 若运行以下程序时，从键盘输入"ADescriptor<CR>"（<CR> 表示"回车"），则下面程序的运行结果是（　　）。

```
#include <iostream>
using namespace std;
int main()
{   char c;
    int v0=1,v1=0,v2=0;
    do
        {switch(c=getchar())
          {case 'a': case 'A':
           case 'e': case 'E':
           case 'i': case 'I':
           case 'o': case 'O':
           case 'u': case 'U':v1+=1;
           default:v0+=1;v2+=1;
```

```
         }
      }while(c!='\n');
      cout<<"v0="<<v0<<",v1="<< v1<<",v2="<< v2<<"\n";
      return 0 ;
   }
```

A. v0=7,v1=4,v2=7   B. v0=8,v1=4,v2=8

C. v0=11,v1=4,v2=11   D. v0=13,v1=4,v2=12

4. 有如下程序：

```
#include <iostream>
using namespace std;
int main()
{ float x=2.0,y;
if(x<0.0) y=0.0;
else if(x>10.0) y=1.0/x;
else y=1.0;
cout<< y<<"\n";
return 0;
}
```

该程序的输出结果是（   ）。

A. 0.000000   B. 0.250000   C. 0.500000   D. 1

5. 能正确表示逻辑关系"$a \geq 10$ 或 $a \leq 0$"的 C++ 语言表达式是（   ）。

A. a>=10 or a<=0   B. a>=0|a<=10

C. a>=10 &&a<=0   D. a>=10 || a<=0

6. 有如下程序：

```
#include <iostream>
using namespace std;
int main()
{ int a=2,b=-1,c=2;
  if(a<b)
  if(b<0)c=0;
  else c++;
cout<< c<<"\n";
return 0 ;
}
```

该程序的输出结果是（   ）。

A. 0   B. 1   C. 2   D. 3

7. 若变量 c 为 char 类型，能正确判断出 c 为小写字母的表达式是（   ）。

A. 'a'<=c<='z'   B. (c>='a') || (c<='z')

C. ('a'<=c) and ('z'>=c)   D. (c>='a') && (c<='z')

8. 设 x、y 和 z 都是 int 型变量，且 x=3，y=4，z=5，则下面的表达式中，值为 0 的表达式是（   ）。

A. x&&y   B.x<=y   C. x||++y&&y-z   D. !(x<y&&!z||1)

9. 以下程序的输出结果是（   ）。

```
#include <iostream>
using namespace std;
int  main()
{   int a,i;a=0;
    for(i=1;i<5;i++)
    { switch(i)
    { case 0:
        case 3:a+=2;
        case 1:
```

```
        case 2:a+=3;
        default:a+=5;
    }
}
cout<< a<<"\n";
return 0 ;
}
```

A. 31　　　　　　　　B. 13　　　　　　　　C. 10　　　　　　　　D. 20

10. 以下程序的输出结果是（　　　）。

```
#include <iostream>
using namespace std;
int main()
{ int a=4,b=5,c=0,d;
  d=!a&&!b||!c;
  cout<< d<<"\n";
  return 0;
  }
```

A. 1　　　　　　　　B. 0　　　　　　　　C. 非 0 的数　　　　　　D. –1

11. 设有 "int a=1,b=2,c=3,d=4,m=2,n=2;"，执行（m=a>b）&&（n=c>d）后 n 的值是（　　　）。

A. 1　　　　　　　　B. 2　　　　　　　　C. 3　　　　　　　　D. 4

12. 若执行下面的程序时，从键盘上输入 5 和 2，则输出结果是（　　　）。

```
#include <iostream>
using namespace std;
int main()
{ int a,b,k;
  cin>>a>>b;
  k=a;
  if(a<b) k=a%b;
  else k=b%a;
  cout<< k<<"\n ";
  return 0 ;
}
```

A. 5　　　　　　　　B. 3　　　　　　　　C. 2　　　　　　　　D. 0

13. 请阅读以下程序：

```
#include <iostream>
using namespace std;
int main()
{  int a=5,b=0,c=0;
if(a=b+c)cout<<"***\n";
else cout<<"$$$\n";
return 0;
}
```

以上程序（　　　）。

A. 有语法错误不能通过编译　　　　　　　B. 可以通过编译但不能通过连接

C. 输出 "***"　　　　　　　　　　　　　D. 输出 "$$$"

14. 设有说明语句 "int x=0，y=2;" 则执行：

```
if(x=0) y=1+x;
else  y=x-1;
```

后，变量 y 的值是（　　　）。

A. –1　　　　　　　　B. 0　　　　　　　　C. 1　　　　　　　　D. 2

15. 下列表达式中能表示 a 在 0～100 之间的是（　　　）。

    A. a>0&a<100 　　　　　　B. !(a<0||a>100) 　　　　C. 0<a<100 　　　　D. !(a>0&&a<100)

16. 当 a=5，b=2 时，表达式 a==b 的值为（　　　）。

    A. 2 　　　　　　　　　　B. 1 　　　　　　　　　C. 0 　　　　　　　　　D. 5

17. 有如下程序段：

```
int x =1, y=1 ;
int m , n;
m=n=1;
switch (m)
{ case 0 : x=x*2;
  case 1: {
  switch (n)
  { case 1 : x=x*2;
    case 2 : y=y*2;break;
    case 3 : x++;
  }
}
case 2 : x++;y++;
case 3 : x*=2;y*=2;break;
  default:x++;y++;
}
```

执行完成后，x 和 y 的值分别为（　　　）。

    A. x=6，y=6 　　　　　　B. x=2，y=1 　　　　C. x=2，y=2 　　　　D. x=7，y=7

18. 判断字符型变量 ch 是否为大写英文字母，应使用表达式（　　　）。

    A. ch>='A' & ch<='Z' 　　　　　　　　　　B. ch<='A' ||ch>='Z'

    C. 'A'<=ch<='Z' 　　　　　　　　　　　　D. ch>='A' && ch<='Z'

19. 执行语句序列：

```
int n;
cin >> n;
switch(n)
{ case 1:
  case 2: cout << '1';
  case 3:
  case 4: cout << '2'; break;
default: cout << '3';
}
```

时，若键盘输入 1，则屏幕显示（　　　）。

    A. 1 　　　　　　　　　　B. 2 　　　　　　　　　C. 3 　　　　　　　　　D. 12

20. 已知"int x=1, y=0;"，执行下面的程序段后，y 的值为（　　　）。

```
if(x) { if (x>0) y=1; } else y = -1 ;
```

    A. -1 　　　　　　　　　B. 0 　　　　　　　　　C. 1 　　　　　　　　　D. 不确定

21. 已知"int x=1, y=0, w;"，执行下面的程序段后，w 的值为（　　　）。

```
if(x) if(y) w=x&&y; else w=y;
```

    A. 0 　　　　　　　　　　B. -1 　　　　　　　　　C. 1 　　　　　　　　　D. 不确定

22. 对如下程序，若用户输入"A"，则输出结果为（　　　）。

```
#include <iostream>
using namespace std;
int main()
{
```

```
char ch;
cin>>ch;
ch=(ch>='A'&&ch<='Z')?(ch+32):ch;
cout<<ch;
return 0;
}
```

  A. A   B. 32   C. a   D. 空格

23. 有如下程序:

```
#include <iostream>
using namespace std;
int main()
{ int a=2,b=-1,c=2;
if(a<b)
if(b<0) c=0;
else c++;
cout<<c;
return 0;
}
```

  该程序的输出结果是（ ）。

  A. 0   B. 1   C. 2   D. 3

24. 下列程序的输出为（ ）。

```
#include <iostream>
using namespace std;
int main()
{int i=0,j=0,a=6;
if((++i>0)||(++j>0)) a++;
cout<<"i="<<i<<",j="<<j<<",a="<<a<<"\n";
return 0;
}
```

  A. i=0,j=0,a=6   B. i=1,j=1,a=7   C. i=1,j=0,a=7   D. i=0,j=1,a=7

二、填空题

1. 若从键盘输入 58，则以下程序输出的结果是_____。

```
#include <iostream>
using namespace std;
int main()
{  int a;
   cin>>a;
   if(a>50) cout<<a;
   if(a>40) cout<<a;
   if(a>30) cout<<a;
   return 0;
}
```

2. 以下程序输出的结果是_____。

```
#include <iostream>
using namespace std;
int main()
{ int a=5,b=4,c=3,d;
  d=(a>b>c);
  cout<<d;
  return 0;
  }
```

3. 以下程序的输出结果是_____。

```cpp
#include <iostream>
using namespace std;
int main()
{ int a=1,b=2,c=3;
  if(a<=c)
  if(b==c) cout<<"a="<<a<<endl;
  else cout<<"b="<<b<<endl;
cout<<"c="<<c<<endl;
}
```

4. 以下程序的输出结果是_____。

```cpp
#include <iostream>
using namespace std;
int main()
{   int x=-9,y=5,z=8;
    if(x<y)
    if(y<0)z=0;
    else z+=1;
    cout<<z<<'\n';
    return 0;
    }
```

5. 以下程序的输出结果是_____。

```cpp
#include <iostream>
using namespace std;
int main()
{   int x=3,a,n=1;
    switch(x)
    {   case 1:a=1;break;
        case 2:a=2;break;
        case 3:
        if(n==0) a=3;
        else  a=4;
        break;
        default:a=5;
    }
    cout<<a<<'\n';
    return 0;
    }
```

6. 程序运行后的输出结果是_____。

```cpp
#include <iostream>
using namespace std;
int  main()
   { int a=1,b=2,c=3,d=0;
     if(a==1)
        if(b!=2)
           if(c==3) d=1;
           else d=2;
        else if(c!=3) d=3;
           else d=4;
     else d=5;
     cout<<d;
     return 0;
     }
```

7. 以下程序对输入的一个小写字母，将字母循环后移 5 个位置后输出，如 'a' 变成 'f'，'w' 变成 'b'，请在空格处填空。

```cpp
#include <iostream>
using namespace std;
int main()
{ char c;
c=getchar();
if(c>='a'&&c<='u')
    _____;
else if(c>='v'&&c<='z')
    _____;
putchar(c);
return 0;
}
```

8. 以下程序的执行结果是_____。

```cpp
#include <iostream>
using namespace std;
int main()
{ int a,b,d=241;
a=d/100%9;
b=(-1)&&(-1);
cout<< a <<","<<b<<"\n" ;
return 0;
}
```

9. 以下程序的执行结果是_____。

```cpp
#include <iostream>
using namespace std;
int  main()
{ int a=1,b=0;
switch(a)
{ case 1: switch (b)
{ case 0: cout<<"**0**"; break;
case 1:cout<<"**1**"; break;
}
case 2:cout<<"**2**"; break;
}
return 0;
}
```

10. 执行下列语句后，a、b、c 的值分别是_____。

```cpp
int x=10, y=9;
int a, b, c
a=(--x==y++)?--x: ++y;b=x++;c=y;
```

11. 如有以下程序，若输入 4，程序的运行结果为_____；若输入 –4，运行结果为_____；若输入 10，运行结果为_____。

```cpp
#include <iostream>
using namespace std;
int main()
{ int x,y;
cin>>x;
if(x<1){ y=x;cout<<"x="<<x<<",y=x="<<y<<"\n";}
else if(x<10)
{ y=2*x-1;
cout<<"x="<<x<<",y=2*x-1="<<y<<"\n";}
```

```
else { y=3*x-11;
cout<<"x="<<x<<",y=3*x-11="<<y<<"\n";}
return 0;
}
```

12. 下列程序的输出结果是_____。

```
#include <iostream>
using namespace std;
int main()
{int x=1,y=0,a=0,b=0;
switch(x)
{case 1:switch(y)
    {case 0:a++;break;
    case 1:b++;break;}
  case 2:a++;b++;break;}
cout<<"a="<<a<<",b="<<b<<"\n";
return 0;
}
```

三、编程题

1. 输入三角形的 3 条边 a、b、c，如果能构成一个三角形，输出面积 area 和周长 perimeter；否则输出 "These sides do not correspond to a valid triangle!"。

2. 请写一个程序：输入一个正整数值，请查这个值是否可以被 17 整除，如果可以输出 "1"，否则输出 "0"。

3. 输入一个学生的数学成绩（正整数），如果它低于 60，输出 "Fail"，否则输出 "Pass"。例如，输入 "65"，输出 "Pass"，输入 "50"，输出 "Fail"。

4. 从键盘上输入两个加数，再输入答案，如果正确，显示 "right"，否则显示 "error"。例如，输入 "3 5 8"，输出 "right"；输入 "3 5 9"，输出 "error"。

5. 用 if-else if-else 语句和嵌套的 if 语句，计算下面分段函数的值。

$$y=\begin{cases} x+1, & x<0 \\ x^3, & 0\leqslant x<100 \\ x^2+5, & x\geqslant100 \end{cases}$$

6. 从键盘上输入 3 个整数 a、b、c，要求按大小顺序输出。

7. 编写程序，从键盘输入一个字符，若为大写字母则转换为小写字母输出，若为小写字母则转换为大写字母输出，其他输入则输出 "Error!"。

8. 输入一个职工的月薪 salary，输出应交的个人所得税 tax。计算方式为 tax=rate×(salary− 850)/100：

1）当 salary≤850 时，rate=0。

2）当 850<salary≤1 350 时，rate=5。

3）当 1350<salary≤2 850 时，rate=10。

4）当 2850<salary≤5 850 时，rate=15。

5）当 5850<salary 时，rate=20。

9. 乘坐火车时每个人可以免费携带一定数量的行李，超出部分收费如下：如果超出 20 kg，但未超出 40 kg，则超出部分按 2 元 /kg 收费；若超出 40 kg，20～40 kg 部分还按 2 元 /kg 收费，但超过 40 kg 的部分按 5 元 /kg 收费，请输入行李的重量，编程计算应该收多少金额。

10. 某工厂出售的产品价格是 800 元 / 件，可依据购买量给予一定的折扣，超过 100 件时打 9 折，超过 200 件时打 8.5 折，超过 300 件时打 8.2 折，超过 500 件时打 8 折，编程计算应收款。

11. 根据历法，凡是 1、3、5、7、8、10、12 月，每月 31 天；凡是 4、6、9、11 月，每月 30 天；2 月

闰年 29 天, 平年 28 天。闰年的判断方法是:

1) 如果年号能被 400 整除, 此年为闰年。

2) 如果年号能被 4 整除但不能被 100 整除, 此年为闰年。

3) 其他情况都不是闰年。

编程输入年、月、日, 判断该日期是该年度的第几天。

12. 有 4 种水果, 单价分别是 3.1 元 /kg、2.50 元 /kg、4.10 元 /kg、10.20 元 /kg, 编号分别为 1、2、3、4。要求从键盘中输入水果的编号, 输出该水果的单价。如果输入不正确的编号, 显示单价为 0。

第6章　循环结构程序设计

【本章要点】

- while 循环、do-while 循环及 for 循环。
- break 语句、continue 语句。
- 循环的嵌套。

在程序设计中，所要处理的问题常常遇到某些操作要反复执行的情况，这就需要用循环结构来解决。循环结构是结构化程序设计的 3 种基本结构之一。使用循环结构编程时，首先要明确两个问题：哪些操作需要反复执行（循环体）；这些操作在什么条件下重复执行（循环条件）。确定了这两个问题后，就可以选用 C++ 语言提供的循环语句来实现循环。C++ 语言提供了 3 种循环语句：while 语句、do-while 语句、for 语句。

下面将对各种循环语句分别予以介绍。

6.1　while 语句

while 语句的一般形式为：

```
while(表达式) 语句
```

其中，"表达式"是循环条件，"表达式"可以是任意合法的表达式，一般为关系表达式或逻辑表达式，"语句"为循环体。循环体可以是一条语句，也可以是一条复合语句（用花括号括起来的若干条语句）。

图 6-1 是 while 循环的执行流程图。其执行步骤如下：

1）先计算表达式的值，当值为真（非 0）时，执行第 2 步；否则（表达式的值为假）执行第 4 步。

2）执行循环体。

3）转向第 1 步。

4）结束 while 循环。

while 语句先判断条件表达式，后执行循环体，因此 while 循环又称为当型循环。

【例 6-1】 求自然数 1～100 之和。

分析：这是一个累加问题，累加算法可表示为：sum=sum+i。设 sum 为被加数，用于存放累加结果，sum 的初值为 0；设 i 为加数，i 的初值为 1。首先把 i=1 累加到 sum 中，然后 i=i+1，再把 i 累加到 sum 中，如此重复，直到把 i=100 累加到 sum 中，sum 中存放的值就是所求结果。从前面的分析可得：循环体就是 sum=sum+i，i=i+1；循环条件就是 i<=100。其流程图如图 6-2 所示。

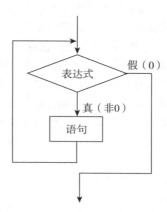

图 6-1　while 循环的执行流程图

程序如下：

```cpp
#include <iostream>
using namespace std;
int main()
{
    int i,sum=0;
    i=1;
    while(i<=100)
    {
        sum=sum+i;
        i=i+1;
    }
    cout<<"sum="<<sum<<endl;
    return 0;
}
```

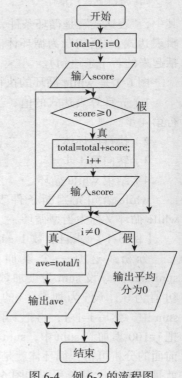

图 6-2 例 6-1 的流程图

运行结果如图 6-3 所示。

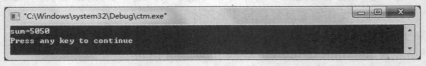

图 6-3 例 6-1 程序的运行结果

使用 while 语句时应注意以下几点：

1）while 语句中的表达式一般是关系表达式或逻辑表达式，只要表达式的值为真（非 0），便可继续循环。

2）循环体如果包含一个以上的语句，应该用花括号括起来，以复合语句的形式出现。如果不加花括号，则 while 语句的范围只到 while 后面第一个分号处。例如，本例中 while 语句中如没有花括号，则循环体只有 "sum=sum+i;"。

3）不要忽略给 i 和 sum 赋初值，否则它们的值是不可预测的，结果会不正确。

4）在循环体中应有使循环趋于结束的语句，如本例中的 "i=i+1;"，否则会出现无限循环——死循环。如果程序中出现死循环，可使用 "Ctrl+Break" 强行结束程序的执行。

while 语句适合非定数循环，即循环的次数在程序设计时是不能确定的，要依赖于程序运行时的情况，如例 6-2 和例 6-3。

【例 6-2】 从键盘输入一批学生的成绩，当输入负数时结束，计算这些成绩的平均分。

分析：题目的要求是计算平均分，先要将输入的成绩累加，然后再除以学生的数量，就可算出平均分，这还是一个累加求和问题。本题的关键在于确定循环条件，题目中没有明确给出学生的数量，不知道要输入多少个学生的成绩，所以事先无法确定循环次数。由于题目中给定输入一个负数作为正常输入数据的结束标志，即循环条件就是输入的成绩 score>=0。设变量 i 为计数，初值为 0，每输入一个正数，i 就自己加 1，即 i++。由题意可得程序流程图如图 6-4 所示。

图 6-4 例 6-2 的流程图

程序如下：

```cpp
#include <iostream>
using namespace std;
int main()
{
int i=0;                            //用i记录输入成绩的个数，初始值为0，以便计算平均分
    float score,total=0,ave;        //score为输入的成绩，total为成绩之和并初始化为0
    cout<<"Please input score:\n";  //输入提示
    cin>>score;                     //输入第一个学生的成绩
    while(score>=0)                 //当输入成绩score大于等于0时，执行循环
    {
        total=total+score;          //累加成绩
        i++;                        //统计学生成绩个数
        cin>>score;                 //读入一个新成绩，为下次循环做准备
    }
    if(i!=0)
    {
        ave=total/i;
        cout<<"score average is:"<<ave<<endl;
    }
    else
        cout<<"score average is: 0"<<endl;
    return 0;
}
```

程序的运行结果如图 6-5 所示。

图 6-5　例 6-2 程序的运行结果

说明：程序中用负数作为输入的结束标志，运行时连续输入成绩并累加，直到输入负数为止。while 语句先判断是否满足循环条件，只有当 score>=0 时才执行循环体，所以在进入循环之前，先输入第一个成绩，如果该数据大于等于 0，就进入循环并累加成绩，然后再输入新的成绩，继续循环。

【例 6-3】 统计从键盘输入一行字符的个数。

分析：该题和例 6-2 一样，题目中没有给出输入字符的个数，所以无法事先确定循环次数，这时需要自己设计循环条件，可以用回车符作为正常输入一行字符的结束标志，则循环条件为 ch!='\n'，循环体就是计数和反复输入，即 n++ 和 ch=getchar()。由题意可得程序流程图如图 6-6 所示。

程序如下：

```cpp
#include <iostream>
using namespace std;
int main()
{
    int n=0;
    char ch;
    cout<<"Please input a string:"<<endl;
    ch=getchar();
```

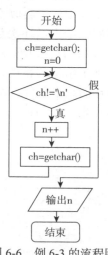

图 6-6　例 6-3 的流程图

```
    while(ch!='\n')
    {
        n++;
        ch=getchar();
    }
    cout<<n<<endl;
    return 0;
}
```

运行结果如图 6-7 所示。

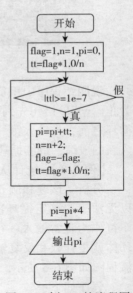

```
"C:\Windows\system32\Debug\ctm.exe"

Please input a string:
cuie    dhjads$c&<-=
19
Press any key to continue
```

图 6-7   例 6-3 程序的运行结果

说明：本例程序中的循环条件为"ch!='\n'"，其意义是，只要从键盘输入的字符不是回车就继续循环。循环体"n++;"对输入字符个数进行计数，并循环输入，从而实现了对输入一行字符的字符个数计数。

【**例 6-4**】   用下面公式求 π 的近似值（保留 8 位小数），要求精确到最后一项的绝对值小于 10^{-7}。

$$\frac{\pi}{4} = 1 - \frac{1}{3} + \frac{1}{5} - \frac{1}{7} + \cdots$$

分析：这还是一个求累加和的问题，设被加数为 pi，加数为 tt（第 i 项）；循环累加算式是 pi=pi+tt（第 i 项）。tt 和 pi 都定义为浮点型变量，变量 tt 表示第 i 项，通过分析，我们发现第 i 项应由三部分构成，分别是符号（flag）、分子（1）和分母（n），即第 i 项表示为：tt=flag*1.0/n。由于各项的符号交替变化，用变量 flag 表示每一项的符号，初始时 flag=1，对应第一项为正，每次执行循环 flag=-flag，实现正负交替变化；用变量 n 表示每一项的分母，初始值为 1，对应第一项的分母为 1，每次循环分母都递增 2，即执行 n=n+2；tt 在每次循环中值都会改变，第 i 次累加，tt 表示的就是第 i 项。该题没有明确地给出循环次数，只是提出了计算精度要求。也就是在反复计算累加的过程中，一旦某一项的绝对值小于 10^{-7}（即 |tt|<10^{-7}），就达到了给定的精度，计算终止。这说明计算精度要求实际上给出了循环的结束条件，即循环条件 |tt|≥10^{-7}，换句话说，当 |tt|≥10^{-7} 时，循环累加 tt 的值，直到 |tt|≤10^{-7} 为止。通过上面的分析，可得程序流程图如图 6-8 所示。

程序如下：

图 6-8   例 6-4 的流程图

```
#include <iostream>
#include <iomanip>              //控制输出结果格式
#include <cmath>                //程序中调用绝对值函数fabs()
using namespace std;
int main()
{
    int flag=1,n=1;             //flag表示第i项的符号；n表示第i项的分母，初始值为1
```

```
    double tt=flag*1.0/n;           //tt中存放i项的值, 初值取1.0(即flag*1.0/n)
    double pi=0;                     //pi用于存放累加和, 初始值为,
    while((fabs(tt))>=1e-7)
    {
        pi=pi+tt;                    //累加第i项
        n=n+2;                        //分母递增2
        flag =- flag;                //改变符号
        tt = flag *1.0/n;            //i+1项的值
    }
    pi=pi*4;                         //循环计算结果是pi/4
    cout<<"pi="<<setiosflags(ios::fixed);
    cout<<setprecision(8)<<pi<<endl;
    return 0;
}
```

运行结果如图 6-9 所示。

图 6-9　例 6-4 程序的运行结果

说明：在进入循环之前，对 tt 赋初值为 1.0，实际上就是第 1 项，保证初始的循环条件为真，使循环能正常开始。在随后的循环中，每次都重新计算 tt 的值，并将它的绝对值和精度相比较，决定何时结束循环。

注意：不要写成 tt=flag/n，由于该式的分子和分母都是整型变量，相除以后的结果仍是整数，当 n≠1 时，tt 的值都为 0。

【例 6-5】 任意输入两个正整数 m、n，求其最大公约数和最小公倍数。

分析：要求两个数的最大公约数，可以用辗转相除法。计算原理：假设 c 为最大公约数，那么 m 可以表示为 $a*c$，同样 n 可以表示为 $b*c$，m 又可以表示为 $(b*c)*x+r$（$r<n$）（假设 $m>n$），则 $r=m\%n$。程序设计的算法是：求 m、n 两个整数的最大公约数，m 对 n 求余数 r，若 r 不等于 0，则把 n 的值赋给 m，r 的值赋给 n，然后继续用 m 对 n 求余，得到余数为 0时的那个 n 就是这两个整数的最大公约数。整数 m、n 的最小公倍数 $=m*n/$ 最大公约数，如 65、35 的最大公约数的辗转相除法原理如下：

m	n	余数
65	35	30
35	30	5
30	5	0

算法的流程图如图 6-10 所示。

程序如下：

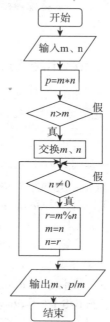

图 6-10　例 6-5 程序的流程图

```
#include <iostream>
using namespace std;
int main()
```

```
{
    int p,r,n,m,temp,n1,m1;
    cout<<"Enter number n and m:\n";
    cin>>n>>m;
    n1=n;m1=m;
    p=n*m;
    if(n > m)
    {
        temp=n;
        n=m;
        m=temp;
    }
    while(n!=0)
    {
        r=m%n;
        m=n;
        n=r;
    }
    cout<< n1<<"和"<<m1<<"最大公约数是"<<m<<endl;
    cout<< n1<<"和"<<m1<<"最小公倍数是"<<p/m<<endl;
    return 0;
}
```

运行结果如图 6-11 所示。

```
"C:\Windows\system32\Debug\ctm.exe"
Enter number n and m:
63    420
63和420最大公约数是21
63和420最小公倍数是1260
Press any key to continue_
```

图 6-11　例 6-5 程序的运行结果

6.2　do-while 语句

do-while 循环又称为直到型循环，顾名思义就是一直执行循环体语句直到循环条件不成立为止。其一般形式为：

```
do
    语句
while(表达式);
```

其特点是：先执行"语句"，后判断"表达式"。

图 6-12 是 do-while 循环的执行流程图。do-while 循环的执行步骤如下：

1）先执行一次指定的内嵌"语句"（即循环体）。

2）计算 while 后面"表达式"的值，当"表达式"的值为真（非 0）时，转去执行第 1步；若其值为假（0），执行第 3 步。

3）结束 do-while 循环。

【例 6-6】 用 do-while 语句求 10!。

分析：这是一个累乘问题，累乘算法可表示为 mul=mul*i。设一个变量 mul 用于存放结果，初值为 1。设 i 为乘数，初值为 1。先把 i 累乘到 mul 中，然后 i++，再把 i 累乘到 mul 中，如此重复，直到把 i=10 累乘到 mul 中，mul 中存放的值就是所求结果。从前面的分析可以得

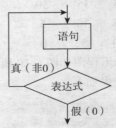

图 6-12　do-while 循环的执行流程图

到，循环体为"mul=mul*i;i=i+1;"，循环条件为"i<=10"。

程序如下：

```cpp
#include <iostream>
using namespace std;
int main( )
{
    long int mul=1, i=1;
    do
    {
        mul=mul*i;
        i=i+1;
    }while (i<=10);
    cout<< "mul= "<<mul<<endl;
    return 0;
}
```

注意：在 do-while 循环语句中，"while(表达式)"后面有分号；而在 while 循环语句中，"while（表达式）"后面没有分号，若出现分号，则代表循环体为空。

【**例 6-7**】从键盘上输入一个整数，统计该数的位数。例如：输入 98 765，输出 5 ；输入 –67，输出 2；输入 0，输出 1。

分析：一个整数由多位数字组成，统计这个整数的位数就是一位一位地数，这个整数到底要数多少次，由整数本身的位数决定，即循环次数由输入数据来决定，故程序设计时无法确定循环次数。统计整数位数的算法就是将输入的整数不断地整除 10，直到该数最后变成了 0。例如，1234/10 的商为 123，123/10 的商为 12，12/10 的商为 1，1/10 的商为 0，循环结束，一共循环 4 次，故 1234 的位数是 4。由前面的分析可画出流程图，如图 6-13 所示。

程序如下：

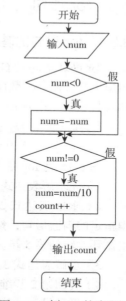

```cpp
#include <iostream>
using namespace std;
int main()
{
    int count=0 ,num,n1;          //count计数
    cout<<"Please input num:";    //输入提示
    cin>>num;
    n1=num;
    if(num<0)
        num=-num;                 //将输入的负数转换为正数
    do
    {
        num=num/10;               //整除后减少一个位数
        count++;                  //位数加1
    } while(num!=0);              //判断循环条件
    cout<<n1<<"  contain: "<<count<<"  digits!\n";
    return 0;
}
```

图 6-13 例 6-7 的流程图

程序的运行结果如图 6-14 所示。

图 6-14 例 6-7 程序的运行结果

说明: 由于负整数和正整数的位数一样,为了处理方便,把输入的负数转换为正数后再处理。

【例 6-8】 while 和 do-while 循环比较。

<table>
<tr><td>

```
1) #include <iostream>
   using namespace std;
   int main()
   {
       int sum=0,i;
       cout<<"Please input i: ";
       cin>>i;
       while(i<=10)
       {
           sum+=i;
           i++;
       }
       cout<<"sum="<<sum<<endl;
       return 0;
   }
```

</td><td>

```
2) #include <iostream>
   using namespace std;
   int main()
   {
       int sum=0,i;
       cout<<"Please input i: ";
       cin>>i;
       do
           {
               sum+=i;
               i++;
           } while(i<=10);
       cout<<"sum="<<sum<<endl;
       return 0;
   }
```

</td></tr>
</table>

说明: 从以上两个程序的运行结果可以看到,当输入 i 的值满足循环条件(在本例中为小于或等于 10)时,两者得到的结果相同。而当输入 i 的值不满足循环条件(在本例中 i 大于 10)时,两者结果就不同了。这是因为,此时对 while 循环来说一次也不执行循环体(表达式为假),而对 do-while 循环来说则要执行一次循环体。

6.3 for 语句

6.3.1 for 语句的基本形式

for 循环语句是 C++ 程序中使用最多、最为灵活的一种循环语句。通常情况下,for 语句用于实现循环次数已知的循环,而 while 和 do-while 语句则用于实现循环次数不确定的循环。其一般形式为:

```
for(表达式 1;表达式 2;表达式 3)
            语句;
```

图 6-15 是 for 循环的执行流程图,其执行步骤如下:

1)先求解表达式 1。

2)求解表达式 2,若其值为真(非 0),则执行 for 语句中指定的内嵌语句,然后执行第 3 步;若其值为假(0),则结束循环,转到第 5 步。

3)求解表达式 3。

4)转回第 2 步继续执行。

5)循环结束,执行 for 语句的下一语句。

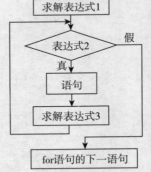

图 6-15 for 语句的执行流行图

其中,表达式 1、表达式 2 和表达式 3 均应为任意合法的 C++ 表达式,3 个表达式之间只能用分号分隔。表达式 1 一般用来设置循环变量的初值;表达式 2 用来设置循环的条件;表达式 3 通常用来修改循环变量的值。即 for 语句也可以按照如下形式使用:

```
for(循环变量赋初值;循环条件;循环变量增量)
       语句;
```

例如,求 1~100 的和,可以用以下 for 语句实现:

```
for(i=1; i<=100; i++)    sum +=i;
```

先给 i 赋初值 1（表达式 1），判断循环条件是否成立（i<=100），若循环条件成立则执行循环体，之后 i 值增加 1（表达式 3），再重新判断，直到条件为假，即 i>100 时循环结束。相当于如下 while 循环：

```
i=1;
while(i<=100)
{ sum=sum+i;
    i++;
}
```

因此，对于 for 循环语句的一般形式，也可等价地表示成如下的 while 循环形式：

```
表达式 1;
while(表达式 2)
{ 语句
    表达式 3;
}
```

在使用 for 循环语句时，有时可以省略其中的表达式。

1）for 循环中的"表达式 1""表达式 2"和"表达式 3"都是可选项，即都可以省略，但";"不能省略。

2）省略了"表达式 1"，表示不对循环变量赋初值。可在 for 循环之前对循环变量赋初值。

3）省略了"表达式 2"（循环条件），相当于循环条件始终为真，此时循环体中必须有结束循环条件的语句，否则将会成为死循环。例如，下列循环构成死循环：

```
for(i=1;;i++)    sum+=i;
```

相当于：

```
i=1;
while(1)
{ sum+=i;
    i++;
}
```

4）省略了"表达式 3"（循环变量增量），则不对循环变量进行操作，这时可在循环体中加入修改循环变量的语句。例如：

```
for(i=1;i<=100;)
{ sum=sum+i;
    i++;
}
```

5）省略了"表达式 1"（循环变量赋初值）和"表达式 3"（循环变量增量）。例如：

```
for(;i<=100;)
{ sum+=i;
    i++;
}
```

相当于：

```
while(i<=100)
    { sum+=i;
        i++;
    }
```

6）3 个表达式都可以省略。例如：

```
for(; ;)
```

相当于：

```
while(1)
```

7）"表达式 2"一般是关系表达式或逻辑表达式，但也可以是数值表达式或字符表达式，只要其值非零（真），就执行循环体。例如：

```
for(i=0;(c=getchar())!="\n";i+=c);
```

又如：

```
for(;(c=getchar())!="\n";)    cout<<c;
```

6.3.2 for 循环程序举例

【例 6-9】 编写程序，输出 100～200 中能被 3 整除的数。

分析：用求余运算"%"来判断整除，余数为 0 表示能整除，否则就意味着不能被整除。设整数为 m，如果 $m\%3==0$，m 能被 3 整除，否则不能整除。题目要求打印 100～200 之间所有能被 3 整除的数，也就是要判断 100~200 中的每一个数是否能被 3 整除，显然要用循环结构来实现。由前面的分析可得，循环次数确定，即用 for 循环语句实现：表达式 1 为 m=100；表达式 2 为 m<=200；表达式 3 为 m++；循环体为 m%3==0。

程序如下：

```
#include <iostream>
using namespace std;
int main( )
{
    int m,i=0;                          //i计数，初值为0
    for (m=100; m<=200; m++)
        if (m%3==0)
        {
            cout<< m<<" ";
            i++;
            if(i%5==0) cout<<"\n";      //一行控制输出5个数
        }
    cout<<"\n";
    return 0;
}
```

程序的运行结果如图 6-16 所示。

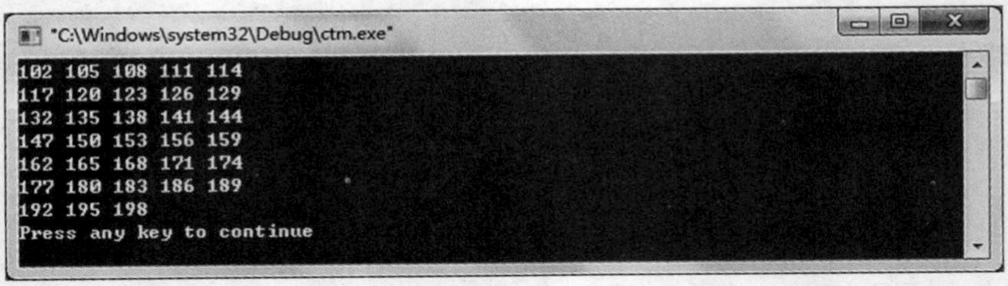

图 6-16 例 6-9 程序的运行结果

【例 6-10】 找出 100～999 之间所有的水仙花数。所谓"水仙花数"是指一个 3 位数，其各位数字的立方和等于该数本身（如 $153=1^3+5^3+3^3$）。

分析：解此题的关键是怎样从一个 3 位数中分离出百位数、十位数、个位数。可以这样做，设该 3 位数为 x，由 a、b、c 3 个数字组成。

1）百位数 a：a=x/100。例如，543/100=5。

2）十位数 b：b=x%100/10。例如，543%100/10=43/10=4。

3）个位数 c：c=x%10。例如，543%10=3。

题目要求找出 100～999 之间所有的"水仙花数"，也就是要判断 100～999 中的每一个数是否是水仙花数。由前面的分析可得，循环次数确定，即用 for 循环语句实现：表达式 1 为 x=100；表达式 2 为 x<=999；表达式 3 为 x++；循环体就是数 x 的 3 位数字分离和 3 位数字的立方和是否等于 x。

程序如下：

```cpp
#include <iostream>
using namespace std;
int main()
{
    int x,a,b,c;
    for(x=100;x<=999;x++)
    {
        a=x/100;
        b=x/10%10;
        c=x%10;
        if(x==a*a*a+b*b*b+c*c*c)
        cout<<x<<"="<<a<<"*"<<a    <<"*"<<a    <<"+"<<b<<"*"<<b    <<"*"<<b<<"+"<<c<<"*"
            <<c <<"*"<<c<<endl;
    }
    return 0;
}
```

运行结果如图 6-17 所示。

图 6-17　例 6-10 程序的运行结果

【例 6-11】　求 1!+2!+3!+…+20! 的和。

分析：这是一个累加求和的问题，共循环 20 次，每次累加 1 项，循环算式是 sum=sum+第 i 项。其中，第 i 项就是 i 的阶乘。读者对求阶乘并不陌生，例 6-6 已经介绍了求阶乘的程序。设第 i 项为 t，t 又是一个求累乘的问题，循环算式是 t=t*i。

程序如下：

```cpp
#include <iostream>
using namespace std;
int main()
{
    float sum=0,t=1;
    int i;
    for(i=1;i<=20;i++)
    {
        t=t*i;
        sum=sum+t;
    }
```

```
    cout<<"1!+2!+…+20!= "<<sum<<endl;
    return 0;
}
```

运行结果如图 6-18 所示。

```
"C:\Windows\system32\Debug\ctm.exe"

1!+2!+…+20!= 2.56133e+018
Press any key to continue
```

图 6-18 例 6-11 程序的运行结果

【例 6-12】 求斐波那契数列前 20 个数，要求每行输出 4 项。斐波那契数列的特点是：第 1、2 项为 1、1。从第 3 项开始，每项是其前面两项之和，即 1，1，2，3，5，8，13，…。

分析：根据斐波那契数列的特点，可得到如下递推公式：

$$f_1 = 1 \qquad\qquad (n=1)$$
$$f_2 = 1 \qquad\qquad (n=2)$$
$$f_n = f_{n-1} + f_{n-2} \qquad (n \geqslant 3)$$

利用这一公式，可以在程序中定义两个变量 f_1 和 f_2，并将 f_1 和 f_2 赋初值为 1，根据 $n \geqslant 3$ 时 $f_n = f_{n-1} + f_{n-2}$ 的特点，可以利用迭代的方法来实现。

程序如下：

```
#include <iostream>
#include <iomanip>
using namespace std;
int main( )
{
    long f1,f2;
    int i;
    f1=f2=1;
    for(i=1;i<=10;i++)
    {
        cout<<setw(8)<<f1<<setw(8)<<f2;   //设置输出字段宽度为8，每次输出两个数
        if(i%2==0) cout<<endl;            //每输出完4个数后换行，使每行输出4个数
            f1=f1+f2;                     //左边的f1代表第3个数，是第1、2个数之和
            f2=f2+f1;                     //左边的f2代表第4个数，是第2、3个数之和
    }
    return 0;
}
```

程序的运行结果如图 6-19 所示。

```
"C:\Windows\system32\Debug\tbm.exe"

        1         1         2         3
        5         8        13        21
       34        55        89       144
      233       377       610       987
     1597      2584      4181      6765
Press any key to continue
```

图 6-19 例 6-12 程序的运行结果

【例 6-13】 猴子吃桃子问题。小猴第一天摘了若干个桃子，当天吃掉一半多一个；第二天吃了剩下桃子的一半多一个；以后每天都吃了前一天剩下桃子的一半零一个，到第 10

天早上要吃时只剩下一个了。第一天共摘了多少桃子?

分析:这是一个"递推"问题,先从最后一天推出倒数第二天的桃子数,再从倒数第二天的桃子数推出倒数第三天的桃子数,…。设第 n 天的桃子数为 x_n,它是前一天的桃子数的一半少 1 个,即 $x_n = 1/2\, x_{n-1} - 1$,那么它前一天的桃子数为 $x_{n-1} = (x_n+1)*2$(递推公式),已知第 10 天的桃子数 x_{10} 为 1,根据递推公式可得第 9 天的桃子数 x_9 为 4,…。

将上述递推公式直接写成表达式 $x=(x+1)*2$,要计算第一天的桃子数,就是把表达式 $x=(x+1)*2$ 重复执行 9 次,显然要用循环结构来实现,只不过要重复的操作是不断从一个变量的旧值出发计算它的新值。

"递推法"也称为"迭代法",其基本思想是把一个复杂的计算过程转化为简单过程的多次重复,每次重复都从旧值的基础上递推出新值,并由新值代替旧值。

程序如下:

```cpp
#include <iostream>
using namespace std;
int main()
{
    int x=1,i;
    for(i=1;i<=9;i++)
    x=(x+1)*2;
    cout<<"The peach number is :"<<x<<endl;
    return 0;
}
```

运行结果如图 6-20 所示。

图 6-20　例 6-13 程序的运行结果

【例 6-14】 输入若干个正整数,找出其中的最小数。

分析:设一变量 min,运行时输入一个正整数,把该正整数赋值给 min,即默认第一个正整数为最小。然后在循环中读入下一个正整数,并与最小数(min)进行比较,如果小于最小数,就设它为新的最小数(min),继续循环,直到所有的正整数都处理完毕。变量 min 就是所有正整数里的最小数。因此,循环体中进行的操作就是输入和比较,关键在于如何确定循环条件,由于题目没有指定输入正整数的个数,需要自己设置循环条件,一般有如下两种方法。

1)根据实际求解的问题,设一个正整数变量 n,n 代表数据的个数,先输入一个正整数 n,然后再输入 n 个正整数,循环重复 n 次,属于指定次数循环,用 for 语句实现。

2)设定一个特殊数据作为循环的结束标志,由于正整数都是大于 0 的,可以选用一个负数作为输入的结束标志。由于循环次数未知,使用 while 语句或 do-while 语句实现。

程序 1: 从输入的 n 个正整数中选出最小数,用 for 语句实现。

```cpp
#include <iostream>
using namespace std;
int main( )
{
    int i,num ,min,n;                    //min中存放最小数
    cout<<"Enter  n:";
```

```
    cin>>n;                          //n为输入正整数的个数
    cout<<"Enter   "<<n<< " number:";
    cin>>num;                        //输入第一个正整数
    min=num;                         //假设第一个正整数为最小数
    for(i=2;i<=n;i++)                //由于已经读了第一个数据,循环n-1次
    {
        cin>>num;                    //读入下一个正整数
        if(min>num)  min=num;        //如果该数比最小数小,min重新被赋值
    }
    cout<<"min="<<min<<"\n";
    return 0;
}
```

运行结果如图 6-21 所示。

图 6-21 例 6-14 程序的运行结果

程序 2：从输入的一批以负数结束的数据中选出最小数，用 while 语句实现。

```
#include <iostream>
using namespace std;
int main()
{
    int num,min;                     //min中存放最小数
    count<<"Enter number:";
    cin>>num;                        //输入第一个正数
    min=num;                         //假设第一个正整数为最小数
    while(num>0)                     //当输入的num大于等于0时,执行循环
    {
        if(min>num)  min=num;        //如果读的数比最小数小,min重新被赋值
        cin>>num;                    //读入下一个数据,循环输入
    }
    cout<<"min="<<min<<"\n";
    return 0;
}
```

6.3.3 3 种循环语句的比较

1）3 种循环都可以用来处理同一个问题，一般可以互相代替。

2）while 循环和 do-while 循环只在 while 后面指定循环条件，在循环体中应包括使循环趋于结束的操作语句。for 循环可以在"表达式 3"中包含使循环趋于结束的操作，甚至可以将循环体中的操作全部放到"表达式 3"中。即 for 语句功能最强，凡用 while 循环能实现的，用 for 循环都能实现。

3）用 while 循环和 do-while 循环时，循环变量初始化的操作应在 while 和 do-while 语句之前完成，而 for 语句可以在"表达式 1"中实现循环变量的初始化。

4）while 循环和 for 循环先判断表达式，后执行循环体；而 do-while 循环先执行循环体，后判断条件。

5）对 while 循环、do-while 循环和 for 循环，都可以用 break 语句跳出循环，用 continue 语句结束本次循环（break 语句和 continue 语句的使用见 6.4 节）。

6.3.4 3 种循环语句的选择

遇到循环问题,应该使用 3 种循环语句中的哪一种呢?通常情况下,这 3 种语句是通用的,但在使用上各有特色,略有区别。

一般来说,如果题目中已给出了循环次数,首选 for 语句,它的结构最清晰;如果循环次数不明确,需要通过其他条件控制循环,如例 6-4 求 π 的值,通常选用 while 语句;如果必须先进入循环,经循环体运算得到循环控制条件后,再判断是否进行下一次循环,则应该选用 do-while 语句。

6.4 break 语句和 continue 语句

6.4.1 break 语句

C++ 语言中的 break 语句可以用在以下两种情况:

1)用于 switch 语句中,作用是使程序流程跳出 switch 语句而执行 switch 后面的语句。

2)用于循环中,作用是使程序流程从循环体内跳出,即提前结束循环,不再执行循环体中位于其后的其他语句,接着执行循环体后面的语句。

要注意的是,如果 switch 语句或循环语句是嵌套的,那么 break 只能跳出它所在的switch 语句或循环语句,而不是跳出所有的 switch 语句或循环语句。例如:

```
for(i=0;i<=24;i++)
  { switch((i-1)/12)
     { case  0:  cout<<"现在是上午"<<i<<"点\n";break;
       default:  cout<<"现在是下午"<<i-12<<"点\n";   }
  …}
```

这段代码中的 break 既在 for 循环中,又在 switch 语句中,但是 switch 在内层,所以 break作用于 switch,它使程序跳出 switch 语句而不是循环。

【例 6-15】 输入一个正整数 m,判断它是否为素数。

分析:素数就是只能被 1 和自身整除的正整数,1 不是素数,2 是素数。判断一个数 m是否为素数,需要检查该数是否能被 1 和自身以外的其他数整除,也就是说,要判断 m 能否被 2~m-1 之间的整数整除。

设 i 的取值为 [2, m-1],如果 m 不能被该区间上的任何一个 i 整除,即 m 对每一个 i 求余都不为 0,则 m 是素数,这时 i 一定大于 m-1;但是只要 m 能被该区间上的某个 i 整除,即找到一个 i,使 m%i=0,则 m 肯定不是素数,就提前结束循环,这时 i 一定小于或等于m-1。在循环结束后,如果 i>m-1 成立,m 为素数;否则,为非素数。另外,由于 m 不可能被大于 m/2 的数整除,所有上述 i 的取值区间可缩小为 [2, m/2]。由题意可得程序:

```
#include <iostream>
using namespace std;
int main()
{
    int i,m;
    cout<<"Enter a number:" ;      //输入提示
    cin>>m;
    for(i=2;i<=m/2;i++)
        if(m%i==0)  break;         //若m能被某个i整除,则m不是素数,提前结束循环
    if(i>m/2)                      //如果循环正常结束,说明m不能被任何一个i整除,则m是素数
        cout<<m<<" is a prime number!\n";
    else
```

```
        cout<<m<<" is not a prime number!\n";
    return 0;
}
```

运行结果如图 6-22 所示。

图 6-22　例 6-15 程序的运行结果

说明：根据素数的定义，在 for 循环中，只要有一个 i 能满足 $m\%i==0$，即 m 能被 i 整除，则 m 肯定不是素数，不必再检查 m 能否被其他 i 整除，可提前结束循环；但是，如果发现某个 i 满足 $m\%2!=0$，不能得出任何结论，必须继续循环检测，直到所有的 i 都不能整除，才可以得出 m 为素数的结论。

分析程序的执行过程：如果输入 15，首先计算出 $15\%2!=0$，不能下结论，还要继续循环，再算出 $15\%3==0$，说明 15 能被 3 整除，它不是素数，不必再用其他数检测了，可以提前退出循环；输入 17 时，依次计算出 $17\%2!=0$、$17\%3!=0$、$17\%4!=0$、$17\%5!=0$、$17\%6!=0$、$17\%7!=0$ 和 $17\%8!=0$，说明 17 不能被 $[2,17/2]$ 上的任何一个数整除，则它就是素数。

在上例中，使用循环来判断素数，得到两种结论——是素数或者不是素数，分别对应循环的两个结束条件：

1）正常的 for 循环结束条件是 $i>m/2$，判断 m 是一个素数。

2）若 $m\%i==0$，说明 m 能被某个 i 整除，可判断 m 不是素数。

当循环结构中出现多个循环条件时，可由循环语句中的表达式和 break 语句共同控制。

【例 6-16】　用 break 语句改写例 6-5。

分析：设 m 和 n 的最大公约数为 i，m 和 n 应该同时被 i 整除，这个数 i 一定小于或等于给定的两个数中的较小值，所以可以令循环变量的初值为给定的两个数中较小值进行循环，看能否被 m 和 n 这两个数同时整除，若是则为最大公约数并跳出循环，否则继续循环，直到循环变量的值为 1 为止，每循环一次循环变量减 1。

已知两数 m、n，$m>n$，m 和 n 的最大公约数一定小于等于 n。设 i 的取值范围为 $[1, n]$，当 i 能同时被 m 和 n 整除时，循环提前结束，i 就是它们的最大公约数。

程序如下：

```
#include <iostream>
using namespace std;
int main( )
{
    int m,n,t,i;
    cout<<"Enter number m ,n:";
    cin>>m>>n;
    if(m<n)
    {
        t=m;m=n;n=t;
    }    //如果m小于n,则交换m和n的值,使m是两个数中较大的
    for(i=n; i>=1; i--)
        if(m%i==0&&n%i==0)   break;/*若某个i能同时被m和n整除,i就是m和n的最大公约数,提前结
                        束循环*/
```

```
    cout<<m<<"和"<<n<< "最大公约数是"<<i<<endl;
    cout<<m<<"和"<<n<< "最小公倍数是"<<m*n/i<<endl;
    return 0;
}
```

6.4.2 continue 语句

continue 语句的作用是跳过循环中 continue 后面的其他语句，继续执行下一次循环。continue 语句一般与 if 条件语句配合使用。

continue 语句和 break 语句的区别是：break 语句是结束循环，而 continue 语句只是结束本次循环。break 语句除了可以终止循环外，还用于 switch 语句，而 continue 语句只能用于循环。有以下两个循环结构：

1）while（表达式 1）   2）while（表达式 1）
　　{   　　{
　　　…   　　　…
　　if（表达式 2）　break;   　　if（表达式 2）　continue;
　　　…   　　　…
　　}   　　}

循环结构 1 的流程图如图 6-23 所示，而循环结构 2 的流程图如图 6-24 所示。请注意图 6-23 和图 6-24 中当"表达式 2"为真时流程的转向。

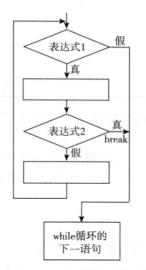
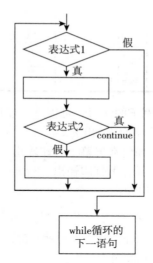

图 6-23　break 语句作用示意图　　　　图 6-24　continue 语句作用示意图

【例 6-17】 用 continue 语句改写例 6-9。
程序如下：

```
#include <iostream>
using namespace std;
int main( )
{
    int m ,i=0;
    for (m=100; m<=200; m++)
    {
        if (m%3!=0)  continue;
        i++;
        cout<< m<<" ";
```

```
            if(i%6==0)  cout<<"\n";
        }
    cout<<"\n";
    return 0;
}
```

说明：当 m 不能被 3 整除时，执行 continue 语句，结束本次循环（即跳过 cout 语句），只有能被 3 整除时才执行 cout 语句。

6.5 循环的嵌套

一个循环体内又包含另一个完整的循环结构，称为循环的嵌套。内嵌的循环中还可以嵌套循环，这就是多层循环。

3 种循环（while 循环、do-while 循环和 for 循环）可以互相嵌套，两层循环的部分结构形式如表 6-1 所示。

表 6-1　循环嵌套结构

1	2	3	4	5	6

while()
{
　…
　while( )
　{
　…
　}
…
}
	do
	{
	　…
	　do
	　{
	　…
	　}while( );
	　…
	}while( );
		for(;;)
		{
		　…
		　for(;;)
		　{
		　…
		　}
		　…
		}
			while( )
			{
			　…
			　do
			　{
			　…
			　}while( );
			　…
			}
				for(;;)
				{
				　…
				　while( )
				　{
				　…
				　}
				　…
				}
					do
					{
					　…
					　for (;;)
					　{
					　…
					　}
					}while();

通过下面例子的学习，可以进一步理解循环嵌套程序设计的思想和技巧。

【例 6-18】 打印输出 $n \times n$（n 行 n 列）个 "*"。

分析：1）如何在屏幕上打印输出一个 "*"？用 C++ 语句表示为 "cout<<'*';"。

2）如何在屏幕上打印输出一行 n 个 "*"？也就是说，要重复执行 "cout<<'*';" n 次，即写成 C++ 语句为：

```
for(i=1;i<=n;i++) cout<<'*';        cout<<endl;
```

如何输出 n 行这样的 "*"？也就是说，要重复执行 "for(i=1;i<=n;i++) cout<<'*'; cout<<endl;" n 次，即写成 C++ 语句为：

```
for(j=1;j<=n;j++)
    {  for(i=1;i<=n;i++)  cout<<'*';
        cout<<endl;
    }
```

程序如下：

```
#include<iostream>
using namespace std;
int main()
{
    int i, j, n;
    cout<<"请输入n=";
    cin>>n;
    for ( j=1; j<=n; j++)
```

```
    {
        for ( i=1; i<=n; i++)  cout<<"*";          //输出一行"*"
            cout<<endl;                            //一行"*"输出完后换行
    }
    return 0;
}
```

程序的运行结果如图 6-25 所示。

图 6-25　例 6-18 程序的运行结果

下面分析程序中二重循环的执行过程，首先外层循环变量 j 固定在一个值上，然后执行内层循环，内层循环变量 i 变化一个轮次（即从 1 到 n）；外层循环变量 j 加 1 后，重新执行内层循环，i 再变化一个轮次。因此，内外层循环变量不能相同，本程序分别用 i 和 j。假设外层循环变量 j=2（假设 n 为 5），则内层循环重复 n（5）次，内层循环变量 i 从 1 递增到 n（5），然后 j++ 成为 3，i 再重新从 1 递增到 n（5），循环 n（5）次。以此类推，当 j=n 时，i 从 1 递增到 n（5），循环 n（5）次。也就是说，外层循环变量的值变化一次，内层循环变量的值要从初值变化到终值。在上例中，内外循环控制变量之间没有依赖关系，但在实际问题中，内循环控制变量的初值或终值依赖于外循环控制变量。

【例 6-19】　打印九九乘法口诀表。

1*1=1

1*2=2 2*2=4

1*3=3 2*3=6 3*3=9

…

1*9=9 2*9=18 3*9=27 …

分析：从乘法口诀表的样式可以看出，乘法口诀表是一种下三角的形式，整体来看由 9 行组成，如果把一个乘式看成一列，每行的列数与所在行数相同，所以可以定义 i 和 j 两个循环变量，i 用于外循环，对所在行进行循环，j 用于内循环，对该行中包含的列进行循环，因而构成二重循环。

程序如下：

```
#include <iostream>
using namespace std;
#include <iomanip>
int main()
{
    int i, j;
    for ( i=1; i<=9; i++)          //外循环变量i控制输出行
    {
        for ( j=1; j<=i; j++)      //内循环变量j的终值与i有关
            cout<< i <<"×" << j <<"="<<setw(2) <<i*j <<" ";
        cout<<endl;                //一行输出完后换行
    }
```

```
        return 0;
}
```

运行结果如图 6-26 所示。

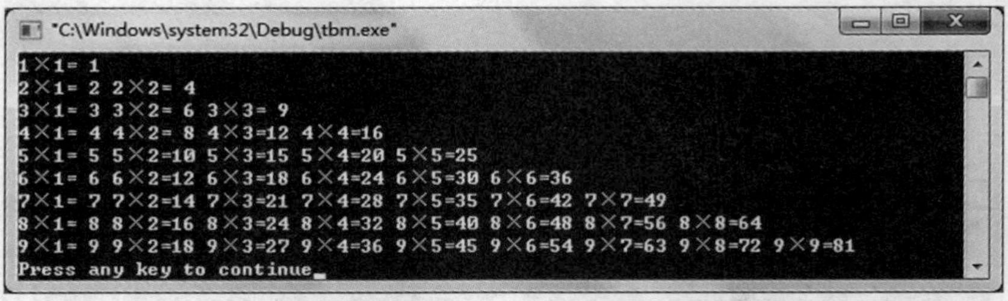

```
 "C:\Windows\system32\Debug\tbm.exe"
1×1= 1
2×1= 2  2×2= 4
3×1= 3  3×2= 6  3×3= 9
4×1= 4  4×2= 8  4×3=12  4×4=16
5×1= 5  5×2=10  5×3=15  5×4=20  5×5=25
6×1= 6  6×2=12  6×3=18  6×4=24  6×5=30  6×6=36
7×1= 7  7×2=14  7×3=21  7×4=28  7×5=35  7×6=42  7×7=49
8×1= 8  8×2=16  8×3=24  8×4=32  8×5=40  8×6=48  8×7=56  8×8=64
9×1= 9  9×2=18  9×3=27  9×4=36  9×5=45  9×6=54  9×7=63  9×8=72  9×9=81
Press any key to continue
```

图 6-26 例 6-19 程序的运行结果

【例 6-20】 求 1!+2!+3!+…+20!（用循环嵌套实现）。

分析：该题求累加，可表示成：sum=sum+ 第 i 项。累加求和的 for 语句为：

```
for(i=1;i<=20;i++)
    sum=sum+i!;
```

也可以写成程序段①：

```
for(i=1;i<=20;i++)
{
        tt=i!;
        sum=sum+tt;
}
```

从上面的分析可以看到，关键是求 $i!$，由于 $i!=1*2*3*4*\cdots*i$，即 $i!$ 是个连乘的重复过程，写成程序代码为程序段②：

```
tt=1;
for(j=1;j<=I;j++)
    tt=tt*i;                    //求i的阶乘
```

现在可以用程序段②替换程序段①中的“tt=i!;”语句，得到下列 for 语句：

```
for(i=1;i<=20;i++)
{
    tt=1;
    for(j=1;j<=i;j++)
        tt=tt*j;
    sum=sum+tt;
}                               //求1!+2!+3!+…+20!
```

程序如下：

```
#include <iostream>
using namespace std;
int main()
{
    int i,j;
    double tt, sum;
    sum=0;
    for(i=1;i<=20;i++)
    {
        tt=1;
        for(j=1;j<=i;j++)
            tt=tt*j;
```

```
        sum=sum+tt;
    }
    cout<<"1!+2!+……+20!="<<sum;
    cout<<endl;
    return 0;
}
```

程序的运行结果如图 6-27 所示。

图 6-27 例 6-20 程序的运行结果

说明： 在累加求和的外层 for 语句的循环体语句中，每次计算 $i!$ 之前，都重新置 item 的初值为 1，以保证每次计算阶乘都从 1 开始连乘。

【例 6-21】（中国古典算术问题）某工地需要搬运砖块，已知男人一人搬 3 块，女人一人搬 2 块，小孩两人搬 1 块。用 45 人正好搬 45 块砖，问有多少种搬法？

分析： 设男人、女人和小孩的人数分别为变量 m、w 和 ch，由题意可得下列方程：

$$m+w+ch=45$$
$$3m+2w+0.5ch=45$$

两个方程求 3 个未知数，这组方程有多组解。

对于每类人数的取值都要反复地试，最后正好满足 45 人搬 45 块砖的 3 个变量的值就是该方程的一组解。显然这要用循环来解决，3 类人数按照各自的取值范围循环，可以采用三重循环嵌套。

程序 1：

```
#include <iostream>
using namespace std;
int main()
{
    int ch,w,m;
    for(m=0;m<=45;m++)
        for(w=0;w<=45;w++)
            for(ch=0;ch<=45;ch++)
                if(m+w+ch==45&&m*3+w*2+ch*0.5==45)
                {
                    cout<<"men="<<m;
                    cout<<"  women="<<w;
                    cout<<"  child="<<ch<<endl;
                }
    return 0;
}
```

程序的运行结果如图 6-28 所示。

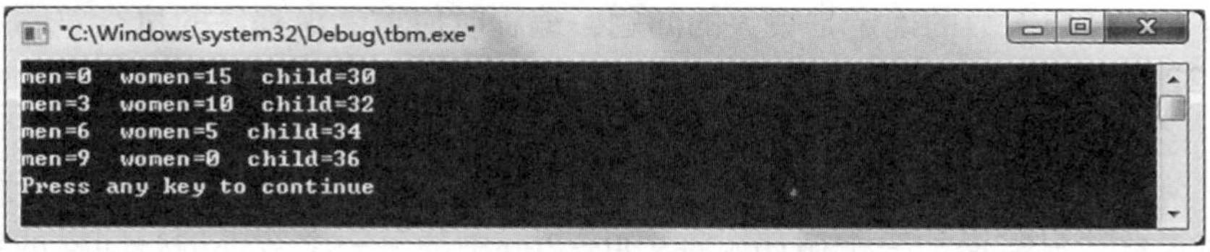

图 6-28 例 6-21 程序的运行结果

说明：上述程序还可以改进，由于最多只有 45 块砖，男人的人数不会超过 15 人，女人的人数不会超过 22 人。程序仍采用三重循环嵌套，这样可以减少循环次数，提高程序的执行效率。

程序 2：

```cpp
#include <iostream>
using namespace std;
int main()
{
    int ch,w,m;
    for(m=0;m<=15;m++)
        for(w=0;w<=22;w++)
            for(ch=0;ch<=45;ch++)
                if(m+w+ch==45&&m*3+w*2+ch*0.5==45)
                {
                    cout<<"men="<<m;
                    cout<<"  women="<<w;
                    cout<<"  child="<<ch<<endl;
                }
    return 0;
}
```

说明：多重循环的运算量是相当大的，在程序 1 中，三重循环中 if 语句执行 46×46×46 次，共循环 97 336 次；在程序 2 中，三重循环中 if 语句执行 16×23×46 次，共循环 16 928 次。

程序 2 还可以改进，如果男人的人数和女人的人数确定下来，小孩的人数一定是 "45–男人数 – 女人数"，因此程序可采用二重循环嵌套。

程序 3：

```cpp
#include <iostream>
using namespace std;
int main()
{
    int ch,w,m;
    for(m=0;m<=15;m++)
        for(w=0;w<=22;w++)
        {
            ch=45-w-m;
            if(m*3+w*2+ch*0.5==45)
            {
                cout<<"men="<<m;
                cout<<"  women="<<w;
                cout<<"  child="<<ch<<endl;
            }
        }
    return 0;
}
```

在程序 3 中 if 语句只需执行 368（16×23）次，执行效率大大高于程序 1 和程序 2。根据上述分析，对循环次数的确定是很大的问题，编程时应该考虑程序的执行效率。

【例 6-22】 求 100～200 间的全部素数，每行输出 6 个。素数就是只能被 1 和自身整除的正整数，1 不是素数，2 是素数。

分析：例 6-15 介绍了判断一个数是否为素数的方法。判断区间 100～200 之间的每一个数是否为素数，只需增加一个循环，将 100～200 中的每一个数都进行同样的判断。写成 C++ 语句为：

```
for(m=101;m<=200;m=m+2)
    if(m是素数)
        cout<<m;
```

使用二重循环嵌套，外层循环针对 100~200 之间的所有数，而内层循环对其中的每一个数判断其是否为素数。

程序如下：

```
#include <iostream>
using namespace std;
int main()
{
    int m,i,n=0;
    for(m=101;m<=200;m=m+2)              //因为所有的偶数都不是素数，所以m+2
    {
        for(i=2;i<=m/2;i++)
            if(m%i==0)      break;
        if(i>m/2)
        {
            cout<<m<<"  ";
            n=n+1;
            if(n%6==0)     cout<<endl;    //每行输出6个素数
        }
    }
    cout<<endl;
    return 0;
}
```

运行结果如图 6-29 所示。

图 6-29 例 6-22 程序的运行结果

习题

一、选择题

1. 下面有关 for 循环的正确描述是（   ）。

    A. for 循环只能用于循环次数已经确定的情况

    B. for 循环先执行循环体语句，后判断表达式

    C. 在 for 循环中，不能用 break 语句跳出循环体

    D. for 循环的循环体语句中，可以包含多条语句，但必须用花括号括起来

2. 设有 "int m=5;"，语句 "while(m==0) cout<<m-=2;" 的循环体执行的次数是（   ）。

    A. 0   B. 1   C. 2   D. 无限

3. 以下程序中，while 循环的循环次数是（   ）。

```
#include <iostream>
using namespace std;
int main()
{   int i=0;
    while(i<10)
```

```
{ if(i<1) continue;
    If(i==5) break;
        i++;
    }
    ...
    return 0;
}
```

A. 1   B. 6   C. 10   D. 死循环，不能确定次数

4. C++ 语言中，while 循环和 do-while 循环的主要区别是（   ）。

A. do-while 的循环体至少无条件执行一次

B. while 的循环控制条件比 do-while 的循环控制条件更严格

C. do-while 允许从外部转到循环体内

D. do-while 的循环体不能是复合语句

5. 设有" int a;"，则语句" for(a=0;a==0;a++);"和语句" for(a=0;a=0;a++);"执行循环的次数分别是（   ）。

A. 0, 0   B. 0, 1   C. 1, 0   D. 1, 1

6. 下列程序的输出结果是（   ）。

```
#include <iostream>
using namespace std;
int main()
{ int y=10;
  do
  {   y--; } while(--y);
  cout<< y--<<"\n";
  return 0 ;
}
```

A. −1   B. 1   C. 8   D. 0

7. 有如下程序：

```
#include <iostream>
using namespace std;
int main()
{ int x=23;
  do
  { cout<< x--; } while(!x);
  return 0;
}
```

该程序的执行结果是（   ）。

A. 321   B. 23   C. 不输出任何内容   D. 陷入死循环

8. 执行语句" for(i=1;i++<4;);"后变量 i 的值是（   ）。

A. 3   B. 4   C. 5   D. 不定

9. 在下述程序中，判断 i>j 共执行的次数是（   ）。

```
#include <iostream>
using namespace std;
int main()
{ int i=0, j=10, k=2, s=0;
  for (;;)
  { i+=k;
    if(i>j){ cout<< s;
             break; }
  s+=i; }
return 0;
    }
```

A. 4   B. 7   C. 5   D. 6

10. 设有程序段：

```
int k=10;
while (k=0)k=k-1;
cout<<k;
```

执行上列程序段后的输出结果是（   ）。

A. –1   B. 0   C. 9   D. 10

11. 若有如下语句：

```
int x=3;
do{ cout<< (x-=2)<< "\n"; }
while(!(--x));
```

则上面程序段（   ）。

A. 输出的是 1   B. 输出的是 1 和 –2
C. 输出的是 3 和 0   D. 是死循环

12. 下面程序的功能是把 316 表示为两个加数的和，使两个加数分别能被 13 和 11 整除，请选择填空。

```
#include <iostream>
using namespace std;
int main()
{ int i=0,j,k;
  do
  { i++;
    k=316-13*i; } while(_____);
    j=k/11;
  cout<<"316=13*"<< i<<"+11*"<< j<<"\n";
  return 0;
}
```

A. k/11   B. k%11   C. k/11==0   D. k%11==0

13. 下面程序的功能是将从键盘输入的一对数由小到大排序输出，当输入一对相等数时结束循环，请选择填空。

```
#include <iostream>
using namespace std;
int main()
{ int a,b,t;
  cin>>a>>b;
  while(_____)
  { if(a>b)
    { t=a;a=b;b=t;}
    cout<< a<<","<< b<<"\n";
    cin>>a>>b;
    }
return 0;
}
```

A. !a=b   B. a!=b   C. a==b   D. a=b

14. 以下程序的输出结果是（   ）。

```
#include <iostream>
using namespace std;
int main()
{ int i,j,x=0;
  for(i=0;i<2;i++)
    { x++;
```

```
       for(j=0;j<3;j++)
          {  if(j%2)  continue;
           x++;
           }
        x++;
        }
      cout<<"x="<< x<<"\n";
      return 0;
      }
```

A. x=4   B. x=8   C. x=6   D. x=12

15. 设有以下程序段：

```
int x=0,s=0;
while(!x!=0) s+=++x;
cout<<s;
```

则（   ）。

A. 运行程序段后输出 0   B. 运行程序段后输出 1

C. 程序段中的控制表达式是非法的   D. 程序段执行无限次

16. 下列说法正确的是（   ）。

```
int i,x;
for(i=0,x=0;i<=9 &&x!=876;i++)cin>>x;
```

A. 最多执行 10 次   B. 最多执行 9 次

C. 是无限循环   D. 循环体一次也不执行

17. 已知：

```
int t=0;
while(t=1)
{...}
```

则以下叙述正确的是（   ）。

A. 循环控制表达式的值为 0   B. 循环控制表达式的值为 1

C. 循环控制表达式不合法   D. 以上说法都不对

18. 有如下程序：

```
#include <iostream>
using namespace std;
int main()
{  int n=9;
   while(n>6){n--; cout<<n;  }
   return 0;
}
```

该程序的输出结果是（   ）。

A. 987   B. 876   C. 8765   D. 9876

19. 在下列选项中，没有构成死循环的是（   ）。

A. int i=100;   C. int k=10000;
   while(1)   do
   { i=i%100+1;   {   k++; }
      if(i>100)break;   while(k>10000);
   }

B. for(;;);   D. int s=36;
                                              while(s)--s;

20. 若执行下面程序，从键盘上输入 3，则输出结果是（　　　）。

```cpp
#include <iostream>
using namespace std;
int main()
{   int a=0,n;
    cout<<"Please input n: ";
    cin>>n;
    while(n--)
        cout<<a++*2<<"   ";
    return 0;
}
```

A. 0　2　4　　　　　　　　B. 0　3　5　　　　　　C. 2　4　6　　　　　　D. 2　4　8

21. 以下程序执行后，sum 的值是（　　　）。

```cpp
#include <iostream>
using namespace std;
int main()
{   int i,sum;
    for(i=1;i<6;i++)
        sum+=i;
        cout<<sum;
    return 0;
}
```

A. 15　　　　　　　　　B. 14　　　　　　　　C. 0　　　　　　　　D. 不确定

22. 执行下列语句段后，输出字符"*"的个数是（　　　）。

```cpp
for(int i =50;i>1;-- i)cout<<"*";
```

A. 48　　　　　　　　　B. 49　　　　　　　　C. 50　　　　　　　　D. 51

23. 有如下程序：

```cpp
#include <iostream>
using namespace std;
int main()
{
int sum;
for(int i=0; i<6; i+=3)
{
  sum=i;
  for(int j = i; j<6; j++) sum+=j;
  }
cout<<sum<<endl;
return 0;
}
```

运行时的输出结果是（　　　）。

A. 3　　　　　　　　　B. 10　　　　　　　　C. 12　　　　　　　　D. 15

24. 有如下程序段：

```cpp
int i=1;
while (1)
{
    i++;
    if(i == 10) break;
    if(i%2 == 0) cout << '*';
}
```

执行这个程序段输出字符 '*' 的个数是（　　　）。

A. 10　　　　　　　　B. 3　　　　　　　　C. 4　　　　　　　　D. 5

25. 下列循环语句中有语法错误的是（　　　）。

A. int i; for(i=1; i<10; i++)cout<<"*";

B. int i, j; for(i=1, j=0; i<1; i++, j++)cout<<"*";

C. int i=0; for(; i<10; i++) cout<<"*";

D. for (1) cout<<"*";

26. 下列选项不正确的是（　　　）。

A. for(int a=1;a<=10;a++);

B. int a=1;

　do

　{a++}

　while(a<=10)

C. int a=1;

D. for(int a=1; a<=10; a++) a++;

27. 下面关于 break 语句的描述中，不正确的是（　　　）。

A. break 可以用于循环体内

B. break 语句可以在 for 循环语句中出现多次

C. break 语句可以在 switch 语句中出现多次

D. break 语句可用于 if 条件判断语句内

28. 语句 "while(w){…}" 中的表达式 w 的等价表示是（　　　）。

A. w==0　　　　　　　B. w==1　　　　　　C. w!=0　　　　　　D. w!=1

29. 语句 "while(a>b) a--;" 等价于（　　　）。

A. if(a>b)a--;　　　　　　　　　　　　　B. do{a--}while(a>b);

C. for(a>b)a--;　　　　　　　　　　　　　D. for(;a>b; a--);

30. 已知 "int i=0，x=0;"，下面的 while 语句执行时循环次数为（　　　）。

```
while(x||i){x++;i++;}
```

A. 3　　　　　　　　B. 2　　　　　　　　C. 1　　　　　　　　D. 0

31. 执行语句 "x=1; while(++x<7)cout<<"*";" 后，输出结果是（　　　）。

A. *****　　　　　　B. ******　　　　　C. *******　　　　D. ********

32. 下面程序的输出结果是（　　　）。

```
#include <iostream>
using namespace std;
int main()
{
    int x=3,y=6,a=0;
    while (x++!=(y-=1))
    {
        a+=1;
        if (y<x) break;
    }
    cout<<"x="<<x<<",y="<<y<<",a="<<a<<"\n";
    return 0;
}
```

A. x=4, y=4, a=1　　　　B. x=5, y=5, a=1　　　C. x=5, y=4, a=3　　　D. x=5, y=4, a=1

33. 若 i、j 已定义为 int 类型，则以下程序段中内循环的总执行次数是（　　　）。

```
for (i=5;i;i--)
for (j=0;j<4;j++){…}
```

A. 20   B. 24   C. 25   D. 30

34. 下列程序运行的情况是（   ）。

```
#include <iostream>
using namespace std;
int main()
{ int i=1,sum=0;
  while(i<10)sum=sum+1;i++;
cout<<"i="<<i<<",sum="<<sum;
return 0;
}
```

A. i=10, sum=9   B. i=9, sum=9   C. i=2, sum=1   D. 运行出现错误

35. 有语句：

```
i=1;
for(;i<=100;i++)  sum+=i;
```

与以上语句序列不等价的为（   ）。

A. for(i=1; ;i++) {sum+=i;if(i==100)break;}

B. for(i=1;i<=100;){sum+=i;i++;}

C. i=1;for(;i<=100;)sum+=i;

D. i=1;for(; ;){sum+=i;if(i==100)break;i++;}

36. 标有"/**/"的语句的执行次数是（   ）。

```
int y=0,i;
for(i=0;i<20;i++)
{if(i%2==0) continue;
y+=i;/**/
}
```

A. 20   B. 19   C. 10   D. 9

37. 执行完程序段"x = 0;for(i = 0; i < 99; i++) if(i) x++;"后，x 的值是（   ）。

A. 0   B. 30   C. 98   D. 90

二、填空题

1. 设 i、j、k 均为 int 型变量，则执行完下面的 for 语句后，k 的值为_____。

```
for (i=0, j=10; i<=j; i++, j--) k=i+j;
```

2. 以下程序的功能是从键盘输入若干学生的成绩，并输出最高成绩和最低成绩，当输入负数时结束，请填空。

```
#include <iostream>
using namespace std;
int main  ()
{  float x,amax,amin;
   cin>>x;
   amax=x;
   amin=x;
   while (_____)
   { if (x>amax)
     amax=x;
     else
     if(_____)
     amin=x;
     else cin>>x;
   }
```

```
cout<< "\n amax="<< amax<< "\n amin= "<<amin<<"\n";
return 0;
}
```

3. 下列程序的功能是输入一个整数，判断是否是素数，若为素数输出 1，否则输出 0，请填空。

```
#include <iostream>
using namespace std;
int main()
{  int i, x, y=1;
   cin>>x;
   for(i=2; i<=x/2; i++)
   if(_____){ y=0; break;}
   cout<< y<< "\n";
   return 0;
}
```

4. 以下程序的输出结果是_____。

```
#include <iostream>
using namespace std;
int main()
{  int y=9;
   for(; y>0; y--)
   if (y%3==0)
      { cout<< --y;
      continue;
      }
return 0;
}
```

5. 以下程序的输出结果是_____。

```
#include <iostream>
using namespace std;
int main()
{  int i,m=0,n=0,k=0;
   for(i=9;i<=11;i++)
   switch(i/10)
   {  case 0:m++;n++;break;
      case 1:n++;break;
      default :k++;n++;
   }
cout<<m<<"  "<<n<<"  "<<k<<"\n";
return 0;
}
```

6. 以下程序的输出结果是_____。

```
#include <iostream>
using namespace std;
int main()
{ int i,j;
  for(j=10;j<=11;j++)
  {  for(i=9;i<j;i++)
     if(!(j%i)) break;
     if(i>=j-1)  cout<<j;
  }
  return 0;
}
```

7. 以下程序的输出结果是_____。

```
#include <iostream>
```

```
using namespace std;
int main()
{  int a,b;
   for(a=1,b=1;a<=100;a++)
   { if(b>=10)  break;
     if(b%3==1)
   { b+=3;
     continue;
     }
   }
   cout<<a<<"\n";
 return 0;
 }
```

8. 以下程序的输出结果是_____。

```
#include <iostream>
using namespace std;
int main()
{ int i,j,s=0;
    for(i=1;i<=4;i++)
        for(j=1;j<=i;j++)
            s=s+1;
    cout<<"s="<<s<<endl;
    return 0;
}
```

9. 运行以下程序，从键盘上输入"65 14"，再按回车键，输出结果为_____。

```
#include <iostream>
using namespace std;
int main()
{  int m,n;
   cin>>m>>n;
   while(m!=n)
   {  while(m>n) m-=n;
      while(n>m)n-=m;
   }
   cout<<"m="<<m<<'\n';
   return 0;
}
```

10. 输出 1000 以内能被 3 整除且个位数为 6 的所有整数。

```
#include <iostream>
using namespace std;
int main()
{ int i j;
  for(i=0;_____;i++)
    { j=i*10+6;
      if(j%3!=0)_____;
      cout<<j<<" ";
    }
  cout<<endl;
  return 0;
}
```

11. 执行下列语句后，变量 sum 的值是_____。

```
int sum =0;
for(int j=1;j<=3;j++)
    for(int i=1;i<=j;i++)
        sum++;
```

12. 有如下循环语句：

```
for(int i=50; i>20; i-=2) cout<<i<<',';
```

运行时循环体的执行次数是_____。

13. 以下程序的输出结果是_____。

```cpp
#include <iostream>
using namespace std;
int main()
{
  int i;
  for (i=4;i<=10;i++)
  {
    if (i%3==0) continue;
    cout<<i;
  }
  return 0;
}
```

14. 以下程序的输出结果是_____。

```cpp
#include <iostream>
using namespace std;
int main()
{
int num=0;
while(num<=2)
{
num++;
cout<<num;
}
return 0;
}
```

15. 以下程序的运行结果是_____。

```cpp
#include <iostream>
using namespace std;
int main()
{
  int i=1,s=3;
  do
  {
    s+=i++;
    if(s%7==0)
      continue;
    else
    ++i;
  } while(s<15);
cout<<"i="<<i;
return 0;
}
```

16. 以下程序的运行结果是_____。

```cpp
#include <iostream>
using namespace std;
int main()
{
int i,j,k;
for(i=1;i<=6;i++) {
for(j=1;j<=20-2*i;j++) cout<<" ";
```

```
for(k=1;k<=i;k++) cout<<k;
for(k=i-1;k>0;k--) cout<<k;
cout<<endl;
}
return 0;
}
```

17. 下列程序的输出为_____。

```
#include <iostream>
using namespace std;
int main()
{
    int k=0;char c='A';
    do
    {
        switch(c++)
        {
            case'A':k++;break;
            case'B':k--;
            case'C':k+=2;break;
            case'D':k=k%2;continue;
            case'E':k=k*10;break;
            default:k=k/3;
        }
    k++;
    }while(c<'G');
cout<<k<<"\n";
return 0;
}
```

18. 下列程序的输出为_____。

```
#include <iostream>
using namespace std;
int main()
{
    int i,j,k=0,m=0;
    for(i=0;i<2;i++)
    {
        for(j=0;j<3;j++)
        k++;
        k-=j;
    }
    m=i+j;
cout<<"k="<<k<<",m="<<m<<"\n";
return 0;
}
```

19. 爱因斯坦的阶梯问题：设有一阶梯，每步跨 2 阶，最后余 1 阶；每步跨 3 阶，最后余 2 阶；每步跨 5 阶，最后余 4 阶；每步跨 6 阶，最后余 5 阶；只有每步跨 7 阶时，正好到阶梯顶。问共有多少阶梯？根据题目的意思，进行程序填空。

```
#include <iostream>
using namespace std;
int main()
{int ladders=7;
while(_____)ladders+=14;
cout<<ladders<<"\n";
return 0;
}
```

三、编程题

1. 从键盘输入若干个学生的体重（单位为 kg，用负数结束输入），统计并输出最重、最轻的体重和平均体重。

2. 输入一个正整数 n，输出 2/1+3/2+5/3+8/5+… 的前 n 项之和。

3. 读入一个整数，统计并输出该数中数字"5"的个数。

4. 编写一个程序，求 $s=1+(1+2)+(1+2+3)+…+(1+2+3+…+n)$ 的值。

5. 输入一个正整数 repeat（0<repeat<10），做 repeat 次下列运算：输入一个学生的数学成绩，如果它低于 60，输出"Fail"；否则，输出"Pass"。

6. 读入一批正整数（以零为结束标志），求其中的奇数和。

7. 已知 4 位数 3025 有一个特殊性质：它的前两位数字 30 和后两位数字 25 的和是 55，而 55 的平方刚好等于该数（55×55=3025）。试编一程序打印所有具有这种性质的 4 位数。

8. 对于输入的一个数字，请计算它的各个位上偶数数字的和。例如，输入"4321"，输出"6"。

9. 根据以下近似公式，编写程序计算 e 的值（要求直至最后一项的值小于 10^{-6}）。

$$e \approx 1 + \frac{1}{1!} + \frac{1}{2!} + \frac{1}{3!} + \cdots + \frac{1}{n!}$$

10. 编写程序，输入一个正整数，将其逆序输出。例如，输入"54321"，输出"12345"。

11. 输入正整数 a 和 n，求 $a+aa+aaa+\cdots+aa\cdots a$（$n$ 个 a）之和。例如，输入"2"和"3"，输出"246"（2+22+222）。

12. 输入实数 x 和正整数 n，求下列公式前 n 项之和。

$$x - \frac{x^3}{3!} + \frac{x^5}{5!} - \frac{x^7}{7!} + \cdots$$

13. 一元人民币用 1 分、2 分、5 分的硬币兑换（至少各一枚），共有多少种换法？每种换法中 1 分、2 分、5 分的硬币各有几枚？

14. 有一个人不小心打碎了一位妇女的一篮子鸡蛋，为了赔偿便询问篮子中有多少鸡蛋，那妇女说，数量不清楚，只记得若每次拿 2 个则最后剩 1 个，每次拿 3 个最后剩 2 个，每次拿 4 个最后剩 3 个，每次拿 5 个最后剩 4 个。若一个鸡蛋 0.4 元，则至少应赔偿多少钱？

15. 编写程序，从 0～9 这 10 个数中任取 3 个数用组合法组成 3 位数，计算其中奇数之和。

16. 有 1020 个西瓜，第一天卖出一半多两个，以后每天卖出剩下的一半多两个，问几天能卖完？

17. "秋去冬来日渐寒，大雁小雁回南山，小雁一天飞八百，大雁每天行一千。"小雁先飞 18 天，大小雁同时到达南山，问到南山距离几何？

18. 一个数如果恰好等于它的所有因子之和，这个数就称为"完数"。例如，6 的因子为 1、2、3，而 6=1+2+3，因此 6 是"完数"。编程找出 1000 以内的所有完数，并按此格式输出其因子：6 its factors are 1, 2, 3。

19. 将一个正整数分解成质因数。例如，输入"90"，输出"90=2*3*3*5"。

20. 试编写程序，输出以下图形。

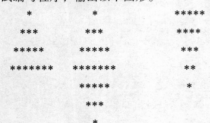

第7章 指 针

【本章要点】

● 指针变量的定义和引用。

● 二级指针。

大部分高级语言中没有指针的概念，但指针是 C++ 语言中广泛使用的一种数据类型。指针给程序开发带来极大的方便，但如果使用不当，会产生运行异常。因此如何学会运用指针编程是 C++ 语言的难点和重点。利用指针可以直接处理内存中各种数据结构的数据，特别是数组、字符串。正确、灵活地使用指针，可以提高程序的执行效率；利用指针动态分配内存，可以编写出精练而高效的程序。

7.1 指针和地址

一般来说，程序中的变量经过编译系统处理后，都要为其分配一块存储单元以便存放变量的值，存储单元的大小由变量的数据类型决定。计算机中存储信息的基本单位是字节，系统为每一字节分配一个唯一的编号，这个编号就是内存单元的地址。计算机通过地址访问相应的内存单元。程序中对变量的存取操作，就是对某个地址的存储单元进行操作。例如：

```
int num=5,i=3;
```

编译系统为变量进行了如图 7-1 所示的内存分配。假设编译系统为整型变量 num 分配了从 2000H 开始的 4 字节的内存单元，则变量 num 的地址为 2000H，为整型变量 i 分配了从 2004H 开始的 4 字节的内存单元，则变量 i 的地址为 2004H，然后将 5、3 分别送到变量 num、i 的内存单元中。这种按变量地址存取变量值的方式称为"直接访问"。在这种方式中，变量名和实际存储地址之间的转化是由编译系统自动完成的。

在图 7-2 中，变量 pi 存放的是变量 i 的内存地址，然后通过访问变量 pi 就得到了变量 i 的内存地址，一旦得到变量 i 的内存地址，就可以直接访问变量 i。这种存取变量 i 的方式称为"间接访问"。

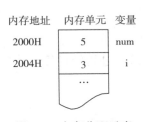

图 7-1 内存分配示意

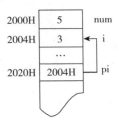

图 7-2 间接访问

为了实现间接访问，需要能够存放地址的变量，这种变量称为指针变量（如变量 pi）。一个变量的地址称为该变量的"指针"，即指针就是地址。在图 7-2 中，变量 pi 就是指针变量，当把变量 i 的地址存放在指针变量 pi 中时，称指针变量 pi 指向了变量 i，这种"指向"

关系是通过地址建立的。

7.1.1　指针变量的定义

指针变量也必须先定义，后使用。

指针变量定义的一般形式为：

```
数据类型标识符   *指针变量名;
```

其中，"数据类型标识符"表示指针变量所指向的变量的数据类型，在变量名前的" * "表示该变量是指针变量，指针变量名不包括" * "。

下面都是合法的指针变量的定义：

```
int     *p, *q;      // 定义p、q为指向整型变量的两个指针变量
double  *d;          // 定义d为指向双精度型变量的指针变量
char    *pc;         // 定义pc为指向字符型变量的指针变量
```

由于指针变量的值是一个地址，所以指针变量也称地址变量。通过给指针变量赋不同变量的地址，可以使指针变量指向同一类型的不同变量。

7.1.2　指针变量的初始化

1. 与地址有关的运算符

C++语言提供了两个地址运算符："&"和" * "。它们都是具有右结合性的单目运算符，且优先级相同。

"&"称为"取地址"运算符，用于获取一个变量的地址。"&"运算符后只能是一个变量或数组元素，不能是表达式。

" * "称为"指针运算符"，又称"间接访问运算符"，用于获取指针所指向的变量的值。" * "运算符后只能是地址（指针）。

2. 指针变量的初始化

与普通变量一样，指针变量可以在定义时就进行初始化，也可以在定义后赋值。例如：

```
int   k, *pk=&k;            //定义指针变量的同时对其进行初始化,pk指向变量k
float x=4, *px;
px=&x;                      //先定义指针变量,后赋值,px指向变量x
```

其中，"&"是取地址运算符，"px=&x;"即用取地址运算符求得变量 x 的地址，将其赋值给指针变量 px，称 px 指向变量 x，如图 7-3 所示。

图 7-3　指数变量赋值

7.1.3　指针变量的引用

指针变量与变量建立了指向关系后，就可以通过指针运算符访问指针变量所指向的变量。

【例 7-1】 指针变量的引用。

```
#include <iostream>
using namespace std;
int main( )
{   int x=6,y;
    int *px=&x;
```

```
        y=*px;
        cout<<"y="<<y<<endl;
        return 0;
}
```

运行结果如图 7-4 所示。

图 7-4　例 7-1 程序的运行结果

说明：由于指针变量 px 在定义的同时被初始化赋予了变量 x 的地址，即 px 指向了 x。赋值语句"y=*px;"就是将指针变量 px 所指向的变量 x 的值赋给变量 y，因此输出变量 y 就是变量 x 的值。

需要注意的是："*"和"&"在定义语句和执行语句中的含义是不同的。

（1）在变量定义中出现

"&"表示本语句定义一个引用，如：

```
int y;
int &x=y;    //定义x为变量y的引用
```

"*"表示本语句定义一个指针变量，如：

```
int *px;    //定义变量px为一个指针变量
```

（2）在执行语句中出现

"&"表示取变量的地址。

"*"表示取指针变量所指向的变量的值。

例如：

```
int *px, x;
px=&x;       //表示将变量x的地址赋给指针变量px，使得指针变量px指向变量x
*px=8;       //表示给px所指向的变量赋值8，等价于x=8
```

【例 7-2】 输入 x 和 y 两个整数，按先大后小的顺序输出 x 和 y。

```
#include <iostream>
using namespace std;
int main( )
{   int x,y;
    int *px,*py,*p;
    px=&x;
    py=&y;
    cout<<"请输入x和y: \n";
    cin>>x>>y;
    if(x<y)
    { p=px;
      px=py;
      py=p;
    }
    cout<<*px<<"    "<<*py<<endl;
    return 0;
}
```

程序的运行结果如图 7-5 所示。

图 7-5   例 7-2 程序的运行结果

说明： 本程序中，px 指向变量 x，py 指向变量 y。程序运行时，输入 "5 9"，则 x 为 5，y 为 9。由于 x<y 条件成立，所以执行交换，即交换 px 和 py 的值，交换前后情况如图 7-6 所示。

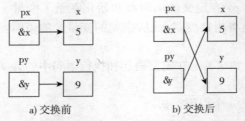

a) 交换前   b) 交换后

图 7-6   交换情况

通过以上分析可以发现：本例中交换了 px 和 py 的值，即交换了 px 和 py 的指向，这样在输出 *px 和 *py 时，实际上是先输出变量 y 的值，再输出变量 x 的值。

将程序中输出语句 "cout<<*px<<" "<<*py<<endl;" 改为：

```
cout<<x<<"   "<<y<<endl;
```

然后运行程序，会发现程序的运行结果不同，其原因就在于本例并没有交换 x 和 y 的值，只是交换了指针变量 px 和 py 的指向。

【例 7-3】 修改例 7-2 的程序，完成变量 x 和 y 值的交换，分析程序运行结果。

```cpp
#include <iostream>
using namespace std;
int main( )
{   int x,y;
    int *px,*py,t;
    px=&x;
    py=&y;
    cout<<"请输入x和y:\n";
    cin>>x>>y;
    if(x<y)
    {   t=*px;
        *px=*py;
        *py=t;
    }
    cout<<y<<"    "<<y<<endl;
    return 0;
}
```

程序的运行结果如图 7-7 所示。

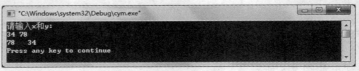

图 7-7   例 7-3 程序的运行结果

　　说明：本程序中，px 指向变量 x，py 指向变量 y。程序运行时，输入"5 9"，则 x 为 5，y 为 9。由于 x<y 条件成立，所以执行交换，即交换 px 和 py 所指向变量的值，交换前后情况如图 7-8 所示。

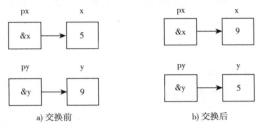

图 7-8　交换情况

7.1.4　几种特殊的指针

　　下面介绍几种特殊的指针。

1. 指向常量的指针

　　声明指针时，可以使用 const 关键字指定，该指针指向的值不能改变。

　　指向常量的指针定义的一般形式为：

```
const 数据类型标识符　*指针变量名；
```

　　或者：

```
数据类型标识符　const　*指针变量名；
```

例如：

```
int  value = 23;
const int  *p = &value;
```

把 p 指向的值声明为 const，任何通过此指针给所指目标赋值的语句都被编译器标记为错误，例如，下面的语句就会让编译器生成一条错误信息：

```
*p = 90; // error C2166: l-value specifies const object
```

这种试图利用指向常量的指针改变常量的操作是错误的，但可以对 value 进行任意操作。如：

```
value=45;
```

但是指向常量的指针本身的值可以改变，即可以改变它指向的值。例如：

```
const int x =9;
const int y=10;
const int *p=&x;              //p指向了x
p=&y;                         //正确,p指向了y
*p=20;                        //错误
y=20;                         //正确
```

　　从上面的分析可以看到，可以改变指向常量指针的指向，但不允许使用指针改变它所指向的值。使用指向常量的指针可以限制指针使用者的权限，防止使用者无意中修改所指对象的值，增加了代码的安全性。

　　注意：普通指针不能指向常变量。例如：

```
const int x=8;
int *p;
```

```
p=&x;                    //错误
const int *q;
q=&x;                    //正确
```

指向常量的指针既能指向普通变量，也能指向常变量，而普通指针只能指向普通变量，不能指向常变量。

2. 指针常量

指针常量定义的一般形式为：

数据类型标识符　＊ const 指针常量名=变量地址；

例如：

```
int x;
int y=24;
int *const p = &x;
```

此时，p 是指向一个整型变量 x 的指针常量，即指针变量 p 存储的地址不能改变。需要注意的是，指针常量在定义时必须初始化。此后，任何给 p 赋值的操作编译系统都认为是语法错误。例如：

```
*p=10;//正确
p=&y;//错误
```

指针常量只能永远指向初始化时设定的目标，不能指向其他目标。但是需要注意，x 是一个变量，所以在程序中通过指针常量来修改所指目标的值是允许的，即 "*p=10;" 是正确的。

3. void 类型的指针

void 类型的指针定义的一般形式为：

void　＊指针变量名；

可以将任意类型数据的地址赋给 void 类型的指针变量；经过强制类型转换，void 类型指针可以访问任何类型的数据。例如：

```
int a=123;
int *p1;
void *p2;
p2=&a;                   //将int型变量a的地址赋给void类型的指针变量p2
p1=(int *)p2;            //经过强制类型转换，将void类型指针变量p2赋值给int型指针变量p1
```

7.2　指针的运算

指针作为一种特殊的数据类型，可以进行赋值、算术和关系运算。如果是在两个指针变量之间进行运算，要求两个指针变量必须指向相同类型的数据。下面讲述指针的赋值运算，指针的算术和关系运算在 9.4.1 节讲述。

作为一种数据类型，如果定义了指针变量而没有被赋值，则指针变量的值是随机的，即不能确定该指针变量指向哪一个内存单元。如果该指针变量指向的内存单元恰好存放了重要的数据，这时盲目地去访问它，会破坏数据，甚至造成系统的崩溃。因此，C++ 语言要求必须对指针变量赋初值后，才能使用。可以通过以下几种方式对指针变量赋值。

（1）把一个变量地址赋给具有相同数据类型的指针变量

```
int a=99;
```

```
int *p;
p=&a;
p=2000; //错误，不能给指针变量直接赋数值
```

（2）指向相同数据类型的指针变量之间互相赋值

```
int x=20,y=30;
int *p, p1;
p=&x;        //指针变量p指向变量x
p1=p;        //把指针变量p(即整型变量x的地址)赋予指针变量p1
```

7.3　二级指针

　　如果一个指针变量存放的是另一个指针变量的地址，则称这个指针变量为指向指针的指针变量，也称为二级指针变量。如图 7-9 所示，指针变量 p2 的值是指针变量 p1 的地址，指针变量 p1 的值是目标变量 x 的地址，因此，指针变量 p2 为二级指针。

图 7-9　二级指针的形式

　　二级指针的定义形式如下：

数据类型标识符　　**二级指针变量名;

例如：

```
char **p;
```

p 前面有两个"*"号，相当于 *(*p)。显然 *p 是指针变量的定义形式，如果没有最前面的"*"，那就是定义了一个指向字符数据的指针变量（一级指针变量）。现在它前面又有了一个"*"号，表示指针变量 p 是指向一个字符指针型变量的。*p 就是 p 所指向的另一个指针变量。

　　【例 7-4】　二级指针的应用。

```
#include <iostream>
using namespace std;
int main()
{   int x=10,y=20;
    int *p=&x;
    int *q=&y;
    int **ps=&p;                 //二级指针
    **ps=1;
    ps=&q;
    **ps=2;
    cout<<" x=" <<x<<" ,y=" <<y<<endl;
    return 0;
}
```

运行结果如图 7-10 所示。

图 7-10　例 7-4 程序的运行结果

说明：二级指针变量 ps 第一次被赋值指针变量 p 的地址，即 ps 指向 p，而 p 也是指针变量，p 被赋值变量 x 的地址，即 p 指向变量 x，因此 **ps 就是 x，给 **ps 赋值 1，就是给 x 赋值 1，所以 x 的值为 1，同理 y 的值变为 2。

习题

一、选择题

1. 变量的指针，其含义是指该变量的（　　）。
   A. 值　　　　　　　　 B. 地址　　　　　　　 C. 名　　　　　　　 D. 一个标志

2. 已有定义 "int k=2;int *ptr1, *ptr2;"，且 ptr1 和 ptr2 均已指向变量 k，下面不能正确执行的赋值语句是（　　）。
   A. k=*ptr1+*ptr2　　　B. ptr2=k　　　　　　C. ptr1=ptr2　　　　D. k=*ptr1*(*ptr2)

3. 若有说明 "int *p1, *p2,m=5,n;"，以下均是正确赋值语句的选项是（　　）。
   A. p1=&m; p2=&p1　　　　　　　　　　　B. p1=&m; p2=&n; *p1=*p2
   C. p1=&m; p2=p1　　　　　　　　　　　 D. p1=&m; *p1=*p2

4. 若有语句 "int *p,a=4;" 和 "p=&a;"，下面均代表地址的一组选项是（　　）。
   A. a,p,*&a　　　　　　B. &*a,&a,*p　　　　C. *&p,*p,&a　　　　D. &a,&*p,p

5. 若有说明 "int i , j=7 , *p=&i;"，则与 "i=j;" 等价的语句是（　　）。
   A. i=*p;　　　　　　　B. *p=j;　　　　　　 C. i=&j;　　　　　　D. i=**p;

6. "int a, b, *c = &a; int *p = c; p = &b;"，执行完这 3 条语句之后，c 指向（　　）。
   A. a　　　　　　　　　B. c　　　　　　　　 C. b　　　　　　　　D. p

7. 假如指针 p 已经指向某个整型变量 x，则 (*p)++ 相当于（　　）。
   A. x++　　　　　　　　B. p++　　　　　　　 C. *(p++)　　　　　　D. &x++

8. 设有如下程序：

```
int *var,ab;
ab=100;
var=&ab;
ab=*var+10;
```

执行上面的程序后，ab 的值为（　　）。
   A. 100　　　　　　　　B. 110　　　　　　　 C. 90　　　　　　　　D. 120

9. 若 p1、p2 都是指向整型的指针，p1 已经指向变量变量 x，要使 p2 也指向变量 x，正确的是（　　）。
   A. p2=p1;　　　　　　 B. p2=**p1;　　　　　C. p2=&p1;　　　　　D. p2=*p1;

10. 若有下列语句，输出结果为（　　）。

```
int  **pp, *p, a=10, b=20 ;
pp=&p ; p=&a;p=&b;cout<<*p<<","<<**pp<<end1;
```

   A. 20，20　　　　　　 B. 20，10　　　　　　C. 10，20　　　　　　D. 10，10

11. 有下列程序：

```
int i=0, j=1;
int &r=i ;          //①
r=j;                //②
int *p=&i ;         //③
*p=& ;              //④
```

其中会产生编译错误的语句是（　　）。
   A. ④　　　　　　　　 B. ③　　　　　　　　C. ②　　　　　　　　D. ①

二、填空题

1. 在 C++ 语言中，"*"称为_____运算符，"&"称为_____运算符。

2. 阅读如下程序段，则执行后的结果为_____。

```cpp
#include <iostream>
#include <string >
using namespace std;
int main()
{
int a,*p,*q,**w;
p=&a;
q=&a;
w=&p;
*p=5%6;
*q=5;
**w=3;
cout<<a<<endl;
return 0;
}
```

3. 下列程序的输出结果是_____。

```cpp
#include <iostream>
using namespace std;
int main()
{
    int i = 5;
    int &r = i;  r = 7;
    cout << i << endl;
    return 0;
}
```

4. 下列程序的输出结果是_____。

```cpp
#include <iostream>
using namespace std;
int main( )
{
int x = 10, *p;
float y = 2.4;
x = y++;
p = &x;
*p += x+y++;
cout<<*p<<","<<y<<endl;
return 0;
}
```

5. 下列程序的输出结果是_____。

```cpp
#include <iostream>
using namespace std;
int main( )
{
int *p1, *p2, x = 10;
int y = 11;
p1 = &x;
p2 = &y;
cout<<(++(*p1))<<","<<((*p2)++)<<endl;
return 0;
}
```

第8章 函数与编译预处理

【本章要点】

- 函数的定义及调用方法。
- 函数的参数、参数的传递方法和函数的返回值。
- 变量的存储类别。
- 编译预处理。

前面各章的程序大都只有一个主函数 main()，但实用程序往往由多个函数组成。函数是源程序的基本模块，通过对函数的调用实现特定的功能。C++ 语言不仅提供了极为丰富的库函数（如 sqrt()、fabs()），还允许用户编写自己定义的函数。用户可以把自己的算法编写成一个个相对独立的函数，然后通过函数调用来使用函数。可以说 C++ 程序的全部工作都是由各种各样的函数完成的，使用函数可以使程序结构清晰、可读性强，便于程序的调试与维护。

8.1 函数

函数是 C++ 程序的基本组成部分，一个 C++ 语言程序由一个或多个函数组成，每个函数完成一定的功能。下面通过一个简单的例子，说明 C++ 语言中有关函数的基本概念。

【例 8-1】 输入两个数 x 和 y，求两个数中的较大者。

```cpp
#include <iostream>
using namespace std;
int max(int a,int b)            //定义max函数，函数值为整型，形式参数a、b为整型
{                               //max函数体开始
    int c;                      //变量声明
    if(a>b)     c= a;
    else        c=b;
    return(c) ;                 //将c的值返回，通过max()带回调用处
}                               //max函数结束
int main()                      //主函数
{                               //主函数体开始
    int x,y,z;                  //定义变量
    cout<<"Please enter two numbers x and y:\n";
    cin>>x>>y;
    z=max(x,y);                 //调用max函数，将得到的值赋给z
    cout<<"max= "<<z<<endl;     //输出大数z的值
    return 0;
}                               //主函数结束
```

运行结果如图 8-1 所示。

图 8-1　例 8-1 程序的运行结果

说明：

1）例 8-1 的程序中共包含两个函数：main 函数和 max 函数，一个 C++ 程序有且只有一个 main 函数。无论 main 函数位于程序的什么位置，C++ 程序总是从 main 函数开始执行。main 函数中所有语句执行完毕，则整个程序执行结束。

2）C++ 语言中的函数没有从属关系，所有的函数都是平行的，函数与函数之间都是互相独立的，即函数不能嵌套定义。

3）函数是通过调用来执行的，除了 main 函数之外，其他任何一个函数，如果不被调用，即使定义了也不能执行。main 函数可以调用任何一个其他函数，而其他函数不能调用main 函数，但其他函数之间可以相互调用。main 函数可看作是由系统调用的。

8.1.1　函数的定义

函数是完成特定工作的独立程序单位，包括库函数和自定义函数两种。如 sqrt()、fabs() 等库函数由 C++ 编译系统提供定义，编程时只需直接调用；而例 8-1 中的 max() 函数是自定义函数，需要自己定义。

C++ 语言规定，对于变量和自定义函数，必须"先定义，后使用"。"函数定义"指对函数功能的确定，包括指定函数名、函数值类型、形参及其类型、函数体等。用户自定义函数通常由两部分组成：一是函数首部；二是函数体（由一对花括号括住的部分，包含该函数所用到的变量的定义和有关操作）。

1. 无参函数的定义形式

```
数据类型标识符  函数名( )
{
    声明部分
    语句
}
```

说明：

1）数据类型标识符和函数名称为函数首部，数据类型标识符指明函数返回值的类型。

2）函数名是由用户定义的标识符，函数名后的一对空括号，表示该函数没有参数，但括号不可少。

3）"{}"中的内容称为函数体。函数体中的声明部分对函数体内部用到的变量进行定义。在有些情况下不要求无参函数有返回值，此时函数数据类型标识符可以写为"void"，它表示函数没有返回值。例如，要在屏幕上输出一行字符 "Hello,C++!"，可定义如下函数：

```
void  hello( )
{
cout<<"Hello,C++!"<<endl;
}
```

2. 有参函数定义的一般形式

```
数据类型标识符  函数名(形式参数列表)
{
    声明部分
    语句
}
```

有参函数比无参函数多了一个内容，即形式参数列表。在形式参数表列中给出的参数称为形式参数，它们可以是各种类型的变量，各参数之间用逗号分隔。在进行函数调用时，主调函数将赋给这些形式参数实际的值。形参既然是变量，必须在形参表列中给出形参的类型说明。在例 8-1 中，定义一个有参的 max 函数，用于求两个数中的大数。

```
int max(int a, int b)
{   int c;
    if (a>b)    c=a;
    else        c=b;
  return c;
}
```

对 max 函数作以下说明：

1）第一行说明 max 函数是一个整型函数，即函数的返回值是一个整数。形参 a、b 均为整型，a、b 的具体值是由主调函数在函数调用时传送过来的。

2）max 函数体中的 return 语句把 c 的值作为函数值返回给主调函数。在有返回值的函数中，至少应有一个 return 语句。

在 C++ 程序中，函数的定义可以放在任意位置，既可放在主调函数之前，也可放在主调函数之后（这时需要在主调函数中对被调函数进行声明）。改写例 8-1，可把 max 函数（被调函数）放在 main 函数（主调函数）之后，修改后的程序如下所示。

```
 1 #include <iostream>
 2 using namespace std;
 3 int main()                      //主函数
 4 {                               //主函数体开始
 5   int max(int a,int b);         //函数声明
 6   int x,y,z;                    //定义变量
 7   cout<<"Please input two numbers x and y:\n";
 8   cin>>x>>y;
 9   z=max(x,y);                   //调用max函数，将得到的值赋给z
10   cout<<"max= "<<z<<endl;       //输出大数z的值
11   return 0;
12 }                               //主函数结束
13 int max(int a,int b)            //定义max函数，函数值为整型，形式参数a、b为整型
14 {                               //max函数体开始
15   int c;                        //变量声明
16   if(a>b)     c= a;
17   else        c=b;
18   return(c)                     //将c的值返回，通过max()带回调用处
19 }                               //max函数结束
```

说明：本程序包括两个函数，即主函数 main 和被调用的函数 max。程序的第 13 行至第 19 行为 max 函数的定义，它的功能是将 a 和 b 中较大者的值赋给变量 c。return 语句将 c 的值返回给主函数 main，返回值通过函数名 max 带回到 main 函数的调用处。主函数的第 5 行是对被调函数的声明，主函数第 9 行实现 max 函数的调用，在调用时将实际参数 x 和 y 中的值分别传送给 max() 的形式参数 a 和 b。经过 max 函数执行得到一个返回值（即 max 函数中变量 c 的值），把这个值赋给变量 z，最后由主函数输出 z 的值。

8.1.2 函数的调用

函数通过被调用而执行，它是一个可以反复使用的程序段，调用一次就执行一次。如果一个函数在定义后未被调用，它是不能自己执行自己的。

在 C++ 语言中，函数调用的一般形式为：

函数名(实际参数列表);

或：

```
函数名( );
```

前者用于有参函数。实际参数表中的参数可以是常量、变量或其他构造类型数据及表达式，各实参之间用逗号分隔。实参的个数应与形参的个数相同，并且实参的类型和形参的类型按顺序相一致。后者用于无参函数的调用，注意，其后的括号不能省略。

在 C++ 语言中，可以用以下 3 种方式调用函数：

1）函数表达式。函数作为表达式中的一项出现在表达式中，以函数返回值参与表达式的运算，这种方式要求函数有返回值。例如，z=max(x,y) 是一个赋值表达式，把 max 函数的返回值赋给变量 z。

2）函数语句。函数调用的一般形式加上分号即构成函数语句。例如，"hello();" 就是以函数语句的方式调用函数。以这种方式调用的函数一般不需要返回值，只是通过函数调用完成某些操作。

3）函数实参。函数作为另一个函数调用的实际参数出现。这种情况是把该函数的返回值作为实参进行传送，因此要求该函数必须是有返回值的。例如，"m=max(x,max(y,z));"即把 max(y,z) 调用的返回值又作为外层 max 函数的实参来使用。

8.1.3 函数的参数

函数定义时，函数名后圆括号内的参数称为形式参数，简称形参。形参可以是 C++ 语言中各种数据类型的变量，如有两个以上参数，各个参数之间用逗号分隔。在函数调用时，函数名后圆括号内的参数称为实际参数，简称实参。函数的形参和实参具有以下特点：

1）形参变量只有在函数被调用时才分配内存单元，在调用结束时，立刻释放所分配的内存单元，即形参只有在函数内部有效。函数调用结束后，则不能再使用形参变量。

2）实参可以是常量、变量、表达式、函数等，无论实参是何种类型的数据，在进行函数调用时，它们都必须具有确定的值，以便把这些值传送给形参。因此应预先用赋值、输入等方法使实参获得确定值。

3）实参和形参在数量、类型、顺序上应严格一致，否则会发生"类型不匹配"的错误或得到非期望的结果。

4）由于形参与实参分属于不同的函数，在内存中分别占用不同的内存单元，彼此独立。所以函数调用中发生的数据传送是单向的，即只能把实参的值传送给形参，而不能把形参的值反向地传送给实参，因此在函数的调用过程中，如果形参的值发生改变，实参的值是不会变化的，即使是同名变量也是如此。

8.1.4 函数的返回值

函数返回值是指函数被调用之后，执行函数体中的程序段所取得的并返回给主调函数的值。对函数的返回值作以下说明：

1）函数的返回值只能通过 return 语句返回给主调函数。return 语句的一般形式为：

```
return 表达式;
```

或者：

```
return (表达式);
```

该语句的功能是计算表达式的值，并返回给主调函数。在函数中允许有多个 return 语句，但每次调用只能有一个 return 语句被执行，因此只能返回一个函数值。

2）函数值的类型和函数定义中函数的类型应保持一致。如果两者不一致，则以函数类型为准，系统会自动进行类型转换。

3）无返回值的函数，可以明确定义为"空类型"，类型说明符为"void"。例如：

```
void s1(int n)
{
    ...
}
```

一旦函数被定义为空类型，就不能在主调函数中使用被调函数的函数值了。例如，在定义 s1 为空类型后，在主函数中写下述语句：

```
sum=s1(n);
```

就是错误的。

8.1.5　对被调函数的声明

C++ 语言要求函数先定义后调用，如果自定义函数被放在主调函数后面，就需要在函数调用前，加上函数原型的声明，否则，程序编译时会出错。

函数声明的目的主要是说明函数的类型和参数，以保证程序编译时能判断对该函数的调用是否正确。函数声明（declare）的一般形式为：

数据类型说明符 被调函数名(类型 形参，类型 形参，…);

注意：函数的定义和函数的声明是两个完全不同的概念。函数的定义是指对函数功能的确立，包括指定函数名、函数类型、形参及其类型、函数体等，它是一个完整的、独立的程序单位。而函数声明的作用则是把函数的名字、函数类型以及形参的个数、类型和顺序（注意不包括函数体）通知编译系统，以便在对包含函数调用的语句进行编译时，根据相关信息对其进行对照检查（例如，函数名是否正确，实参与形参的类型和个数是否一致）。

如在所有函数定义之前，在函数外预先声明了各个函数的类型，则在以后的各主调函数中，可不再对被调函数作说明。例如：

```
char f1(int a);          //本行和以下两行函数声明在所有函数之前且在函数外部
float f2(float b);       //因而作用域是整个文件
int main()
{…}                      //在main函数中调用f1和f2函数不必作声明
char f1(int a)           //定义f1函数
{…}
float f2(float b)        //定义f2函数
{…}
```

其中，第一、二行对 f1 函数和 f2 函数预先作了声明。因此在以后各函数中无须对 f1 和 f2 函数再作声明就可直接调用。

8.2　参数传递方式

形参是在函数定义中定义的，在整个函数体内都可以使用，函数被调用时，形参接受实参传送的值，形参离开被调函数则不能使用；实参是在主调函数中使用的，调用被调函数时，实参变量的值传递给形参，称为虚实结合。

实参和形参的功能是作数据传送。发生函数调用时，主调函数把实参的值传送给被调函数的形参，从而实现主调函数向被调函数的数据传送。

在 C++ 语言中，参数的类型不同，其数值的传递方式也不完全相同。下面介绍 C++ 语言中的参数传递方式。

8.2.1　值传递

所谓"值传递方式"是指将实参的数值单向传递给形参的一种方式。

在函数调用时，编译系统为形参分配内存单元，以便存放由主调函数传递来的实参的值。C++ 编译系统分配给实参和形参的内存单元是不同的（即实参、形参在内存中占用不同的存储空间），分配内存单元的时刻也不同（函数在被调用时，形参才被分配内存单元。调用结束后，形参所占的内存单元被释放）。只能将实参的值单向传递给形参，而不能将形参的值传递给实参。函数中对形参变量的操作不会影响主调函数中实参变量的改变。

【例 8-2】　分析下列程序的功能，是否能实现两个数交换？

```cpp
#include <iostream>
using namespace std;
void swap(int x,int y)
//定义函数
{
    int m;
    m=x;
    x=y;
    y=m;          //交换x、y的值
    cout<<"x="<<x<<"   ,y="<<y<<"\n";
    cout<<"Address of &x="<<&x<<", &y ="<<&y<<"\n";
}
int main()
{
    int a,b;
    cout<<"Enter numbers  a  and  b:";     //提示信息
    cin>>a>>b;
    swap(a,b);                             //调用函数
    cout<<"a="<<a<<"   ,b="<<b<<"\n";       //输出a、b的值
    cout<<"Address of &a="<<&a<<", &b ="<<&b<<"\n";
    return 0;
}
```

运行结果如图 8-2 所示。

图 8-2　例 8-2 程序的运行结果

说明：本例中，形参为 x、y，实参为 a、b，它们都是 int 类型。当调用 swap 函数时，a 值单向传递给 x，b 值单向传递给 y。程序输出结果显示，在 swap 函数中，形参变量 x、y 确实交换了数据，但由于实参 a、b 和形参 x、y 所占的内存空间不同，所以 x 和 y 的数据交换不会影响实参 a、b 的数值，即没有达到对实参 a 和 b 交换的目的。随着 swap 函数的结束，形参 x、y 在内存中的存储空间将被释放。

8.2.2　地址传递

所谓"地址传递方式"是指将实参的内存地址传递给形参的一种方式，即只传递指针的

值，而不传递指针指向的内存单元的值。

实参可以是变量的地址、数组名，也可以是指针变量；形参通常是数组或指针变量。在函数调用过程中，被调函数的形参虽然也拥有独立的内存空间，但是此时形参内存中存放的是由主调函数传递过来的内存地址。在这种传递方式下，对形参指针所指向的内存单元内容的改变可以间接改变实参的值。

【例 8-3】 两个数的交换。

```cpp
#include <iostream>
using namespace std;
void swap(int *p1 , int *p2)            //定义函数，形参p1、p2为指针变量
{
    int p;
    p=*p1;
    *p1=*p2;
    *p2=p;
}
int main()
{
    int a,b;
    cout<<"Enter numbers a and b:";
    cin>>a>>b;  //输入a、b的值
    cout<<"a="<<a<<" ,b="<<b<<"\n";
    swap(&a,&b);                         //调用函数
    cout<<"a="<<a<<" ,b="<<b<<"\n";      //输出a、b的值
    return 0;
}
```

运行结果如图 8-3 所示。

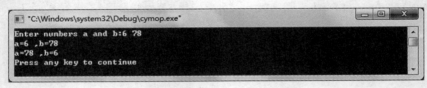

图 8-3 例 8-3 程序的运行结果

说明： 本例中，实参是 a、b 两个变量的地址，形参是两个指针变量 p1、p2。函数被调用时，形参 p1 和 p2 的值分别为实参 a 和 b 的地址，这时 *p1 就是实参 a，*p2 就是实参 b，在 swap 函数中，对 *p1 和 *p2 的交换，实际上就是对变量 a 和 b 的交换。本程序中的 main 函数还可以写成如下指针变量的形式：

```cpp
int main()
{   int a,b,*p1,*p2;
    cout<<"Enter numbers a and b:";      //提示信息
    cin>>a>>b;  //输入a、b的值
    cout<<"a="<<a<<" ,b="<<b<<"\n";
    p1=&a;
    p2=&b;
    swap(p1,p2);                         //调用函数
    cout<<"a="<<a<<" ,b="<<b<<"\n";      //输出a、b的值
    return 0;
}
```

说明： 本例用指针变量作参数，虽然传送的是变量的地址，但实参和形参之间的数据传递依然是单向的"值传递"，即调用函数不可能改变实参的地址。但它不同于一般值传递的是：它可以通过指针的间接访问来改变指针变量所指变量的值，从而达到改变实参的目的。

8.2.3 引用参数

引用就是给一个变量定义一个别名，引用变量和被引用变量占用同一段内存空间（即一个变量两个名字），所以不管引用变量和被引用变量中哪一个的值发生改变，另一个变量的值也做同样的变化。也就是说，对引用的操作就是对被引用对象的操作。在函数调用中，如果形参被定义成相应实参的引用，则在函数中对形参的任何操作就是对相应实参的操作。

【例 8-4】 利用引用改写例 8-3。

```
#include <iostream>
using namespace std;
void swap(int &x,int &y)                  //定义函数，形参x、y为引用参数
{
    int m;
    m=x;
    x=y;
    y=m;
}
int main()
{
    int a,b;
    cout<<"Enter numbers a and b:";
    cin>>a>>b;    //输入a、b的值
    cout<<"a="<<a<<"    ,b="<<b<<"\n";
    swap(a,b);                            //调用函数
    cout<<"a="<<a<<"    ,b="<<b<<"\n";    //输出a、b的值
    return 0;
}
```

说明： 在函数定义时，形参为引用参数；当函数 swap 被调用时，实参为 a、b，此时形参 x 和 y 分别是实参 a 和 b 的引用（即形参 x 和 y 分别是实参 a 和 b 的别名）。也就是说，形参 x 和实参 a 共占同一段存储空间，形参 y 和实参 b 共占同一段存储空间，所以在函数中对 x 和 y 值的交换就是对 a 和 b 值的交换。

8.3 函数程序举例

【例 8-5】 编程求 $1!+2!+\cdots+10!$。要求定义和调用函数 $f(n)$ 求 n 的阶乘。

程序如下：

```
#include <iostream>
using namespace std;
int main()
{
    int i;
    long int sum=0;                  //置累加和的初值为0
    long int f(int n);               //函数声明
    for(i=1;i<=10;i++)
        sum=sum+f(i);                //调用函数，把返回值累加到sum
    cout<<"1!+2!+…+10!= "<<sum<<"\n";
    return 0;
}
long int f(int n)                    //定义计算阶乘的函数
{
    long int p=1;                    //p表示累乘，置初值为1
    int j;
    for(j=1;j<=n;j++)
        p=p*j;
```

```
    return p;
}
```

【例 8-6】 判断任意 m 是否为素数。要求定义和调用函数 prime(m) 判断 m 是否为素数，当 m 为素数时返回 1，否则返回 0。

```cpp
#include <iostream>
using namespace std;
int main()
{
    int m;
    int prime(int m);              //函数声明
    cout<<"Enter number m:" ;      //提示用户输入m
    cin>>m;                        //输入m
    if(prime(m)!=0)                //调用prime(m)判断m是否为素数
        cout<<m<<" is a prime!\n";
    else
        cout<<m<<" is not a prime!\n";
    return 0;
}
int prime(int m)                   //定义判断素数的函数，如果m是素数返回1（真），否则返回0（假）
{
    int i;
    if(m==1) return 0;             //1不是素数，返回0
    for(i=2;i<=m/2;i++)
    if(m%i==0) return 0;           //如果m不是素数，返回0
    return 1;
}    //m是素数，返回1
```

说明： 在函数定义中，遇到 m 不是素数，函数立即返回，并回送结果 0。因此，当执行到最后一句时，m 一定是素数，故返回 1。

8.4 函数的嵌套调用

C++ 语言不允许函数嵌套的定义，即各函数之间是平行、相互独立的关系。但是 C++ 语言允许在一个函数的定义中出现对另一个函数的调用，这就是函数的嵌套调用，即在被调函数中又调用其他函数。函数嵌套调用情况如图 8-4 所示。

图 8-4 表示了两层嵌套的情形。其执行过程是：当执行到 main 函数中调用 a 函数的语句时，程序转去执行 a 函数，在 a 函数中调用 b 函数时，又转去执行 b 函数，b 函数执行完毕返回 a 函数的断点继续执行，a 函数执行完毕返回 main 函数的断点继续执行。

图 8-4　函数嵌套调用

【例 8-7】 计算 $1^2!+2^2!+3^2!$ 的和，用函数的嵌套调用来处理。

分析： 本题可编写两个函数，一个是用来计算平方值的函数 f1，另一个是用来计算阶乘值的函数 f2。主函数先调 f1 计算出平方值，再在 f1 中以平方值为实参，调用 f2 计算其阶乘值，然后返回 f1，再返回主函数，在循环程序中计算累加和。

```cpp
#include <iostream>
using namespace std;
long f1(int p)
{
```

```
    int k;
    long r;
    long f2(int);
    k=p*p;
    r=f2(k);
    return r;
}
long f2(int q)
{
    long c=1;
    int i;
    for(i=1;i<=q;i++)
    c=c*i;
    return c;
}
int main()
{
    int i;
    long s=0;
    for (i=1;i<=3;i++)
        s=s+f1(i);
    cout<<"1!+4!+9!="<<s<<endl;
    return 0;
}
```

运行结果如图 8-5 所示。

图 8-5　例 8-7 程序的运行结果

说明：在程序中，函数 f1 和 f2 都在主函数之前定义，故不用在主函数中对 f1 和 f2 加以声明。在主程序中，执行循环程序依次把 i 值作为实参并调用函数 f1 求 i^2 的值。在 f1 中又发生对函数 f2 的调用，即把 i^2 的值作为实参去调 f2，在 f2 中完成求 $i^2!$ 的计算。f2 执行完毕把 c 值（即 $i^2!$）返回给 f1，再由 f1 返回给主函数实现累加。该题由函数的嵌套调用实现了题目的要求。由于数值很大，所以函数和一些变量的类型都说明为长整型，否则会出现计算溢出错误。

8.5　函数的递归调用

　　一个函数在它的函数体内直接或间接地调用它自身称为函数的递归调用。能用递归方法实现的程序同样可以用其他的方法实现，如迭代法。

　　递归方法的基本原理是：将复杂问题逐步化简，最终转化为一个最简单的问题。如果这个最简单的问题解决了，则整个问题就解决了。从程序设计角度来说，递归过程必须解决两个问题：一是递归计算的公式，二是递归结束的条件。

　　下面分别用迭代法和递归方法求 $n!$。

　　【**例 8-8**】　计算 $n!$。

　　（1）用迭代法计算 $n!$

　　分析：由数学知识可知，正整数 n 的阶乘为：$n*(n-1)*(n-2)*\cdots*2*1$。

　　程序如下：

```
#include <iostream>
using namespace std;
int main()
{
    int n,i;
    long int p=1;
    cout<<"Enter a integrated number:";
    cin>>n;
    for(i=1;i<=n;i++)
        p=p*i;
    cout<<n<<"!=" <<p<<" \n";
    return 0;
}
```

（2）用递归方法计算 n!

由于 $n!=n*(n-1)!$，因此要求 n!，则应先求 $(n-1)!$，而 $(n-1)!=(n-1)*(n-2)!$，因此要求 $(n-2)!$，一直向后循环，直到求出 1!。因此可以将上述求各个数阶乘的过程定义为函数，参数为各个数字，求 n! 的过程中就可以自身调用，这种递推关系可用下述公式表示：

$n!=n*(n-1)!$，$n>1$ // 递归公式

$n!=1$，$n=0$，1   // 递归结束条件

用递归方法计算阶乘的程序如下：

```
#include <iostream>
using namespace std;
long ff(int n)
{
    long f;
    if(n<0)                 cout<<"n<0,input error"<<endl;
    else if(n==0||n==1)     f=1;
    else                    f=ff(n-1)*n;
    return(f);
}
int main()
{
    int n;
    long y;
    cout<<"Please input a integer number n: ";
    cin>>n;
    y=ff(n);
    cout<<n<<"!="<<y<<endl;
    return 0;
}
```

说明： 程序中给出的函数 ff 是一个递归函数。主函数调用 ff() 后即进入函数 ff 执行，当 n<0、n=0 或 n=1 时都结束函数的执行，否则就递归调用 ff 函数自身。由于每次递归调用的实参为 n-1，即把 n-1 的值赋予形参 n，最后当 n-1 的值为 1 时再作递归调用，形参 n 的值也为 1，将使递归终止。然后可逐层退回。

下面举例说明递归函数的执行过程：设执行本程序时的输入为 5，即求 5!。在主函数中的调用语句即为 y=ff(5)，进入 ff 函数后，由于 n=5，不等于 0 或 1，故应执行 f=ff(n-1)*n，即 f=ff(5-1)*5。该语句对 ff 作递归调用即 ff(4)。进行 4 次递归调用后，ff 函数形参取得的值变为 1，故不再继续递归调用而开始逐层返回主调函数。ff(1) 的函数返回值为 1，ff(2) 的返回值为 1*2=2，ff(3) 的返回值为 2*3=6，ff(4) 的返回值为 6*4=24，最后 ff(5) 的返回值为 24*5=120。

【**例** 8-9】 有 5 个学生坐在一起，问第 5 个学生多少岁，他说比第 4 个学生大两岁。问第 4 个学生的岁数，他说比第 3 个学生大两岁。问第 3 个学生，他说比第 2 个学生大两岁。问第 2 个学生，他说比第 1 个学生大两岁。最后问第 1 个学生，他说他是 10 岁。请问第 5 个学生多大？

分析：每个学生的年龄都比其前 1 个学生的年龄大两岁。即

age(5)=age(4)+2

age(4)=age(3)+2

age(3)=age(2)+2

age(2)=age(1)+2

age(1)=10

可以用式子表述如下：

age(n)=10，n=1

age(n)=age(n–1)+2，n>1

可以看到，当 n>1 时，求第 n 个学生的年龄的公式是相同的。因此可以用一个函数表示上述关系。图 8-6 表示求第 5 个学生年龄的过程。

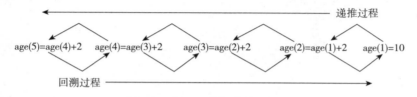

图 8-6   例 8-9 求年龄的过程图

由图 8-6 可知，求解可分成两个阶段：第 1 阶段是"回溯"，即将第 n 个学生的年龄表示为第 n–1 个学生年龄的函数，而第 n–1 个学生的年龄仍然不知道，还要"回溯"到第 n–2 个学生的年龄……直到第一个学生的年龄，此时 age(1)=10，不必再向前推了；然后开始第 2 阶段，采用递推方法，从第 1 个学生的年龄推算出第 2 个学生的年龄（12），从第 2 个学生的年龄推算出第 3 个学生的年龄（14）……直到推算出第 5 个学生的年龄（18）为止。即一个递归问题可以分为"回溯"和"递推"两个阶段。要经历若干步才能求出最后的值，即所求的递归过程不是无限制地进行下去，必须具有一个结束递归过程的条件。例如，本例中的 age(1)=10，就是使递归结束的条件。

由上面的分析可以写出下列程序，其中的 age 函数用来实现上述递归过程。

```cpp
#include <iostream>
using namespace std;
int age(int);                    //函数声明
int main( )                      //主函数
{   cout<<"age="<<age(5)<<endl;
    return 0;
}
int age(int n)                   //求年龄的递归函数
{   int c;                       //用c作为存放年龄的变量
    if(n==1)  c=10;              //当n=1时，年龄为10
    else c=age(n-1)+2;           //当n>1时，此人年龄是他前一个人的年龄加2
    return c;                    //将年龄值带回主函数
}
```

运行结果如图 8-7 所示。

图 8-7　例 8-9 程序的运行结果

*8.6　内联函数

调用函数需要一定的时间和空间的开销，也就是说，函数调用会带来额外的开销，降低
程序的执行速度。图 8-8 表示函数的调用过程。

如果一个函数非常短且在程序中需要频繁调用，那么多次函数
调用所带来额外的开销是非常大的。解决这个问题的方法就是使用
内联函数。

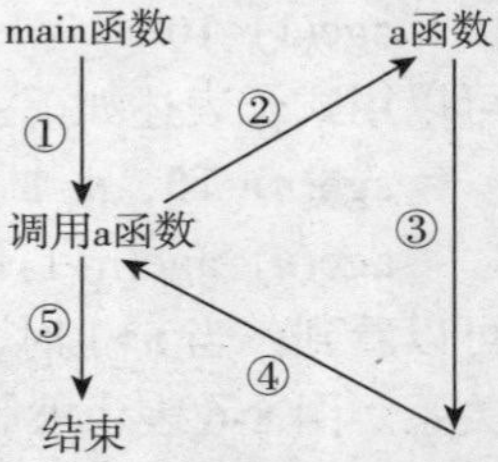

可以使用关键字 inline 把一些功能简单、规模较小并且需要频
繁调用的函数定义为内联函数。语法格式如下：

```
inline 返回值类型 函数名（形参列表）
{
    函数体；
}
```

例如：

```
inline int max(int a,int b,int c)      //定义max为内联函数
{   if(b>a) a=b;                        //求a、b、c中的最大者
    if(c>a) a=c;
    return a;
}
```

图 8-8　函数的调用过程

C++ 编译系统处理内联函数的方法是：在编译时将所调用函数的代码直接嵌入发生函数
调用的地方，以取代函数调用语句，而避免将流程转出带来的系统开销的增加，这种嵌入主
调函数中的函数称为内联函数 (inline function)，又称内嵌函数。

使用内联函数既可以节省运行时间，也可以避免函数调用时的额外开销，但却增加了目
标程序的长度。需要注意的是，不要把较长的函数、包含循环语句和 switch 语句的函数定
义为内联函数，这样的函数即使定义为内联函数，C++ 编译系统也不会把它们作为内联函数
来处理。

*8.7　函数的重载

所谓函数重载 (function overloading) 是指同一个函数名可以对应多个函数的实现。在一
个 C++ 程序中，如果有多个函数具有相同的函数名，这些函数可以完成不同的功能，并有
不同的参数个数或参数类型，这些函数就是重载函数。

函数重载要求 C++ 编译系统能够唯一地确定调用一个函数时应执行哪个函数代码，这
就要求从函数的参数个数和参数类型上来区分。也就是说，函数重载时，要求函数的参数个
数或参数类型不同。

【例 8-10】用重载函数求两个整数或实数中的最大值。

```
#include <iostream>
```

```
using namespace std;
int main( )
{
    int max(int a,int b);                //函数声明
    double max(double a,double b);       //函数声明
    int i1,i2,i;
    cout<<"Enter two int numbers:\n";
    cin>>i1>>i2;
    i=max(i1,i2);                        //int max()函数调用
    cout<< "i_max= "<<i<<endl;
    double d1,d2,d;
    cout<<"Enter two double numbers:\n";
    cin>>d1>>d2;
    d=max(d1,d2);                        //double max()函数调用
    cout<<"d_max="<<d<<endl;
    return 0;
}
int max(int a,int b)                     //定义求两个整数中的最大者的函数
{
    int c;
    if(a>b)
        c=a;
    else
        c=b;
    return  c;
}
double max(double a,double b)            //定义求两个双精度数中的最大者的函数
{
    double  c;
    if(a>b)
        c= a;
    else
        c=b;
    return  c;
}
```

运行结果如图 8-9 所示。

图 8-9   例 8-10 程序的运行结果

注意：

1）函数的重载只能以函数的参数个数或参数的数据类型不同为依据。

2）如果函数名相同，只有函数的类型不同，而参数的个数和参数的类型相同，不能认为是重载函数。例如：

```
int f(int);             //函数返回值为整型
long f(int);            //函数返回值为长整型
void f(int);            //函数无返回值
```

在函数调用时都是同一形式，如"f(10)"，编译系统无法判别应该调用哪一个函数。重载函数的参数个数、参数类型或参数顺序三者中必须至少有一种不同，函数返回值类型可以相同，也可以不同。

*8.8　函数模板

在 8.7 节，利用函数重载技术求两个整数或两个实数的最大值。仔细观察例 8-10 中这两个重载函数可以发现，函数中除了函数返回值、形参和变量的数据类型不同外，其他语句的内容完全相同。也就是说，这两个函数将相同的算法应用于不同的数据类型，在编程时，我们却不得不把每一个函数的实现都写一遍，这降低了编程的效率。那么能否用一个函数来取代这两个函数呢？ C++ 语言提供了函数模板技术来解决这个问题。

所谓函数模板，实际上是建立一个通用函数，其函数类型和形参类型不具体指定，用一个虚拟的类型来代表。这个通用函数就称为函数模板。凡是函数体相同的函数都可以用这个模板来代替，不必定义多个函数，只需在模板中定义一次即可。在调用函数时，系统会根据实参的类型来取代模板中的虚拟类型，从而实现了不同函数的功能。

定义函数模板的语法格式如下：

```
template <class T1,class T2,…,class Tn>
返回值类型  函数名(用模板参数取代具体类型的形参列表)
{
     用模板参数取代具体数据类型的函数体;
}
```

其中，template 和 class 是定义模板函数时必须使用的 C++ 关键字，class 也可以用关键字 typename 代替。template 后的尖括号称为模板参数列表，其中的 T1、T2、…、Tn 称为模板参数。函数的返回值类型、形参的数据类型和变量的数据类型可以是具体数据类型，也可以是模板参数类型。每一个模板参数在函数定义中应至少使用一次。

可以用下面的函数模板取代例 8-10 中的两个 max 函数。

```
template <typename T>         //模板声明，其中T为类型参数
T max(T a,T b)                //定义一个通用函数，用T作虚拟的类型名
{
    T c;
    if(a>b) c=a;
    else  c=b;
    return c;    }
```

在这个函数模板中，用模板参数 T 取代具体数据类型创建了一个通用的函数模板。一个函数模板可以代表多个函数，这就极大地增强了程序代码的重用性，提高了编程效率。

【例 8-11】　通过函数模板来实现例 8-10 的程序。

```
1    #include <iostream>
2    using namespace std;
3    template <typename T>          //模板声明，其中T为类型参数
4    T max(T a,T b)                 //定义一个通用函数，用T作虚拟的类型名
5    {
6    T c;
7    if(a>b) c=a;
8    else  c=b;
9    return c;
10   }
11   int main( )
12   {  int i1,i2,i;
13      cout<<"Enter two int numbers:\n";
14      cin>>i1>>i2;                        //输入两个整数
15      i=max(i1,i2);                       //求两个整数中的最大者
16      cout<< "i_max= "<<i<<endl;
17      double d1,d2,d;
```

```
18          cout<<"Enter two double numbers:\n";
19          cin>>d1>>d2;                               //输入两个双精度数
20          d=max(d1,d2);                              //求两个双精度数中的最大者
21          cout<<"d_max="<<d<<endl;
22          return 0;
23      }
```

运行结果与例 8-10 相同。

在建立函数模板时，只要将例 8-10 程序中定义的第一个函数首部的 int 改为 T 即可。即用虚拟的类型名 T 代替具体的数据类型。在对程序进行编译时，遇到第 15 行调用函数 max(i1,i2) 时，编译系统会将函数名 max 与模板 max 相匹配，用实参的类型取代函数模板中的虚拟类型 T。此时相当于已定义了一个函数：

```
int max(int a,int b)
{
    int c;
    if(a > b) c=a;
    else a=c;
    return a;
}
```

然后调用它。后面第 20 行的情况类似。

可以看到，用函数模板比函数重载更方便，其程序更简洁。但应注意它只适用于函数的参数个数相同而类型不同，且函数体相同的情况，如果参数的个数不同，则不能用函数模板。

*8.9 带默认参数的函数

在 C++ 语言中进行函数调用，除了允许函数重载，还允许实参和形参的个数不同。其办法是在形参列表中给一个或几个形参指定默认值，在函数调用过程中，如果没有给指定默认值的形参传值，函数会自动使用形参的默认值。要使用函数默认值参数，必须在定义函数时指定参数的初始值。

【例 8-12】 求 2 个或 3 个正整数的最大数，用带有默认参数的函数实现。

```
#include <iostream>
using namespace std;
int main( )
{
    unsigned int max(unsigned a, unsigned b, unsigned c=0);    //函数声明,形参c有默认值
    unsigned int a,b,c;
    cout<<"Enter unsigned a b c:\n";
    cin>>a>>b>>c;
    cout<<"max("<<a<<","<<b<<","<<c<<")="<<max(a,b,c)<<endl;
         //输出3个数中的最大者
    cout<<"max("<<a<<","<<b<<")="<<max(a,b)<<endl;            //输出两个数中的最大者
    return 0;
}
unsigned max(unsigned a,unsigned b,unsigned c)    //函数定义
{
    if(b>a)
        a=b;
    if(c>a)
        a=c;
    return a;
}
```

运行结果如图 8-10 所示。

图 8-10　例 8-12 程序的运行结果

说明：程序中设计的函数 max 既可以求两个正整数的最大值，也可以求 3 个正整数的最大值。定义函数 max() 时，给出了一个默认值 c=0，即 "unsigned int max(unsigned a, unsigned b, unsigned c=0);"。如果调用函数 max 时，调用函数给了 3 个实参 a、b、c，表示求 3 个正整数的最大值；如果调用函数 max 时，调用函数给了两个实参 a、b，实参和形参个数不一致，c 的值自动取默认值 0，表示求两个正整数的最大值。

注意：必须按照从右向左的顺序为函数的参数声明默认值，即在具有默认值的参数的右边不能有不带默认值的参数。这是因为 C++ 编译器在编译函数调用时，总是按从左向右的顺序匹配实参和形参。例如，下面的函数声明语句是错误的：

```
void f1(int a=1,int b);
void f2(int a=1,int b,int c=6);
```

当调用 f1 函数时：

```
f1(8);
```

编译系统先把实参 8 与最左边的形参 a 相匹配，然后发现没有实参可以和右边的形参 b 相匹配，所以会发生编译错误。

8.10　指针函数和函数指针

8.10.1　指针函数

当被调函数通过 return 语句返回的是一个地址或指针时，该函数被称为指针函数。

指针函数的定义形式为：

数据类型标识符　　*函数名(类型标识符　形参1，类型标识符　形参2，…)
{
　　　函数体；
}

【**例 8-13**】　指针函数例子分析。

程序如下：

```
#include <iostream>
using namespace std;
int main( )
{
    int *ff();      //指针函数的声明
    int *pt;
    pt=ff();
    cout<<"*pt="<<*pt<<endl;
    delete pt;
    return 0;
}
```

```
int *ff()
{
    int *p1=new int;
    *p1=10;
    cout<<"*p1="<<*p1<<endl;
    return p1;
}
```

运行结果如图 8-11 所示。

图 8-11　例 8-13 程序的运行结果

说明：本例中，函数 ff 采用 new 运算符动态创建了一个整型数据的地址，并将该指针作为函数的返回值赋给了 main 函数中的指针变量 pt，即指针变量 pt 和指针变量 p1 都指向同一个内存单元，所以 *p1 和 *pt 的值都是 10。

8.10.2　函数指针

指针不仅可以指向变量，还可以指向函数，指向函数的指针称为函数指针。

定义函数指针的形式为：

数据类型标识符 (*函数指针变量名)(形参列表);

其中，"数据类型标识符"代表指针所指向函数的返回值类型，"形参列表"是指针所指函数的形参列表。例如：

int (*f)(int,int);

该语句定义了一个函数指针 f，它可以指向有两个整型参数且返回值类型为整型的任意函数。

定义了函数指针后，就可以为它赋值，使它指向某个特定的函数。函数指针赋值的一般形式如下：

函数指针名=函数名;

因为函数名代表函数存储的首地址，即该函数第 1 条指令的存储地址，称其为函数的入口地址。

函数指针指向某个函数后，就可以像使用函数名一样使用函数指针来调用函数。

【例 8-14】　使用函数指针调用函数。

程序如下：

```
#include <iostream>
using namespace std;
int main( )
{
    int max(int,int);
    int (*p)(int ,int);             //定义一个指向整型函数的指针变量p
    int a,b,c;
    cout<<"Enter a  b:\n";
    cin>>a>>b;
    p=max;                          //函数指针变量p指向max()函数
    c=(*p)(a,b);                    //用函数指针变量p调用所指向的函数max()
```

```
    cout<<"a="<<a<<", b="<<b<<", max="<<c<<endl;
    return 0;
}
int max(int x,int y)
{
    if(x>y)
        return x;
    else
        return y;
}
```

运行结果如图 8-12 所示。

图 8-12   例 8-14 程序的运行结果

8.11   变量的作用域和存储类别

每一个变量都有其作用范围，称为变量的作用域。在作用域以外是不能访问这个变量的。C++ 语言中的变量按作用域范围可分为两种：局部变量和全局变量。

8.11.1   局部变量

局部变量也称为内部变量，是指在函数内定义的变量。在 C++ 语言中以下情况定义的变量均属于局部变量，其作用域各有不同。

1）在函数体内定义的变量，在本函数范围内有效，即其作用域只局限在本函数内。

2）在复合语句中定义的变量只在本复合语句范围内有效。

3）有参函数中的形式参数也是局部变量，只在其所在的函数范围内有效。

例如：

```
int f1(int a)           //函数 f1
{
    int b,c;
    ...
}           //在函数f1中，  a、b、c 均是局部变量，在本函数有效
int f2(int x)           //函数 f2
{
    int y,z;
    ...
}                       //在函数f2内变量x、y、z有效
int main()
{
    int m,n;
    ...
    { int  p,q;         //p、q在本复合语句中有效
      ...
    }
}                       //在主函数main内变量m、n有效
```

在函数 f1 内定义了 3 个变量，a 为形参，b、c 为一般变量。在 f1 的范围内 a、b、c 有效，或者说 a、b、c 变量的作用域限于 f1 函数内。同理，x、y、z 的作用域限于 f2 函数内。m、n 的作用域限于 main 函数内，p、q 在该复合语句中有效。

关于局部变量的作用域还要说明以下几点：

1）主函数中定义的变量也只能在主函数中使用，不能在其他函数中使用。同时，主函数也不能使用其他函数中定义的变量。主函数也是一个函数，它与其他函数是平行关系。

2）允许在不同的函数和不同的复合语句中使用相同的变量名。因为它们的作用域不同，所以代表不同的变量，运行时在内存中分配不同的存储单元，互不干扰。

3）局部变量所在的函数被调用或执行时，系统临时给相应的局部变量分配存储单元，一旦函数执行结束，则立即释放这些存储单元。

【例8-15】 函数中局部变量与复合语句内定义变量同名的实例。

```cpp
 1 #include <iostream>
 2 using namespace std;
 3 int main()
 4 {
       int i=2,j=3,k;
 5     k=i+j;
 6     {
           int k=8;
 7         cout<<"In the inner block,k="<<k<<endl;
 8     }
 9     cout<<"In the outer block,k="<<k<<endl;
10     return 0;
11 }
```

运行结果如图8-13所示。

图8-13　例8-15程序的运行结果

说明：本程序在main中定义了i、j、k这3个变量，其中k未赋初值。而在复合语句内又定义了一个变量k，并赋初值为8。应该注意这两个k不是同一个变量。在复合语句外，由main定义的k起作用；在复合语句内，则由在复合语句内定义的k起作用。因此程序中第5行的k为main所定义，其值应为5。第7行输出k值，该行在复合语句内，由复合语句内定义的k起作用，其初值为8，故输出值为8。而第9行已在复合语句之外，输出的k应为main所定义的k，故输出值为5。

【例8-16】 函数中同名的局部变量。

```cpp
#include <iostream>
using namespace std;
void sub1()
{
    int x,y;
    x=3;
    y=4;
    cout<<"sub1: x="<<x<<" ,y="<<y<<"\n";
}
int main()
{
    int x,y;
    x=8;
    y=9;
```

```
    cout<<"main: x="<<x<<"  ,y="<<y<<"\n";
    sub1();
    cout<<"main: x="<<x<<"  ,y="<<y<<"\n";
    return 0;
}
```

运行结果如图 8-14 所示。

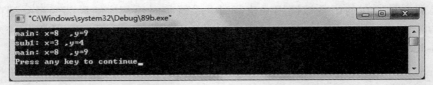

图 8-14　例 8-16 程序的运行结果

8.11.2　全局变量

全局变量也称为外部变量，它是在函数外部定义的变量。它不属于哪一个函数，而属于整个源程序文件。其作用域为从定义变量的位置开始到本源文件结束。例如：

```
int a,b;          //定义全局变量
void f1(int p)    //定义函数 f1
{
    int q,r;      //定义局部变量
    ...
}
float x,y;        //定义全局变量
int fz()          //函数 fz
{
    int i,j;
    ...
}
int main()        //主函数
{
    int m,n;
    ...
}
```

全局变量 a、b 的作用范围

全局变量 x、y 的作用范围

从上面可以看出，a、b、x、y 都是在函数外部定义的变量，都是全局变量。但 x、y 定义在函数 f1 之后，所以它们在 f1 内无效。a、b 定义在源程序的最前面，因此在 f1、f2 及 main 函数中都可使用它们。

【例 8-17】　输入正方体的长宽高 l、w、h，求体积及 3 个面 $x*y$、$x*z$、$y*z$ 的面积。

```
#include <iostream>
using namespace std;
int s1,s2,s3;          //定义全局变量，有效范围从定义位置开始，到本源文件的结束
int vs( int a,int b,int c )
{
    int v;
    v=a*b*c;
    s1=a*b;
    s2=b*c;
    s3=a*c;
    return v;
}
int main()
{
    int v,l,w,h;
```

```
cout<<"Please input length,width and height:";
cin>>l>>w>>h;
v=vs(l,w,h);
cout<<"v="<<v<<endl;
cout<<"s1="<<s1<<endl;
cout<<"s2="<<s2<<endl;
cout<<"s3="<<s3<<endl;
return 0;
}
```

运行结果如图 8-15 所示。

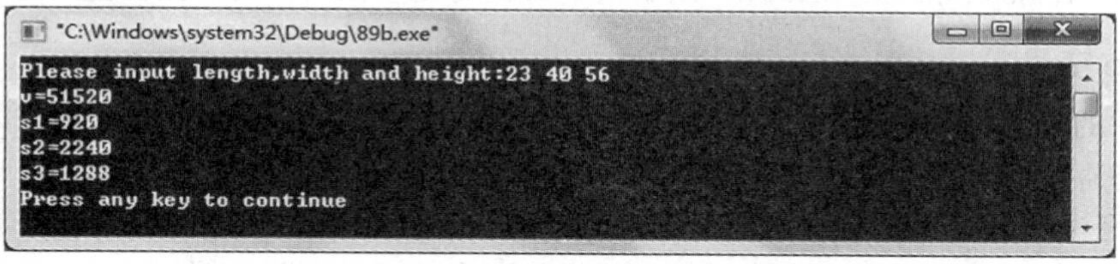

图 8-15   例 8-17 程序的运行结果

【例 8-18】 外部变量与局部变量同名。

```
#include <iostream>
using namespace std;
int x=6,y=2;              //x、y为外部变量
int max(int a,int b)      //a、b为局部变量
{
    int c;
    c=a>b?a:b;
    return(c);
}
int main()
{
    int x=4;
    cout<<"max="<<max(x,y)<<endl;
    return 0;
}
```

运行结果如图 8-16 所示。

图 8-16   例 8-18 程序的运行结果

由例 8-18 可以看出：如果在同一个源文件中，外部变量与局部变量同名，则在局部变量的作用范围内，外部变量被"屏蔽"，即它们不起作用。

8.11.3   变量的存储类别

从变量的作用域角度来分，可以把变量分为全局变量和局部变量；从变量值存在的时间角度来分，可以把变量分为静态存储方式和动态存储方式。

静态存储方式：是指在程序运行期间分配固定的存储空间的方式。

动态存储方式：是指在程序运行期间根据需要动态地分配存储空间的方式。

用户存储空间可以分为 3 个部分：程序区、静态存储区、动态存储区。

　　全局变量存放在静态存储区，在程序开始执行时给全局变量分配存储区，程序执行完毕就释放。在程序执行过程中它们占据固定的存储单元。

　　动态存储区存放的数据：函数形式参数、自动变量（未加 static 声明的局部变量）、函数调用时的现场保护和返回地址。

　　对动态存储区存放的数据，在函数开始调用时动态分配存储空间，函数结束时释放这些空间。

　　在 C++ 语言中，每个变量和函数有两个属性：数据类型和存储类别。存储类别包括 auto、static、register 和 extern 4 种，用于指定对应的变量在内存的存储位置及生存期。

1. auto 变量

　　函数中的局部变量如不专门声明为 static 存储类别，都是动态地分配存储空间的，数据存储在动态存储区中。函数中的形参和在函数中定义的变量（包括在复合语句中定义的变量），在调用该函数时系统会给它们分配存储空间，在函数调用结束时就自动释放这些存储空间。这类局部变量称为自动变量，自动变量用关键字 auto 声明。例如：

```
int f(int x)              //定义函数f，x为参数
{
    auto int y,z=1;       //定义自动变量y、z
    ...
}
```

　　上例中，x 是形参，y、z 是自动变量，对 z 赋初值 1。程序执行完 f 函数后，自动释放 x、y、z 所占的存储单元。关键字 auto 也可以省略，auto 不写则隐含定义为"自动存储类别"，属于动态存储方式。

　　【例 8-19】 自动变量的使用。

```
#include <iostream>
using namespace std;
int f(int a)
{
    auto int b=0;
    int    c=3;
    b=b+1;
    c=c+1;
    return (a+b+c);
}
int main()
{
    int a=2,i;
    for(i=0;i<3;i++)
        cout<<f(a)<<endl;
    return 0;
}
```

　　运行结果如图 8-17 所示。

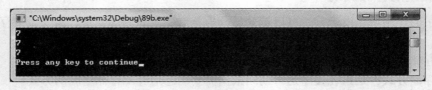

图 8-17　例 8-19 程序的运行结果

说明： 由于 b、c 都是自动变量，每次调用 f 函数时，都要重新分配内存空间，当函数终止时内存空间被释放。也就是说，不管调用 f 函数多少次，b 的初始值为 0，c 的初始值为 3，每一次 a+b+c 的值都是 7。

2. 用 static 声明局部变量

有时希望函数中的局部变量的值在函数调用结束后不消失，而保留原值，即占用的存储单元不释放，在下一次调用该函数时，该变量保留上一次函数调用结束时的值。这时就应该指定局部变量为"静态局部变量"，用关键字 static 声明。

【例 8-20】 静态局部变量举例。

```
include <iostream>
using namespace std;
int f(int a)
{
    auto int b=0;
    static int c=3;
    b=b+1;
    c=c+1;
    return (a+b+c);
}
int main()
{
    int a=2,i;
    for(i=0;i<3;i++)
        cout<<f(a)<<endl;
    return 0;
}
```

运行结果如图 8-18 所示。

图 8-18　例 8-20 程序的运行结果

说明： 在本例的 f 函数中，b 为自动变量，c 为静态局部变量。函数 f 首次被调用时，编译系统给 b 分配相应的内存单元并初始化为 0，而静态局部变量 c 在编译时赋初值 3；函数调用结束后，b 的内存单元被释放，而静态局部变量 c 的存储单元不释放，即值为 4。如果函数再次被调用，编译系统又要重新给 b 分配相应的内存单元并初始化为 0，而静态局部变量 c 则保留上次函数调用结束时的值。

对静态局部变量的说明：

1）静态局部变量属于静态存储类别，在静态存储区内分配存储单元，在程序整个运行期间都不释放；而自动变量（即动态局部变量）属于动态存储类别，占动态存储空间，函数调用结束后即释放。

2）静态局部变量在编译时赋初值，即只赋一次初值；而对自动变量赋初值是在函数调用时进行，每调用一次函数重新赋一次初值。

3）如果在定义局部变量时不赋初值，则对静态局部变量来说，编译时自动赋初值 0（对数值型变量）或空字符（对字符变量）；而对自动变量来说，如果不赋初值则它的值是一个不确定的值。

4）虽然静态局部变量在函数调用结束后仍然存在，但其他函数是不能引用它的，因为它的作用域是局部的。

【例 8-21】 打印 1 到 5 的阶乘。

分析：采用递推的方法，先求出 1!，再求 2!、3!、4!、5!。用 fac 函数求阶乘值，第一次调用 fac 函数求得 1!，保留这个值；在第二次调用 fac 函数时，在这个值的基础上乘以 2，得到 2!，函数调用结束后仍保留此值；在第三次调用 fac 函数时，在这个值的基础上乘以 3，得到 3!……以此类推。程序如下：

```cpp
#include <iostream>
using namespace std;
int fac(int n)
{
    static int f=1;
    f=f*n;
    return(f);
}
int main()
{
    int i;
    for(i=1;i<=5;i++)
        cout<<i<<"!="<<fac(i)<<endl;
    return 0;
}
```

运行结果如图 8-19 所示。

```
"C:\Windows\system32\Debug\89b.exe"
1!=1
2!=2
3!=6
4!=24
5!=120
Press any key to continue
```

图 8-19　例 8-21 程序的运行结果

3. register 变量

为了提高效率，C++ 语言允许将局部变量的值放在 CPU 的寄存器中，这种变量叫"寄存器变量"，用关键字 register 作声明。 程序中 register 变量不能太多，常将循环变量定义为 register 变量。

【例 8-22】 使用寄存器变量。

```cpp
#include <iostream>
using namespace std;
int fac(int n)
{
    register int i,f=1;
    for(i=1;i<=n;i++)
        f=f*i;
    return(f);
}
int main()
{
    int i;
    for(i=1;i<=5;i++)
        cout<<i<<"!="<<fac(i)<<endl;
    return 0;
}
```

运行结果和例 8-21 相同。

4. 用 extern 声明外部变量

外部变量（即全局变量）是在函数的外部定义的，它的作用域为从变量定义处开始，到本源程序文件的末尾。如果外部变量不在文件的开头定义，其有效的作用范围只限于定义位置到本源文件结束。如果在定义点之前的函数想使用该外部变量，则应该在使用之前用关键字 extern 对该变量作"外部变量声明"，表示该变量是一个已经定义的外部变量。有了此声明，就可以从"声明"处起，合法地使用该外部变量。

【例 8-23】 用 extern 声明外部变量，扩展程序文件中的作用域。

```cpp
#include <iostream>
using namespace std;
int max(int x,int y)
{
    int z;
    z=x>y?x:y;
    return(z);
}
int main()
{
    extern a,b;
    cout<<"max="<<max(a,b)<<endl;
}
int a=13,b=-8;
```

运行结果如图 8-20 所示。

图 8-20　例 8-23 程序的运行结果

说明：在本程序文件的最后 1 行定义了外部变量 a、b，但由于外部变量定义的位置在 main 函数之后，因此本来在 main 函数中不能引用 a、b。现在我们在 main 函数中用 extern 对 a 和 b 进行"外部变量声明"，就可以从"声明"处起，合法地使用该外部变量 a 和 b。

8.12　编译预处理

在前面各章中，已多次使用过以"#"开头的预处理命令，如包含命令 #include，宏定义命令 #define 等。在源程序中，这些命令都放在函数之外，而且一般都放在源文件的前面，它们称为预处理命令。在 C++ 编译系统对程序进行编译（词法扫描和语法分析、代码生产、优化等）之前，先对程序中这些特殊命令进行处理，处理完毕自动进入对源程序的编译，以得到目标代码。

C++ 语言提供了多种预处理命令，如宏定义、文件包含、条件编译等。合理地使用预处理命令编写程序，可以使其便于阅读、修改、移植和调试，也有利于模块化程序的设计。

8.12.1　宏定义

在 C++ 语言源程序中，允许用一个标识符来表示一个字符串，称为"宏定义"，标识符称为"宏名"。在编译预处理时，对程序中所有出现的"宏名"都用宏定义中的字符串去替换，称为"宏展开"。

宏定义是由源程序中的宏定义命令实现的。宏替换是由预处理程序自动完成的。在 C++ 语言中，"宏"分为有参宏和无参宏两种。

1. 无参宏定义

无参宏的宏名后不带参数。其定义的一般形式为：

```
#define 标识符 字符串
```

其中的 "#" 表示这是一条预处理命令，"define" 为宏定义命令，"标识符"为所定义的宏名，"字符串"可以是常数、表达式等。前面介绍过的符号常量的定义就是一种无参宏定义。此外，可以对程序中反复使用的表达式进行宏定义。例如：

```
#define N    (x*x+5*x)
```

它的作用是指定标识符 N 来代替表达式 (x*x+5*x)。在编写源程序时，所有的 (x*x+5*x) 都可由 N 代替，而对源程序作编译前，将先由预处理程序进行宏替换，即用 (x*x+5*x) 表达式去置换所有的宏名 N，然后再进行编译。

【例 8-24】 不带参数的宏定义。

```cpp
#include <iostream>
using namespace std;
#define N   (x*x+3*x)
int main()
{
    int s,x;
    cout<<"Please input a number:\n";
    cin>>x;
    s=3*N+4*N+5*N;
    cout<<"s="<<s<<endl;
    return 0;
}
```

运行结果如图 8-21 所示。

图 8-21　例 8-24 程序的运行结果

说明：上例程序首先进行宏定义，定义 N 来替代表达式 (x*x+3*x)，在 s=3*N+4*N+5*N 中作了宏使用。在预处理时，宏展开后该语句变为：

```
s=3*(x*x+3*x)+4*(x*x+3*x)+5*(x*x+3*x);
```

需要注意的是，在宏定义中表达式 (x*x+3*x) 两边的括号不能少，否则会导致程序运行结果错误。如当作以下定义后：

```
#difine N x*x+3*x
```

在宏展开时将得到下述语句：

```
s=3*x*x+3*x+4*x*x+3*x+5*x*x+3*x;
```

这相当于：

$$3x^2+3x+4x^2+3x+5x^2+3x;$$

显然与原题意要求不符，计算结果当然是错误的。因此在作宏定义时必须十分注意，应保证在宏置换之后结果正确。

对于宏定义还要说明以下几点：

1）宏定义用宏名来表示一个字符串，在宏展开时又以该字符串取代宏名，这只是一种简单的代换，字符串中可以含任何字符，可以是常量，也可以是表达式，预处理程序对它不作任何检查。如有错误，只能在编译已被宏展开后的源程序时发现。

2）宏定义不是说明或语句，在行末不必加分号，如加上分号则连分号也一起替换。

3）宏定义必须写在函数之外，其作用域为从宏定义命令起到源程序结束。

4）宏定义允许嵌套，在宏定义的字符串中可以使用已经定义的宏名。在宏展开时由预处理程序层层替换。例如：

```
#define PI 3.1415926
#define S PI*y*y          // PI 是已定义的宏名
```

对语句：

```
cout<<S;
```

在宏替换后变为：

```
cout<<3.1415926*y*y;
```

5）习惯上宏名用大写字母表示，以便与变量区别。

2. 带参宏定义

C++ 语言允许宏带有参数。在宏定义中的参数称为形式参数，在宏使用中的参数称为实际参数。对带参数的宏，在使用中，不仅要进行宏展开，而且要用实参去替换形参。带参宏定义的一般形式为：

```
#define   宏名(形参表)   字符串
```

带参宏使用的一般形式为：

```
宏名(实参表);
```

例如：

```
#define   M(y)    y*y+3*y    //宏定义
...
k=M(5);                      //宏使用
...
```

在宏使用时，用实参 5 去代替形参 y，经预处理宏展开后的语句为：

```
k=5*5+3*5
```

【例 8-25】 带参宏的定义和使用。

```
1   #include <iostream>
2   using namespace std;
3   #define   MAX(a,b)   (a>b)?a:b
4   int main()
5   {   int x,y,max;
6     cout<<"Please input two numbers: \n";
7     cin>>x>>y;
8     max=MAX(x,y);
```

```
9     cout<<"max="<<max<<endl;
10    return 0;
11    }
```

运行结果如图 8-22 所示。

图 8-22   例 8-25 程序的运行结果

说明： 上例程序的第 3 行为带参宏定义，用宏名 MAX 表示条件表达式 (a>b)?a:b，形参 a、b 均出现在条件表达式中。程序第 8 行 " max=MAX(x,y);" 为宏使用，实参 x、y 将替换形参 a、b。宏展开后该语句为 "max=(x>y)?x:y;"，用于计算 x、y 中的较大数。

对于带参的宏定义有以下问题需要说明：

1）带参宏定义中，宏名和形参表之间不能有空格出现。例如把：

```
#define MAX(a,b) (a>b)?a:b
```

写为：

```
#define MAX   (a,b)  (a>b)?a:b
```

将被认为是无参宏定义，宏名 MAX 代表字符串 "(a,b) (a>b)?a:b"。宏展开时，宏使用语句：

```
max=MAX(x,y);
```

将变为：

```
max=(a,b) (a>b)?a:b(x,y);
```

这显然是错误的。

2）在带参宏定义中，形式参数不分配内存单元，因此不必作类型定义。而宏使用中的实参有具体的值，要用它们去替换形参，因此必须作类型说明。这与函数中的情况是不同的。在函数中，形参和实参是两个不同的量，各有自己的作用域，调用时要把实参值传送给形参，进行 "值传递"。而在带参宏中，只是符号替换，不存在值传递的问题。

3）宏定义中的形参是标识符，而宏使用中的实参可以是表达式。

【例 8-26】 宏调用中的实参为表达式。

```
1     #include <iostream>
2     using namespace std;
3     #define SS(x) (x)*(x)
4     int main()
5     {   int a,ss;
6         cout<<"Please input a number: \n";
7         cin>>a;
8         ss=SS(a+1);
9         cout<<"ss="<<ss<<endl;
10        return 0;
11    }
```

运行结果如图 8-23 所示。

上例中第 3 行为宏定义，形参为 x。在程序第 8 行的宏使用中实参为 a+1，是一个表达式，在宏展开时，用 a+1 代换 x，再用 (x)*(x) 代换 SS，得到如下语句：

图 8-23   例 8-26 程序的运行结果

```
ss=(a+1)*(a+1);
```

这与函数的调用是不同的，函数调用时要把实参表达式的值求出来再传送给形参。而宏替换中对实参表达式不作计算直接照原样替换。

4）在宏定义中，字符串内的形参通常要用括号括起来以避免出错。在上例中的宏定义中 (x)*(x) 表达式的 x 都用括号括起来，因此结果是正确的。如果去掉括号，分析例 8-27 程序的运行结果。

【例 8-27】 改写例 8-26，宏定义参数不带括号。

```cpp
#include <iostream>
using namespace std;
#define SS(x) x*x
int main()
{
    int a,ss;
    cout<<"Please input a number: \n";
    cin>>a;
    ss=SS(a+1);
    cout<<"ss="<<ss<<endl;
    return 0;
}
```

运行结果如图 8-24 所示。

图 8-24   例 8-27 程序的运行结果

说明：同样输入 6，但结果是不一样的。问题出在哪里呢？这是由于宏展开只作符号替换，而不作其他处理造成的。宏展开后将得到以下语句：

```
ss=a+1*a+1;
```

由于 a 为 6，故 ss 的值为 13。这显然与题意相违，因此参数两边的括号是不能少的。

5）带参的宏和带参函数很相似，但有本质上的不同，把同一表达式作为函数参数与用带参宏处理，两者的结果有可能是不同的。

【例 8-28】 函数的定义和调用。

```cpp
#include <iostream>
using namespace std;
int main()
{
    int SS(int y);
    int i=1;
    while(i<=5)
```

```
        cout<<SS(i++)<<endl;
        return 0;
}
int SS(int y)
{
        return((y)*(y));
}
```

运行结果如图 8-25 所示。

图 8-25　例 8-28 程序的运行结果

【例 8-29】　带参宏的定义和使用。

```
#include <iostream>
using namespace std;
#define SS(y) ((y)*(y))
int main()
{
        int i=1;
        while(i<=5)
                cout<<SS(i++)<<endl;
        return 0;
}
```

运行结果如图 8-26 所示。

图 8-26　例 8-29 程序的运行结果

　　说明： 在例 8-28 中函数名为 SS，形参为 y，函数体表达式为 ((y)*(y))。在例 8-29 中，宏名为 SS，形参也为 y，字符串表达式为 ((y)*(y))。例 8-28 的函数调用为 SS(i++)，例 8-29 的宏使用为 SS(i++)，实参也是相同的。从输出结果来看，却大不相同。分析如下。

　　在例 8-28 中，函数调用是把实参 i 值传给形参 y 后自增 1，然后输出函数值。因而要循环 5 次，输出 1～5 的平方值。而在例 8-29 中宏使用时，只作代换。SS(i++) 被代换为 ((i++)*(i++))。在第一次循环时，由于 i 等于 1，其计算过程为：先计算 1*1=1，再计算两次 i++，i 的值变为 3。在第二次循环时，i 的初值为 3，先计算 3*3=9，然后再计算两次 i++，i 的值变为 5。在第三次循环时 i 值已有初值 5，先计算 5*5=25，然后再计算两次 i++，i 的值变为 7。不再满足循环条件，停止循环。

　　从以上分析可以看出，函数调用和宏调用两者在形式上相似，在本质上是完全不同的。

8.12.2　文件包含

　　文件包含是 C++ 预处理的另一个重要功能。文件包含命令的一般形式为：

```
#include"文件名"
```

或

```
#include<文件名>
```

前面的程序中已多次使用此命令包含过库函数的头文件。例如：

```
#include <iostream>
#include <cmath>
```

文件包含命令的功能是用指定的文件取代该命令行，从而把指定的文件和当前的源程序文件连成一个源文件。在程序设计中，文件包含是很有用的。一个大的程序可以分为多个模块，由多个程序员分别编写，有些公用的符号常量或宏定义等可单独组成一个文件，在其他文件的开头用文件包含命令包含该文件即可使用。这样可避免在每个文件开头都去书写那些公用量，从而节省时间，并减少出错。

对文件包含命令还要说明以下几点：

1）包含命令中的文件名可以用双引号括起来，也可以用尖括号括起来。例如以下写法都是允许的：

```
#include "iostream"
#include <iostream>
```

但这两种形式是有区别的：使用尖括号表示在包含文件目录中去查找（包含目录是由用户在设置环境时设置的），而不在源文件目录中去查找；使用双引号则表示首先在当前的源文件目录中查找，若未找到才到包含目录中去查找。用户编程时可根据自己文件所在的目录来选择某一种命令形式。

2）一个 include 命令只能指定一个被包含文件，若有多个文件要包含，则需用多个 include 命令。

3）文件包含允许嵌套，即在一个被包含的文件中又可以包含另一个文件。

4）被包含文件应是源文件，而不是目标文件。

5）当被包含文件中的内容被修改后，包含该文件的所有原文件都要重新进行编译处理。

8.12.3 条件编译

预处理程序提供了条件编译的功能。可以按不同的条件去编译不同的程序部分，因而产生不同的目标代码文件。这对于程序的移植和调试是很有用的。条件编译有 3 种形式。

1）第一种形式：

```
#ifdef    标识符
     程序段1
#else
     程序段2
#endif
```

它的功能是，如果标识符已被 #define 命令定义过，则对程序段 1 进行编译；否则，对程序段 2 进行编译。如果没有程序段 2（它为空），可以写成如下形式：

```
#ifdef    标识符
     程序段
#endif
```

2）第二种形式：

```
#ifndef 标识符
    程序段 1
 #else
    程序段2
#endif
```

与第一种形式的区别是将"ifdef"改为"ifndef"。它的功能是，如果标识符未被 #define 命令定义过，则对程序段 1 进行编译；否则对程序段 2 进行编译。这与第一种形式的功能正相反。

3）第三种形式：

```
#if 常量表达式
    程序段 1
#else
    程序段2
#endif
```

它的功能是，如果常量表达式的值为真（非 0），则对程序段 1 进行编译；否则，对程序段 2 进行编译。因此可以使程序在不同条件下完成不同的功能。

【例 8-30】 条件编译的应用。

```cpp
#include <iostream>
using namespace std;
#define R 1
int main()
{
    float c,r,s;
    cout<<"Please input a number: \n";
    cin>>c;
    #if R
        r=3.14159*c*c;
        cout<<"Area of round is: "<<r<<endl;
    #else
        s=c*c;
        cout<<"Area of square is: "<<s<<endl;
    #endif
    return 0;
}
```

运行结果如图 8-27 所示。

图 8-27 例 8-30 程序的运行结果

说明： 本例采用了第三种形式的条件编译。在程序第 3 行的宏定义中，定义 R 为 1，因此在进行条件编译时，常量表达式的值为真，即计算并输出圆面积。

上面介绍的条件编译当然也可以用条件语句来实现，但是用条件语句将会对整个源程序进行编译，生成的目标代码程序很长；而采用条件编译，则根据条件只编译其中的程序段 1 或程序段 2，生成的目标程序较短。如果条件选择的程序段很长，采用条件编译的方法是十分必要的。

习题

一、选择题

1. 以下说法正确的是（　　　）。

  A. 定义函数时，形参的类型说明可以放在函数体内

  B. return 后边的值不能为表达式

  C. 如果函数值的类型与返回值类型不一致，以函数值类型为准

  D. 如果形参与实参类型不一致，以实参类型为准

2. 下列叙述中正确的是（　　　）。

  A. C++ 语言编译时不检查语法   B. C++ 语言的子程序有过程和函数两种

  C. C++ 语言的函数可以嵌套定义   D. C++ 语言的函数可以嵌套调用

3. 以下对 C++ 语言函数的有关描述中，正确的是（　　　）。

  A. 在 C++ 语言中调用函数时，只能把实参的值传给形参，形参的值不能传送给实参

  B. C++ 函数既可以嵌套定义，又可以递归调用

  C. 函数必须有返回值，否则不能使用函数

  D. 函数必须有返回值，返回值类型不定

4. 有如下函数定义：

```
void func (int a,int &b) {a++; b++;}
```

  若执行代码段：

```
int x=0 ,y=1;
func (x,y);
```

  则变量 x 和 y 值分别是（　　　）。

  A. 0 和 1   B.1 和 1   C.0 和 2   D.1 和 2

5. 已知函数 f 的原型是"void f(int *a, long &b);"，变量 v1、v2 的定义是"int v1;long v2;"，正确的调用语句是（　　　）。

  A. f(v1, &v2);   B. f(v1, v2);   C. f(&v1, v2);   D. f(&v1, &v2);

6. 以下说法正确的是（　　　）。

  A. 用户若需调用标准库函数，调用前必须重新定义

  B. 用户可以重新定义标准库函数，若如此，该函数将失去原有含义

  C. 系统根本不允许用户重新定义标准库函数

  D. 用户若需 + 调用标准库函数，调用前不必使用预编译命令将该函数所在文件包括到用户源文件中，系统会自动调用

7. 下列函数的运行结果是（　　　）。

```
#include <iostream>
using namespace std;
int main()
{   int f(int a,int b);
    int i=2,p;
    int j,k;
    j=i;
    k=++i;
    p=f(j,k);
    cout<<p;
    return 0;
}
int f(int a,int b)
```

```
{    int c;
     if(a>b) c=1;
     else if(a==b) c=0;
     else c=-1;
     return(c);
}
```

    A. -1   B. -2   C. 1   D. 3

8. 以下正确的函数头定义形式是（　　）。

    A. double fun(int x,int y)   B. double fun(int x;int y)

    C. double fun(int x,int y);   D. double fun(int x,y);

9. 以下程序有语法错误，有关错误原因的正确说法是（　　）。

```
#include <iostream>
using namespace std;
int main()
{    int G=5,k;
     void prt_char();
     ...
     k=prt_char(G);
     ...
     return 0;
}
```

    A. 语句"void prt_char();"有错，它是函数调用语句，不能用 void 说明

    B. 变量名不能使用大写字母

    C. 函数说明和函数调用语句之间有矛盾

    D. 函数名不能使用下画线

10. 有如下程序：

```
#include <iostream>
using namespace std;
int func(int a,int b)
     {  return(a+b); }
int main()
{    int x=2,y=5,z=8,r;
     r=func(func(x,y),z);
     cout<< r<<"\n";
     return 0;
}
```

    该程序的输出结果是（　　）。

    A. 12   B. 13   C. 14   D. 15

11. 下面函数调用语句含有实参的个数为（　　）。

```
func((exp1,exp2),(exp3,exp4,exp5));
```

    A. 1   B. 2   C. 4   D. 5

12. 下面程序应能对两个整型变量的值进行交换，以下正确的说法是（　　）。

```
#include <iostream>
using namespace std;
int main()
{ int a=10,b=20;
cout<<"(1)a="<<a<<",b="<<b<<"\n";
void swap(int p,int q);
swap(&a,&b);
cout<<"(2)a="<<a<<",b="<<b<<"\n";
```

```
    return 0 ;
    }
    void swap(int p,int q)
    {   int t;
        t=p;p=q;q=t;
    }
```

A. 该程序完全正确

B. 该程序有错，只要将语句"swap（&a,&b）;"中的参数改为 a、b 即可

C. 该程序有错，将 swap() 函数中的形参 p、q 和 t 均定义为指针（执行语句不变）即可

D. 以上说法都不对

*13. 下面判断是否构成重载函数的条件中，错误的判断条件是（   ）。

   A. 参数类型不同   B. 参数个数不同   C. 参数顺序不同   D. 函数返回值不同

14. 有以下程序：

```
    void fun(int a,int b,int c)
    { a=456,b=567,c=678; }
    #include <iostream>
    using namespace std;
    int main()
    {   int x=10,y=20,z=30;
        fun(x,y,z);
        cout<< x <"<,"<<y<<","<<z<<"\n";
    }
```

输出结果是（   ）。

   A. 30, 20, 10   B. 10, 20, 30   C. 456, 567, 678   D. 678, 567, 456

15. 在下列所示的 C++ 原型函数中，按"传值"方式传递参数的是（   ）。

   A. void f1(int x);   B. void f2(int*x);

   C. void f3(const int*x);   D. void f4(int&x);

16. 有以下程序：

```
    void    fun(int x,int y,int z)
    { z=x*y; }
    #include <iostream>
    using namespace std;
    int main()
    {   int a=4,b=2,c=6;
        fun(a,b,c);
        cout<<c;
        return 0;
    }
```

程序运行后的输出结果是（   ）。

   A. 16   B. 6   C. 8   D. 12

17. 在调用函数时，如果实参是简单的变量，它与对应形参之间的数据传递方式是（   ）。

   A. 地址传递   B. 单向值传递

   C. 由实参传形参，再由形参传实参   D. 传递方式由用户指定

18. 有以下程序：

```
    int f(int n)
    {   if(n==1)  return 1;
        else return  f(n-1)+1;
        }
    #include <iostream>
    using namespace std ;
```

```
int main()
{   int i,j=0;
    for(i=1;i<3;i++)  j+=f(i);
    cout<< j <<"\n";
    return 0;
    }
```

程序运行后的输出结果是（   ）。

A. 4   B. 3   C. 2   D. 1

19. 若有以下程序：

```
#include<iostream>
using namespace std;
void f(int n);
int main()
{ void f(int n);
f(5);
return 0;
}
void f(int n)
{ cout<< n<< "\n"; }
```

则以下叙述中不正确的是（   ）。

A. 若只在主函数中对函数 f 进行说明，则只能在主函数中正确调用函数 f

B. 若在主函数前对函数 f 进行说明，则在主函数和其后的其他函数中都可以正确调用函数 f

C. 对于以上程序，编译时系统会提示出错信息，提示对 f 函数进行重复说明

D. 函数 f 无返回值，所以可用 void 将其类型定义为无返回值型

20. 有如下程序：

```
long fib(int n)
{
    if(n>2) return(fib(n-1)+fib(n-2));
    else return(2);
    }
#include <iostream>
using namespace std;
int main()
{ cout<< fib(3)<<"\n";
    return 0;
}
```

该程序的输出结果是（   ）。

A. 2   B. 4   C. 6   D. 8

21. 以下程序的输出结果是（   ）。

```
long fun( int n)
{   long s;
    if(n==1||n==2) s=2;
    else  s=n-fun(n-1);
    return s;
    }
#include <iostream>
using namespace std;
int  main()
{ cout<< fun(3)<<"\n";
    return 0;
}
```

A. 1   B. 2   C.3   D.4

22. 在 C++ 语言中，函数的形式参数是（　　　）。

　　A. 局部变量　　　　　　　B. 全局变量　　　　　　C. 静态变量　　　　　D. 外部变量

23. 如果要一个变量在整个程序运行期间都存在，但是仅在说明它的函数内可见，则这个变量的存储类型应该被说明为（　　　）。

　　A. 静态变量　　　　　　　B. 自动变量　　　　　　C. 外部变量　　　　　D. 寄存器变量

*24. 设有函数原型 " void tt(int a, int b=7, char c= '# ');"，下面的函数调用中，属于不合法调用的是（　　　）。

　　A. tt(5);　　　　　　　B. tt(5,8);　　　　　　C. tt(6, "* ")　　　　D. tt(0,0, '# ');

*25. 下面有关重载函数的说法中，正确的是（　　　）。

　　A. 重载函数名可以不同　　　　　　　　　　B. 重载函数必须有不同的形参列表

　　C. 重载函数形参个数必须不同　　　　　　　D. 重载函数必须具有不同的返回值类型

*26. 下列关于 C++ 函数的说明中，叙述正确的是（　　　）。

　　A. 内置函数在调用时发生控制转移

　　B. 内置函数使用关键字 inline 来定义

　　C. 内置函数就是定义在另一个函数体内部的函数

　　D. 编译器会根据内置函数的返回值类型来区分内置函数的不同重载形式

27. 在以下叙述中不正确的是（　　　）。

　　A. 在不同的函数中可以使用相同名字的变量

　　B. 函数中的形参是局部变量

　　C. 在一个函数内定义的变量只在本函数范围内有效

　　D. 在一个函数内的复合语句中定义的变量在本函数范围内有效

28. 以下叙述中正确的是（　　　）。

　　A. 局部变量说明为 static 存储类，其生存期将得到延长

　　B. 全局变量说明为 static 存储类，其作用域将被扩大

　　C. 任何存储类的变量在未赋初值时，其值都是不确定的

　　D. 形参可以使用的存储类说明符与局部变量完全相同

29. 以下叙述中正确的是（　　　）。

　　A. 函数的形参属于全局变量

　　B. 全局变量的作用域一定比局部变量的作用域范围大

　　C. 静态类别变量的生存期贯穿于整个程序的运行期间

　　D. 未在定义语句中赋初值的 auto 变量和 static 变量的初值都是随机值

30. 设宏定义 "#define P(x) x/x"，则执行语句 "cout<<P(4+6)<<endl;" 后的输出结果是（　　　）。

　　A. 1　　　　　　　B. 8.5　　　　　　　C. 11　　　　　　　D. 11.5

31. 下列程序执行后的输出结果是（　　　）。

```
#include <iostream>
using namespace std;
inline int mm(int a)
{   return a*(a-1);    }
int main( )
{   int a=1,b=2;
    cout<<mm(1+a+b)<<endl;
    return 0;
}
```

　　A. 6　　　　　　　B. 8　　　　　　　C. 10　　　　　D. 12

32. 下列程序执行后的输出结果是（　　　）。

```
#include <iostream>
using namespace std;
int fun(int a,int b);
int main( )
{ int a=4,b=5,c=6,x;
    char d='3';
    x=fun(fun(a,b),fun(c,d));
    cout<<x<<endl;
    return 0;
}
int fun(int a,int b)
{ if(a<b) return a;
    return b;
}
```

A. 3   B. 4   C. 6   D. 6

33. 在 C++ 语言中，变量的隐含存储类别是（   ）。

A. auto   B. static   C. extern   D. 无存储类别

*34. 已知程序中已经定义了函数 test，其原型是"int test(int, int, int);"，则下列重载形式中正确的是（   ）。

A. char test(int,int,int);

B. double test(int,int,double);

C. int test(int,int,int=0);

D. float test(int,int,float=3.5F);

35. 以下程序的输出结果是（   ）。

```
#include <iostream>
using namespace std;
int main()
{   int x=1,y=3;
    cout<< x++<<",";
    {   int x=0;
        x+=y*2;
        cout<< x<<"," << y<<", ";
    }
cout<< x<<"," << y<<"\n ";
return 0;
}
```

A. 1,6,3,1,3   B. 1,6,3,6,3

C. 1,6,3,2,3   D. 1,7,3,2,3

36. 以下程序的输出结果是（   ）。

```
int f()
{ static int i=0;
  int s=1;
  s+=i;
  i++;
  return s;
}
#include <iostream>
using namespace std;
int main()
{ int i,a=0;
    for(i=0;i<5;i++) a+=f();
    cout<< a<<"\n";
    return 0;
}
```

A. 20   B. 24   C. 25   D. 15

37. 以下叙述中不正确的是（   ）。

     A. 预处理命令行都必须以"#"开始

     B. 在程序中凡是以"#"开始的语句行都是预处理命令行

     C. 宏替换不占用运行时间，只占编译时间

     D. 这个定义是正确的：#define PI 3.1415926;

38. 有以下程序：

```
#define F(X,Y)  (X++)*(Y++)
#include <iostream>
using namespace std;
int main()
{ int a=3, b=4;
   cout<< F(a,b)<<"\n";
   return 0;
}
```

     程序运行后的输出结果是（   ）。

     A. 12   B. 15   C. 16   D. 20

39. 有如下程序：

```
#define    N       2
#define    M       N+1
#define    NUM    2*M+1
#include <iostream>
using namespace std;
int main()
{ int i;
  for(i=1;i<=NUM;i++) cout<< i<<"\n";
  return 0;
}
```

     该程序中的 for 循环执行的次数是（   ）。

     A. 5   B. 6   C. 7   D. 8

40. 设"int(*p)(int a);"，p 的含义为（   ）。

     A. 指向一维数组的指针变量   B. 指向二维数组的指针变量

     C. 指向一个整型变量的指针变量   D. 指向整型函数的指针变量

41. 在说明语句"int *f();"中，标识符 f 代表的是（   ）。

     A. 一个用于指向函数的指针变量   B. 一个返回值为指针型的函数名

     C. 一个用于指向一维数组的行指针   D. 一个用于指向整型数据的指针变量

42. 已知函数 f() 的原型是"void f(int *a, long &b);"，变量 v1、v2 的定义是"int v1;long v2;"，正确的调用语句是（   ）。

     A. f(v1, &v2);   B. f(v1, v2);   C. f(&v1, v2);   D. f(&v1, &v2);

43. 必须用一对大括号括起来的程序段是（   ）。

     A. switch 语句中的 case 标号语句   B. if 语句的分支

     C. 循环语句的循环体   D. 函数的函数体

*44. 若已经声明了函数原型"void fun(int a, double b=0.0);"，则下列重载函数声明中正确的是（   ）。

     A. void fun(int a=90, double b=0.0);   B. int fun(int a, double b);

     C. void fun(double a, int b);   D. bool fun(int a, double b = 0.0);

45. 已知函数 FA 调用函数 FB，若要把这两个函数定义在同一个文件中，则（   ）。

     A. FA 必须定义在 FB 之前

B. FB 必须定义在 FA 之前

C. 若 FA 定义在 FB 之后, 则 FA 的原型必须出现在 FB 的定义之前

D. 若 FB 定义在 FA 之后, 则 FB 的原型必须出现在 FA 的定义之前

46. 下列关于函数参数的叙述中, 正确的是 (　　　)。

A. 在函数原型中不必声明形参类型

B. 函数的实参和形参共享内存空间

C. 函数形参的生存期与整个程序的运行期相同

D. 函数的形参在函数被调用时获得初始值

47. 下列关于 C++ 函数的说明中, 正确的是 (　　　)。

A. 内联函数就是定义在另一个函数体内部的函数

B. 函数体的最后一条语句必须是 return 语句

C. 标准 C++ 要求在调用一个函数之前, 必须先声明其原型

D. 编译器会根据函数的返回值类型和参数表来区分函数的不同重载形式

48. 设函数中有整型变量 n, 为保证其在未赋初值的情况下初值为 0, 应选择的存储类别是 (　　　)。

A. auto　　　　　　　B. register　　　　　　C. static　　　　　　　D. auto 或 register

*49. 下面说法正确的是 (　　　)。

A. 内联函数在运行时将该函数的目标代码插入每个调用该函数的地方

B. 内联函数在编译时将该函数的目标代码插入每个调用该函数的地方

C. 类的内联函数必须在类体内定义

D. 类的内联函数必须在类体外通过加关键字 inline 定义

*50. 有如下函数模板:

```
Template <class T>
T souare (T x)
{
return x*x ;
}
```

其中 T 是 (　　　)。

A. 类型参数　　　　　B. 函数实参　　　　　C. 模板形参　　　　　D. 模板实参

二、填空题

1. 已知一个函数的原型是:

```
int fn (double x);
```

若要以 5.27 为实参调用该函数, 应使用表达式_____。

2. 以下程序的运行结果是 _____。

```
long fib(int g)
{   switch (g)
    { case 0:return 0;
    case 1: case 2: return 1;
    }
return(fib(g-1)+fib(g-2));
}
#include <iostream>
using namespace std;
int main()
{   long   k;
    k=fib(5);
    cout<< "k="<<k<<"\n";
    return 0;
}
```

3. 函数 fun 的功能是：根据以下公式求 p 的值，结果由函数值返回。m 与 n 为两个正数且要求 $m>n$。

$$P = \frac{m!}{n!(m-n)!}$$

例如，$m=12$，$n=8$ 时，运行结果应该是 495.000000。请在题目的空白处填写适当的程序语句，将该程序补充完整。

```
#include <iostream>
using namespace std;
float fun (int m, int n)
{   int i;
double p=1.0;
for(i=1;i<=m;i++)_____;
for(i=1;i<=n;i++)_____ ;
for(i=1;i<=m-n;i++)  p=p/i;
return p;
}
int main()
{   cout<<"p="<< fun(12,8)<< "\n";
    return 0;
}
```

4. 写出下列程序的运行结果_____。

```
#include <iostream>
using namespace std;
int fun(int x)
{
if(x <= 0)
{
return 0;
}
else
return x * x + fun(x - 1);
}
int main( )
{
int x = fun(3);
cout << x << endl;
return 0;
}
```

5. 以下程序的输出结果是_____。

```
unsigned fun6(unsigned num)
{   unsigned k=1;
    do
    {   k *=num%10;
        num/=10;
        } while(num);
        return k;
}
#include <iostream>
using namespace std;
int main()
{ unsigned n=26;
  cout<< fun6(n)<<"\n";
  return 0;
}
```

6. 以下程序的输出结果是_____。

```
void fun(int x,int y,int z)
{   z =x*x+y*y; }
#include <iostream>
using namespace std;
int main()
{   int a=31;
    fun(6,3,a);
    cout<<a;
    return 0;
}
```

7. 下面是用来计算 n 的阶乘的递归函数，请将该函数的定义补充完整。（注：阶乘的定义是 $n!=n*(n-1)*\cdots*2*1$。）

```
unsigned fact(unsigned n)
{
    if ( n<= 1)
        return 1;
    return_____;
}
```

*8. 下列程序的输出结果是_____。

```
#include <iostream>
using namespace std;
template <typename T>
T fun(T a, T b) { return (a<=b)?a:b;}
int main()
{
    cout << fun(3, 6) << ',' << fun (3.14F, 6.28F) << endl;
    return 0;
}
```

9. 写出下面程序的运行结果_____。

```
#include <iostream>
using namespace std;
int fun(int n)
{
static int m=2;
m=m+n;
return m;
}
int main( )
{
int a=3,b=4;
int x;
x=fun(a);
x=fun(b);
cout<<x<<endl;
return 0;
}
```

10. 以下程序的输出结果为_____。

```
#define JFT(x)  x*x
#include <iostream>
using namespace std;
int main()
{   int a, k=3;
    a=++JFT(k+1);
    cout<<a;
```

```
   return 0;
    }
```

11. 以下程序的输出结果是_____。

```
#define N 10
#define s(x)   x*x
#define f(x)   (x*x)
#include <iostream>
using namespace std;
int main()
{   int i1,i2;
    i1=1000/s(N); i2=1000/f(N);
    cout<< i1<<" "<<i2<<"\n";
    return 0;
}
```

12. 以下程序的输出结果是_____。

```
#define MAX(x,y)   (x)>(y)?(x):(y)
#include <iostream>
using namespace std;
int main()
{    int a=5,b=2,c=3,d=3,t;
    t=MAX(a+b,c+d)*10;
    cout<< t<<"\n";
    return 0;
}
```

13. 以下程序的输出结果是_____。

```
#include <iostream>
using namespace std;
void fun()
{ static int a=0;
  a+=2;
  cout<<a;
    }
int main()
{   int cc;
    for(cc=1;cc<4;cc++) fun();
    cout<<"\n";
    return 0;
}
```

*14. 以下程序的输出结果是_____。

```
#include <iostream>
using namespace std;
int fun1(int x) {return++x;}
int fun2(int &x) {return++x;}
int main(){
int x=1,y=2;
y=fun1(fun2(x));
cout<<x<<','<<y;
return 0;
}
```

*15. 写出下列程序的运行结果_____。

```
#include <iostream>
using namespace std;
int max(int x, int y)
```

```
{
return x > y ? x : y;
}
int max(int x, int y, int z)
{
int t;
t = max(x, y);
return t > z ? t : z;
}
int main()
{
int x = 5, y = 8, z = 3;
cout << max(x, y, z) << endl;
return 0;
}
```

16. 以下程序输出的结果是_____。

```
#include <iostream>
using namespace std;
void fun(int &x,int y){
y=y+x;
x=y/4;
x++;
}
int main()
{
    int x=4,y=5;
    fun(x,y);
    cout<<x+y;
    return 0;
}
```

17. 以下程序的输出结果是 _____。

```
#include <iostream>
using namespace std;
int b=2;
int func(int *a)
{
b+=*a;
return(b);
}
int main( )
{
int a=2,res=2;
res+=func(&a);
cout<<res<<endl;
return 0;
}
```

18. 以下程序的输出结果是_____。

```
#include <iostream>
using namespace std;
void fun(int x,int y,int *cp,int *dp)
{
*cp=x+y;*dp=x-y;
}
int main( )
{
int a,b,c,d;
```

```
a=30;b=50;
fun(a,b,&c,&d);
cout<<c<<","<<d<<endl;
return 0;
}
```

三、编程题

1. 输入一个正整数，要求编写函数，计算该整数的各个数字之和。

2. 所谓完全数是指一个数的所有因子之和等于该数本身，如6、28都是完全数：6=1+2+3；28=1+2+4+7+14。试编写一个函数，判断一个正整数 *a* 是否为完全数，如果是完全数，函数返回值为1；否则，为0。

3. 编写两个函数，分别求由键盘输入的两个整数的最大公约数和最小公倍数。用主函数调用这两个函数，并输出结果。

4. 输入两个正整数 *a* 和 *n*，求 *a*+*aa*+*aaa*+⋯+*aa*⋯*a*(*n* 个 *a*) 之和。要求定义并调用函数 ff(*a*, *n*), 它的功能是返回 *aa*⋯*a* (*n* 个 *a*)。例如，ff(3,2) 的返回值是33。

5. 输入一个正整数，将它逆序输出。要求定义并调用函数 reverse(number)，它的功能是返回 number 的逆序数。例如，reverse(12345) 的返回值是 54321。

6. 写一个函数，输入一个年份，判断其是否为闰年。

第9章 数　组

【本章要点】

- 一维数组的定义和使用。
- 二维数组的定义和使用。
- 字符数组的定义和使用。
- 字符串变量的定义和使用。
- 数组和指针。
- 数组名作为函数参数的使用。

在程序设计中，经常会遇到处理大批量的同一类型数据的问题，如大量学生的成绩处理。这时如果声明很多变量则非常麻烦，为了简便，就需要把具有相同类型的若干变量按有序的形式组织起来，这些按序排列的同类型数据的集合称为数组。在 C++ 语言中，数组属于构造数据类型。例如：

```
int   a, b, c, d;
int   array[4];
```

第 1 个说明语句定义了 4 个整型变量，变量名分别为 a、b、c 和 d，编译系统为这 4 个变量分配不同的存储空间，它们是互相独立的，通过变量名进行存取。第 2 个说明语句定义了一个一维数组，编译系统为其分配一块连续的存储空间，这个一维数组相当于定义了 4 个整型变量，只不过这 4 个整型变量有一个共同的名字 array，它们之间由"下标"来区分。也就是说，这 4 个整型变量分别取名为 array[0]、array[1]、array[2] 和 array[3]，每一个变量称为该数组的一个元素。如果要处理 100 个整型数据，使用数组就比较容易实现。

按元素的数据类型不同，数组又可分为数值数组、字符数组、指针数组、结构体数组等。本章介绍数值数组和字符数组。

9.1　一维数组

9.1.1　一维数组的定义

C++ 语言规定，数组必须先定义后使用，一维数组定义的一般形式是：

数据类型标识符　数组名[数组元素个数];

说明

1）"数据类型标识符"指定数组中元素的类型，可以是基本类型，也可以是构造数据类型。

2）数组名是用户定义的标识符。

3）数组元素个数是一个整型常量表达式，用方括号（[ ]）括起来。例如：

```
int a[10];            // 定义一个有10个元素的整型数组a
double b[10],c[20];   //定义有10个元素的实型数组b和有20个元素的实型数组c
char ch[20];          //定义一个有20个元素的字符数组ch
```

定义数组时应注意以下几点：

1）数据类型实际上是指数组元素的取值类型。对于同一个数组，其所有元素的数据类型都是相同的。

2）数组名的命名规则应符合标识符的命名规则。

3）同一程序单元内，数组名不能与其他变量名相同。例如下面的定义是错误的。

```
int main()
{
    int a;
    float a[10];
    ...
}
```

4）一维数组元素的下标是从 0 开始的。例如：

```
int a[5]      //表示数组a有 5个元素，分别为a[0]、a[1]、a[2]、a[3]、a[4]。
```

5）不能动态定义数组，即不允许在程序运行时动态改变数组的大小。所以定义数组时，数组元素个数不能用变量，但是可以是符号常量、整型常量表达式和整型常变量。例如：

```
#define LENGTH 5
#define LEN   9.6
int main()
{
    int a[3+2],b[7+LENGTH ]; //合法
    int c[LEN];                //非法，非整型字符常量
    const int n=10;
    const float nn=9;
    double x[n];              //合法
    double xx[nn];            //非法，非整型常变量
    int m=20;
    float y[m];              //非法，m为变量
    ...
}
```

9.1.2　一维数组元素的引用

定义数组后，就可以引用数组元素。数组元素引用的形式为：

数组名[下标]

其中，下标为整型常量或者整型表达式。例如：

```
int x[10],i=1,j=2;
x[0]=89;
x[i+j]=a[0]+1;
x[i++]=90;
```

都是正确的数组元素引用。

要注意的是，C++ 语言规定只能逐个引用数组元素，而不能一次引用整个数组。例如，给数组中的每一个元素赋值 20，可用下列语句实现：

```
int i,a[10];
for(i=0;i<10;i++)
    a[i]=20;
```

而下面的操作语句是错误的：

```
int a[10];
a=20;         //不能给数组整体赋值
```

从上面的例子可以看到，只能逐个引用数组元素，因此对数组的处理常和循环相结合，将数组的下标作为循环变量，就可以对数组的所有元素逐个处理。

数组元素的引用通过数组名和下标完成，下标表示元素在数组中的位置。由于 C++ 语言不对下标进行越界检测，因此在编写程序时应注意下标的越界问题。例如：

```
int x[10];
x[10]=12;    //错误引用，下标越界，程序能够通过编译，但运行时可能会改变其他内存单元的值
```

【例 9-1】 一维数组元素的引用。

```
#include <iostream>
using namespace std;
int main()
{
    int i,a[10];
    for(i=0;i<=9;i++)        //通过循环为数组的每一元素赋值
        a[i]=i+1;
    for(i=9;i>=0;i--)
        cout<<a[i]<<" ";  // 将数组逆序输出
    cout<<endl;
    return 0;
}
```

本例程序的运行结果如图 9-1 所示。

图 9-1　例 9-1 程序的运行结果

说明：本例用第一个循环语句为 a 数组逐个元素赋值，然后用第二个循环语句将数组元素逆序逐个输出。

9.1.3　一维数组的初始化

和普通变量一样，可以在定义数组时就给数组元素赋初值，称为数组的初始化。数组初始化是在编译阶段进行的，这样可以减少运行时间，提高运行效率。数组初始化的一般形式是：

```
数据类型标识符  数组名[数组元素个数]={值1,值2,…,值N};
```

其中，在 "{ }" 中的各数据值即为各元素的初值，各值之间用逗号分隔。例如：

```
int a[10]={1,2,3,4,5,6,7,8,9,10};
```

相当于 a[0]=1，a[1]=2，…，a[9]=10。

C++ 语言对数组的初始化要注意以下几点：

1） "{ }" 中列出的数组元素初始值的个数不能大于数组的长度。例如：

```
float b[5]={1,2,3,4,5,6};
```

是错误的初始化，无法通过编译。

2） "{ }" 中列出的数组元素初始值的个数可以小于或等于数组长度。当 "{ }" 中值的个数小于元素个数时，只能给前面部分元素赋值，后面元素自动赋 0 值。例如：

```
int a[10]={0,1,2,3,4};
```

表示只给 a[0]～a[4] 5 个元素赋值，而后 5 个元素自动赋 0 值。

3）只能在数组初始化时使用" { }"实现数组整体赋值，其他情况下都不能对数组整体赋值。例如：

```
double a[5]={1,2,3,4,5}; //正确
int b[5];
b={1,2,3,4,5};           //错误
```

4）数组初始化时如果给全部元素提供了初值，则在数组说明中，可以省略数组长度。例如：

```
int a[10]={1,2,3,4,5,6,7,8,9,10};
```

可写为：

```
int a[]={1,2,3,4,5,6,7,8,9,10};
```

显然，如果只对部分元素初始化，数组长度是不能省略的。

9.1.4　一维数组的存储

定义了一维数组后，C++ 编译系统就会为该数组在内存中分配一块连续的存储单元，数组中的各元素在内存中是依次存放的，数组的数据类型决定每个元素在内存所占的字节数，数组名代表该数组在内存中的首地址。例如：

```
int b[6]={10,20,30,40,50,60};
```

假定数组 b 的首地址为 2000，一个 int 型变量占 4 字节，可算出其余各元素的内存单元地址，如图 9-2 所示。

元素	0	1	2	3	4	5
地址	2000	2004	2008	2012	2016	2020
元素值	10	20	30	40	50	60

图 9-2　数组元素在内存中的存储

9.1.5　一维数组程序举例

【例 9-2】　输入整数 n，在数组中查找值为 n 的元素的下标，如果不存在则输出 -1。

```cpp
#include <iostream>
using namespace std;
int main()
{
    int i,a[10]={45,6,12,8,9,23,56,78,7,1};
    int n,pos=-1;
    cout<<"Please input n:";
    cin>>n;
    for(i=0;i<10;i++)
        if(n==a[i])
            pos=i;
    if(pos!=-1)
        cout<<n<<"在数组的下标为"<<pos<<endl;
    else
        cout<<pos<<endl;
```

```
        return 0;
}
```

运行结果如图 9-3 所示。

图 9-3　例 9-2 程序的运行结果

【例 9-3】 输入 10 个数，输出其中的最小值。

分析：首先假设第一个元素的值就是最小的，并将该值保存到最小值变量 min 中。在循环中，数组各元素的值依次与 min 比较。如果发现某个数组元素的值小于 min，则将该元素的值设为当前的最小值并保存到 min 中，循环结束后 min 的值就是最小值。

程序如下：

```
#include <iostream>
using namespace std;
int main()
{
    int i,min,a[10];
    cout<<"请输入十个数"<<endl;
    for(i=0;i<10;i++)
        cin>>a[i];
    min=a[0];   //假设第一个元素就是最小的
    for(i=1;i<10;i++)
        if(a[i]<min)
            min=a[i];
    cout<<"minmum="<<min<<endl;
    return 0;
}
```

运行结果如图 9-4 所示。

图 9-4　例 9-3 程序的运行结果

【例 9-4】 输入 10 个数，把这 10 个数中的最小值和第一个数交换位置，然后输出这10 个数。

分析：在前面例 9-3 中学习了找最小值的方法，而在本例中不仅要找到最小值，还需要把最小值和 a[0] 交换。因此只记住最小值的大小是不行的，还需要记住最小值的下标。首先假设 a[0] 为最小值，将其下标 0 保存到变量 minPos 中。在后面的循环中，数组的每一个元素依次与当前最小值 a[minPos] 比较，如果某数组元素小于当前最小值 a[minPos]，则将该数组元素的下标 i 保存到 minPos 中。循环结束后，a[minPos] 就是找到的最小值。完成a[0] 与 a[minPos] 的交换后，在第二个循环中依次输出每一个元素的值。

程序如下：

```
#include <iostream>
```

```
using namespace std;
int main()
{
    int i,minPos,a[10];
    int t;
    cout<<"请输入十个数:"<<endl;
    minPos=0;                    //假设最小值的下标为0
    for(i=0;i<10;i++)
    { cin>>a[i];
      if(a[i]<a[minPos])    //比较当前值和前面找到的最小值的大小
          minPos=i;              //当前值比前面找到的最小值还要小，则更新最小值的下标
     }
    t=a[0];
    a[0]=a[minPos];
    a[minPos]=t;             //交换位置
    for(i=0;i<10;i++)        //依次输出
        cout<<a[i]<<" ";
    cout<<endl;
    return 0;
}
```

程序的运行结果如图 9-5 所示。

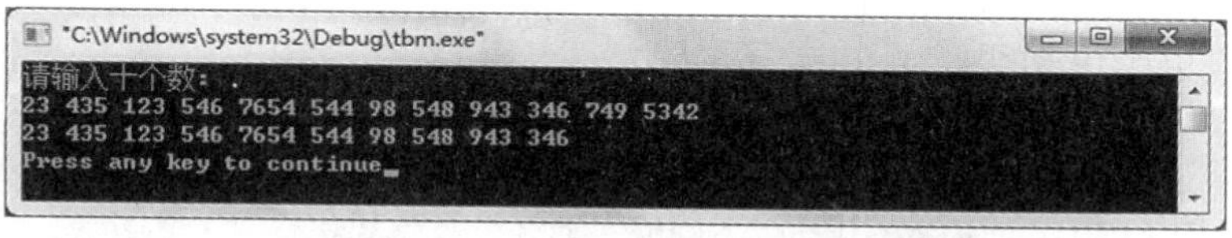

图 9-5　例 9-4 程序的运行结果

【例 9-5】　输入 10 个数，将这 10 个数按升序排序，然后输出这 10 个数。

分析：在例 9-4 中已经找到 10 个元素中的最小值，并且将最小值交换到最前面。这时第 0 号元素已经有序了，这样就完成了一趟排序。在剩下的 9 个数中同样找到当前最小值并将它交换到数组的第 1 号元素的位置，这样就完成了第二趟排序，数组中前两个元素有序了。如果要对 10 个数排序，一共进行 9 趟，分别挑出 9 个当前最小元素，交换到正确的排序位置。最后剩余的那个元素自然是最大值，就应该排列在最后。9 趟排序的算法相同，可以使用循环来实现，循环 9 次即可。这种排序方法称为选择法排序。

下面以实例来分析选择排序的过程：

初始数据：[49 38 65 97 76 13 27 49]。

第一趟排序后：13 [38 65 97 76 49 27 49]。

第二趟排序后：13 27 [65 97 76 49 38 49]。

第三趟排序后：13 27 38 [97 76 49 65 49]。

第四趟排序后：13 27 38 49 [76 97 65 49]。

第五趟排序后：13 27 38 49 49 [97 65 76]。

第六趟排序后：13 27 38 49 49 65 [97 76]。

第七趟排序后：13 27 38 49 49 65 76 [97]。

最后排序结果：13 27 38 49 49 65 76 97。

程序如下：

```
#include <iostream>
using namespace std;
```

```
int main()
{
    int i,minPos,a[10];
    int t;
    cout<<"请输入十个数:"<<endl;
    for(i=0;i<10;i++)
      cin>>a[i]; z
    for(int k=0;k<9;k++)            //进行9趟排序
      { minPos=k;                   //在剩下的9-k个元素中挑选最小值，假设第一个最小
        for(i=k+1;i<10;i++)         //从剩下的9-k个元素的第二个开始比较大小
            { if(a[i]<a[minPos])
                 minPos=i;
            }
            t=a[k];                 //剩下9-k个元素中的最小值与这些元素的第一个元素a[k]交换位置
        a[k]=a[minPos];
        a[minPos]=t;               //交换位置
      }
    for(i=0;i<10;i++)              //依次输出
        cout<<a[i]<<" ";
    cout<<endl;
    return 0;
}
```

运行结果如图9-6所示。

图9-6   例9-5程序的运行结果

【例9-6】 利用数组计算斐波那契数列的前10个数，并按每行5个数输出。

分析：用数组来计算并保存斐波那契数列，每一个数组元素代表数列中的一个数，依次求出各数并存放在相应的数组元素即可。用数组来计算斐波那契数列有下列关系式成立：

$$\begin{cases} f(0)=f(1)=1 \\ f(n)=f(n-1)+f(n-2),\ n\geqslant2 \end{cases}$$

程序如下：

```
#include <iostream>
#include<iomanip>
using namespace std;
int main()
{
    int i,fib[10]={1,1};
    for(i=2;i<10;i++)
        fib[i]=fib[i-1]+fib[i-2];
    for(i=0;i<10;i++)
    {   cout<<setw(4)<<fib[i];
        if((i+1)%5==0)   //每隔5个换行
            cout<<endl;
    }
    return 0;
}
```

运行结果如图9-7所示。

图 9-7　例 9-6 程序的运行结果

【例 9-7】　长度为 N 的数组 a 中，保存着升序排列的 m 个元素。键盘上输入 k ($0 \leqslant k < m$)，删除下标为 k 的元素，使数组中的 $m-1$ 个元素还是依次升序排列，最后输出 $m-1$ 个元素。

```cpp
#include <iostream>
using namespace std;
int main()
{
    int const N=10;
    int a[N]={2,6,9,12,32,45,54,57};
    int m=8,k,i;
    cin>>k;
    for(i=k;i<N-1;i++)
        a[i]=a[i+1];
    m--;
    for(i=0;i<m;i++)
        cout<<a[i]<<" ";
    cout<<endl;
    return 0;
}
```

说明：删除有序排列的数组元素 a[k]，必然造成 a[k] 空缺。要继续保持有序排列必须要将 a[k] 后面的元素依次向前移动一位。程序的第一个循环就是将 a[k+1] 到 a[m-1] 之间的元素依次前移，a[k] 的原值被覆盖。

运行结果如图 9-8 所示。

图 9-8　例 9-7 程序的运行结果

【例 9-8】　长度为 N 的数组 a 中，保存着升序排列的 m 个元素。键盘上输入值 n。将 n 插入序列中，数组元素继续保持升序排列。最后输出 $m+1$ 个元素。

分析：本例程序可以综合前面例子的程序完成。首先要查找 n 插入数组中的位置 i，第二就是将第 i~$m-1$ 个元素往后移动一个元素的位置，最后将 n 插入 a[i] 的位置即可。

```cpp
#include <iostream>
using namespace std;
int main()
{
    int const N=10;
    int a[N]={2,6,9,12,32,45,54};
    int m=7,n,i;
    cin>>n;
    for(i=m-1;i>=0 && n<a[i] ;i--)
        a[i+1]=a[i];
    a[i+1]=n;
    m++;
    for(i=0;i<m;i++)
```

```
        cout<<a[i]<<" ";
    cout<<endl;
    return 0;
}
```

说明：数组元素的移动必须从最后一个元素开始。其代码如下。

```
for(i=m-1;i>=k;i--)
    a[i+1]=a[i];
```

本例中查找位置和移动在同一个循环中实现。从序列的最后一个元素 a[m-1] 开始比较。如果 n<a[i]，则 n 应该排列在 a[i] 的前面，需要将 a[i] 后移。直到 a[i]>n 或者数组越界（i=-1），这时 n 应该排列在 a[i] 的后面即 a[i+1]。

运行结果如图 9-9 所示。

图 9-9　例 9-8 程序的运行结果

9.2　二维数组

9.2.1　二维数组的定义

前面介绍的一维数组只有一个下标，称为一维数组，其数组元素在逻辑上排列成一行。C++ 语言支持多维数组，最常见的多维数组是二维数组，二维数组的元素在逻辑上排列成二维表格，每一个格子就是一个数组元素。在使用二维数组前，必须先定义。

1. 二维数组的定义

二维数组的定义形式是：

数据类型标识符　数组名[行元素个数][列元素个数]

例如：

```
int a[3][3];
```

定义了一个 3 行 3 列共 9 个元素的二维数组，数组名为 a。

2. 二维数组的存储

二维数组在逻辑上是二维的，即其下标在两个方向变化，但实际的内存单元是连续的。二维数组加载到内存时，需要把二维结构串行化为一维结构。在 C++ 语言中，对二维数组的存储采用按行优先策略。例如，上例中的 a 数组，假设 a 数组的首地址为 2000，各数组元素在内存中的存储次序如图 9-10 所示。

a[0][0]	2000
a[0][1]	2004
a[0][2]	2008
a[1][0]	2012
a[1][1]	2016
a[1][2]	2020
a[2][0]	2024
a[2][1]	2028
a[2][2]	2032

图 9-10　二维数组元素在内存中的存储

9.2.2　二维数组元素的引用

引用二维数组的元素要指定两个下标，即行下标和列下标，形式为：

数组名[行下标][列下标]

其中，行下标和列下标都必须是整型常量或整型表达式。与一维数组一样，对二维数组也不能整体引用，只能对具体元素进行引用。例如：

```
int a[3][4];
a[0][1]=7;
a[1][2]=6;
a[2][3]=5
```

其中，a[0][1]、a[1][2]、a[2][3] 都是对数组元素的引用。二维数组的引用需要注意下标越界问题，即在数组中不存在元素 a[3][4]。

9.2.3　二维数组的初始化

和一维数组一样，可以在定义二维数组的同时为其赋初值，称为二维数组的初始化。二维数组的初始化有以下 3 种方法。

1. 分行对全部数组元素赋初值

例如：

```
int a[3][3]={ {1,2,3},{4,5,6},{7,8,9} };
```

将第 1 对大括号中的 3 个值赋给 a 数组第 0 行的 3 个元素，将第 2 对大括号中的 3 个值赋给 a 数组第 1 行的 3 个元素，以此类推实现数组按行赋值，这种方法比较直观。

2. 对部分数组元素赋初值

例如，有如下数组初始化：

```
int a[4][3]={{1,2},{3,4,5},{},{7,8}};
```

赋初值后，数组各元素的值如图 9-11 所示。

1	2	0
3	4	5
0	0	0
7	8	0

图 9-11　二维数组部分元素赋初值

3. 按数组元素在内存中存放顺序赋初值

例如：

```
int a[4][3]={1,2,3,4,5,6,7,8,9,10,11,12};
```

如对全部元素赋初值，则第一维的长度可以省略。例如：

```
int a[3][3]={1,2,3,4,5,6,7,8,9};
```

可以写为：

```
int a[][3]={1,2,3,4,5,6,7,8,9};   //正确
int a[3][]={1,2,3,4,5,6,7,8,9};   //错误
```

注意，用这种方法也可以对数组进行部分元素初始化。例如：

```
int a[3][4]={1,2,3};
```

此时，a[0][0]=1,a[0][1]=2,a[0][2]=3, 数组其他元素的值都为 0。

9.2.4 二维数组程序举例

【例 9-9】 在二维数组 a 中选出各列最小的元素组成一个一维数组 b。

$$a = \begin{vmatrix} 23 & 106 & 8 & 25 \\ 9 & 73 & 19 & 28 \\ 56 & 25 & 67 & 137 \end{vmatrix}$$

$$b = \begin{vmatrix} 9 & 25 & 8 & 25 \end{vmatrix}$$

分析：要求出二维数组 a 的第 0 列中的最小元素，可以先假定 a[0][0] 最小，并将其赋给变量 min，即 min=a[0][0]，再依次将第 0 列的 a[1][0]、a[2][0] 分别与 min 比较，每次将小者赋给 min，最后将该列中的最小值 min 赋给一维数组元素 b[0]，用同样的方法，依次找出 1～3 列的最小值存放在 b[1]～b[3] 中。

程序如下：

```cpp
#include <iostream>
#include <iomanip>
using namespace std;
int main()
{    int a[][4]={ 23,106,8,25,9,73,19,28,56,25,67,137};
     int b[4],i,j,min;
     for(j=0;j<=3;j++)
     {    min=a[0][j];
          for(i=1;i<=2;i++)
          {
               if(a[i][j]<min)
                    min=a[i][j];
          }
               b[j]=min;
     }
cout<<"a数组的内容是:"<<endl;
for(i=0;i<=2;i++)
     {    for(j=0;j<=3;j++)
               cout<<setw(6)<<a[i][j];
               cout<<endl;
     }
     cout<<"b数组的内容是:"<<endl;
     for(i=0;i<=3;i++)
          cout<<b[i]<<"     ";
     cout<<endl;
     return 0;
}
```

运行结果如图 9-12 所示。

图 9-12 例 9-9 程序的运行结果

说明：程序用两个 for 语句嵌套组成了双重循环。外循环控制逐列处理，把每列的第 0

行元素设定为当前的最小值 min。内层循环把当前最小值与后面各行同一列元素进行比较，如果比 min 小，min 重新被赋值。内循环结束时，min 即为该列的最小元素，然后把 min 的值赋予 b[j]。等外循环全部完成时，数组 b 中已装入了 a 各列中的最小值。然后用两个 for 语句分别输出数组 a 和数组 b。

【例 9-10】　编程输出如下的杨辉三角形（要求打印 10 行）。

```
1
1  1
1  2  1
1  3  3  1
1  4  6  4  1
1  5  10 10  5  1
...
```

分析：对于这类题目先要分析它的规律。杨辉三角的规律在于第 0 列和主对角线元素的值都为 1，其余任意元素 a[i,j] 可由以下公式计算表示：

$$a[i][j]=a[i-1][j]+a[i-1][j-1]$$

程序如下：

```cpp
#include <iostream>
#include <iomanip>
using namespace std;
#define N 10
int main()
{   int a[N][N]={0};
    int i=0,j=0;
    for(i=0;i<N;i++)
        a[i][0]=a[i][i]=1;
    for(i=2;i<N;i++)
        for(j=1;j<i;j++)
            a[i][j]=a[i-1][j-1]+a[i-1][j];
    for(i=0;i<N;i++)
    {   for(j=0;j<=i;j++)
            cout<<setw(4)<<a[i][j];
        cout<<endl;
    }
    return 0;
}
```

运行结果如图 9-13 所示。

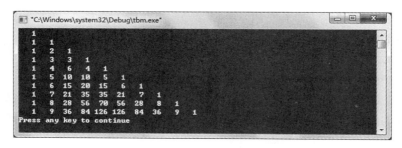

图 9-13　例 9-10 程序的运行结果

说明：程序第一个 for 循环将第 0 列和对角线元素赋值 1，第二个嵌套 for 循环依次计算 a[i][j]，最后一个 for 循环嵌套输出杨辉三角形。

9.3 字符数组

字符串常量是用一对双引号引起来的 0 个或多个字符，如，"This is a string"。一对双引号之间的任何内容都会被编译系统视为字符串，包括特殊字符和空格。在 C++ 语言中，利用字符数组或 string 类变量来存储字符串中的字符。一个字符串可以存放在一个一维字符数组中，多个字符串可以存放在一个二维字符数组中。本节将介绍如何利用字符数组来处理字符串。

9.3.1 字符数组的定义

字符数组的定义如下：

```
char 字符数组名[元素个数]
```

例如：

```
char str[50];
```

表示定义了可以存放 50 个字符的一维字符数组 str。

9.3.2 字符数组的初始化

在定义一维字符数组时，可以采用以下两种方式对字符数组进行初始化。

1. 逐个元素赋初值

例如：

```
char c[10]={ 'H', 'a', 'p', 'p', ' y'};
```

赋值后各元素的值为：c[0] 的值为 'H'，c[1] 的值为 'a'，c[2] 的值为 'p'，c[3] 的值为 'p'，c[4] 的值为 ' y'，c[5] 到 c[9] 未赋值，系统自动为其赋 '\0' 值，'\0' 为字符串的结束符，其 ASCII 码值为 0。

2. 用字符串常量给字符数组赋初值

例如：

```
char c[6]={"Happy"};
```

它的等价形式为：

```
char c[6]="Happy";
```

或

```
char c[ ]={"Happy"}
```

请区分以下两个初始化语句：

```
char a[]={'H', 'a', 'p', 'p', 'y'};
char b[]="Happy";
```

这两个语句定义的数组长度是不相同的，a 数组的长度是 5；而 b 数组的长度是 6，b 数组的最后一个元素的值为 '\0'。也就是说，用字符串常量给字符数组赋初值时，系统会在其后自动加上 '\0'，作为字符串的结束标志。

下面两种赋值方法是错误的：

```
1）char str[10];
   str[]="Happy";
```

```
2）char str[10];
   str="Happy";
```

9.3.3　字符数组元素的引用

可以通过引用字符数组的一个元素得到一个字符。字符数组元素的引用形式是：

数组名[下标]

【例 9-11】　将字符数组中的小写字母转化为大写字母后输出。

```cpp
#include <iostream>
using namespace std;
int main()
{   char str[20]="Hello world!";
    int i;
    cout<<"原来的字符串为: \n";
    for(i=0;i<20;i++)
        {   cout<<str[i];
            if(str[i]>='a'&&str[i]<='z')
                str[i]-=32;
        }
    cout<<endl;
    cout<<"转换后字符串为: \n";
    i=0;
    while(str[i]!='\0')
        {   cout<<str[i];
            i++;
        }
    cout<<endl;
    return 0;
}
```

运行结果如图 9-14 所示。

图 9-14　例 9-11 程序的运行结果

9.3.4　字符数组的输入输出

对于字符数组，除可以逐个地输入 / 输出字符外，还可以将字符数组一次性地输入 / 输出。

【例 9-12】　字符数组中的字符串整体输入和输出。

```cpp
#include <iostream>
using namespace std;
int main()
{   char str[100];
    cout<<"请输入字符串: \n";
    cin>>str;
    cout<<"请输出字符串: \n";
    cout<<str<<endl;
    return 0;
}
```

运行结果如图 9-15 所示。

图 9-15 例 9-12 程序的运行结果（1）

注意：

1）用字符串给字符数组赋值只能在定义字符数组时进行，其他时候不能用字符串给字符数组整体赋值。只有字符数组可以实现数组的整体输入和输出。

2）用 cin 输入字符串时，字符串中不能含有空格，C++ 语言将空格作为字符串输入的结束标志，而不能将空格作为字符串的一部分输入给字符数组。

例如，当例 9-12 中输入的字符串含有空格时，运行情况如图 9-16 所示。

图 9-16 例 9-12 程序的运行结果（2）

从输出结果可以看出，空格以后的字符都未能输出。为了能够输入带空格的字符串，可以使用 gets() 或 puts() 函数输入或输出一行字符。

gets() 函数的调用形式是：

```
gets(字符数组名);
```

功能：从标准输入设备键盘上输入一个字符串到字符数组中，当遇到换行符时结束输入。字符串中可以包括空格，换行符不属于字符串的内容。字符串输入结束后，系统自动将 '\0' 置于串尾代替换行符。若输入串长超过数组定义长度时，系统报错。

puts() 函数的调用形式是：

```
puts(字符数组名);
```

功能：把字符串的内容显示在屏幕上，遇到第 1 个 '\0' 时输出结束。

【例 9-13】 使用 gets() 函数和 puts() 函数输入和输出带空格的字符串。

```
#include <iostream>
using namespace std;
int main()
{
    char st[100];
    cout<<"用gets函数输入字符串:"<<endl;
    gets(st);
    cout<<"用puts函数输出字符串:\n";
    puts(st);
    return 0;
}
```

运行结果如图 9-17 所示。

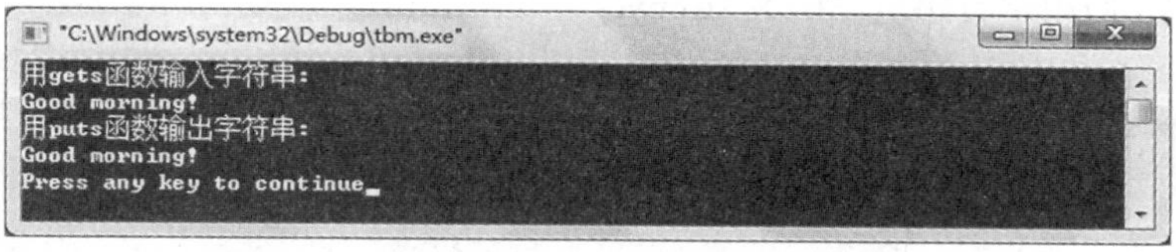

图 9-17   例 9-13 程序的运行结果

9.3.5   字符串处理函数

C++ 语言提供了很多字符串处理函数，这些函数的原型在 string 中，在调用这些函数前一定要使用 #include <string> 命令。下面介绍几个最常用的字符串处理函数。

1. 求字符串长度函数 strlen()

格式：

strlen（字符数组名）

功能：求字符串的实际长度（不含字符串结束标志 '\0'）。

【例 9-14】   使用函数 strlen()。

```
#include <string>
#include <iostream>
using namespace std;
int main()
{
    int k;
    char st[]="Happy birthday";
    k=strlen(st);
    cout<<"用strlen函数求字符串长度为"<<k<<endl;
    cout<<"用sizeof运算符求字符数组所占的存储空间为";
    cout<<sizeof(st)<<endl;
    return 0;
}
```

运行结果如图 9-18 所示。

图 9-18   例 9-14 程序的运行结果

说明：字符串的长度为 14，而字符数组占用的存储空间为 15，最后一个字符为 '\0'，字符串的长度中不包括 '\0'。

2. 字符串复制函数 strcpy()

格式：

strcpy（字符数组名1，字符数组名2）

功能：把字符数组 2 中的字符串复制到字符数组 1 中，串结束标志 '\0' 也一同复制。该函数的第 2 个参数也可以是一个字符串常量。这时相当于把一个字符串赋予字符数组 1。本函数要求字符数组 1 有足够的长度，否则不能全部装入所复制的字符串。

【例 9-15】 使用字符串复制函数 strcpy()。

```
#include <string>
#include <iostream>
using namespace std;
int main()
{
    char str1[100],str2[100],str3[]="C++编程";
    strcpy(str1,str3);
    strcpy(str2,"C++编程很有趣呀! ");
    cout<<"str1: "<<str1<<endl;
    cout<<"str2: "<<str2<<endl;
    return 0;
}
```

运行结果如图 9-19 所示。

图 9-19 例 9-15 程序的运行结果

3. 字符串连接函数 strcat()

格式:

strcat(字符数组名1, 字符数组名2)

功能:把字符数组 2 中的字符串续接到字符数组 1 中的字符串后面,自动删去字符数组 1 中的 '\0'。

【例 9-16】 使用函数 strcat()。

```
#include <string>
#include <iostream>
using namespace std;
int main()
{
    char str1[100]="Good morning !";
    char str2[100];
    cout<<"请输入你的姓名: ";
    cin>>str2;
    strcat(str1,str2);
    cout<<str1<<endl;
    return 0;
}
```

运行结果如图 9-20 所示。

图 9-20 例 9-16 程序的运行结果

本程序把初始化的字符数组 str1 与字符串 str2 连接起来。

4. 字符串比较函数 strcmp()

格式：

strcmp(字符数组名1，字符数组名2)

功能：比较字符数组 1 和字符数组 2 中的字符串。函数对两个字符串中的 ASCII 字符自左至右逐个进行比较，直到出现不同的字符或遇到 '\0' 为止。如全部字符相同，则认为相等；若出现不相同的字符，则以第一个不相同字符的比较结果为准。函数返回值为比较结果。

1）如果"字符串 1= 字符串 2"，函数返回值为 0。

2）如果"字符串 1> 字符串 2"，函数返回值大于 0。

3）如果"字符串 1< 字符串 2"，函数返回值小于 0。

【例 9-17】 使用字符串比较函数 strcmp()。

```
#include <string>
#include <iostream>
using namespace std;
int main()
{    char str1[100]="abcde";
     int k;
     char str2[100];
     cout<<"输入一个字符串:"<<endl;
     cin>>str2;
     k=strcmp(str1,str2);
     if(k==0) cout<<str1<<"相等"<<str2<<endl;
     if(k>0) cout<<str1<<">"<<str2<<endl;
     if(k<0) cout<<str1<<"<"<<str2<<endl;
     return 0;
}
```

运行结果如图 9-21 所示。

图 9-21　例 9-17 程序的运行结果

【例 9-18】 输入一行字符，统计其中单词的个数，输入的单词之间用空格隔开。

分析：本程序要考虑单词之间的空格可能有连续几个的情况。被处理的字符串由若干长度不定的空格串与非空格串交叉组合而成。扫描字符串的过程中，累计由空格串转为非空格串的交替次数，这个累计数就是单词的个数。程序中用 flag 代表当前扫描的状态，0 表示正在空格串中，1 表示正在非空格串中。在 flag 为 0 的情况下，当前字符如果为非空格，状态由空格串转为非空格串。此时单词计数器 number 增 1，flag 赋值为 1，进入扫描非空格串的状态。直到空格串开始，flag 的值又变成 0，准备统计下一个单词。字符串扫描结束后 number 的值就是单词数。

```
#include <iostream>
#include <string>
using namespace std;
int main()
{
```

```
        char arr[40];
        int i=0, number=0,flag=0;
        cout<<"请输入一行字符: \n";
        cin.getline(arr,39);
        for (i = 0;i < strlen(arr);i++)
            {
            if (arr[i] == ' ')
                flag = 0;
            else if(flag == 0)
                {
                    number++;
                    flag = 1;
                }
            }
        cout<<"单词的个数是:"<<number<<endl;
        return 0;
}
```

运行结果如图 9-22 所示。

图 9-22   例 9-18 程序的运行结果

9.4   数组和指针

9.4.1   数组和指针变量的运算

1. 赋值运算

（1）把数组名赋给指针变量

在 C++ 语言中，数组名代表数组的首地址，因此可以把数组名赋给一个指针变量。
例如：

```
int a[10]={1,2,3,4,5,6,7,8,9,10};
int *p=a;    //数组名赋给指针变量，即p指向数组a
```

（2）把字符串的首地址赋予指向字符类型的指针变量

例如：

```
char *pc;
pc="good morning";
```

或：

```
char *pc="good morning";
```

这里应说明的是：并不是把整个字符串赋值给指针变量，而是把内存中存放该字符串的首地址赋值给指针变量 pc。

2. 算术运算

只有当指针指向数组时，指针的算术运算才有意义。指针的算术运算可以分为与整数的加减运算、与同类型指针的加减运算。

（1）与整数的加减运算

```
int a[10]={1,2,3,4,5,6,7,8,9,10};
int *p=a;                //数组名赋给指针变量，即p指向数组a
int *p=&a[0];            //指针变量p指向a[0]元素
p=p+5;                   //指针变量p指向a[5]元素
cout<<*p<<endl;          //输出a[5]元素的值
p=p-2;                   //指针变量p指向a[3]元素
cout<<*p<<endl;          //输出a[3]元素的值
p++;                     //指针变量p指向a[4]元素
cout<<*p<<endl;          //输出a[4]元素的值
```

如果指针变量加数值 n，则表示指针变量中的指针向后偏移 n 个该类型数据所占的存储空间的长度。不同类型的指针变量加相同的数值，对应的内存空间的长度是不同的。例如：

```
int a[10];
char c[10]
int *p=&a[0];            //指针变量p指向a[0]元素
char *r=&c[0];           //指针变量r指向c[0]元素
p=p+5;                   //p向后偏移5*4=20字节
r=r+5;                   //r向后偏移5*1=5字节
```

（2）两个相同类型指针之间的减法运算
例如：

```
int a[10];
int *p=&a[0];
int *q=&a[5];
cout<<q-p<<endl;
```

输出值为 5，表示两个地址之间能有多少个数组元素。注意，不同类型的指针之间不能直接相减。

3. 关系运算

一般地，当参与关系运算的两个指针指向同一个数组时，关系运算的结果才有意义。例如：

```
int a[10];
int *p=a[0];
int *q=a[5];
if(q>p)
    cout<<a[0]<<endl;
```

指针变量间进行关系运算，实际是比较目标地址在内存空间中的前后位置关系而已，指针变量不能跟数值进行关系运算。

9.4.2　通过指针变量访问数组元素

在 C++ 语言中，指针和数组之间有密切的关系。一个数组包含若干元素，每个数组元素在内存中占用存储单元的位置是相对固定的，它们都有相应的地址。任何能由数组下标完成的操作，都能用指针来实现。

1. 指向一维数组的指针变量

指针变量可以指向变量，也可以指向数组和数组元素，只要把数组的首地址或某一数组元素的地址赋给一个指针变量即可。所谓数组的指针是指数组的首地址，数组元素的指针是数组元素的地址。

如有下面的定义：

```
int a[6];        //定义a为包含6个元素的数组
int *p;          //定义p为指向整型变量的指针，指针类型应和数组类型一致
```

可以通过下面的语句使指针变量 p 指向数组 a：

```
p=a;
```

C++ 语言规定，数组名代表数组的首地址，也就是第 0 号元素的地址。因此下面两个语句等价：

```
p=&a[0];
p=a;
```

即 p 指向 a 数组的第 0 号元素，如图 9-23 所示。

图 9-23　指向数组元素的指针

从图 9-23 中可以看出以下关系：p、a、&a[0] 均是同一内存单元的地址，即它们都是数组 a 的首地址，也是数组 0 号元素 a[0] 的首地址。应该说明的是，p 是指针变量，而 a、&a[0] 都是常量。

2. 通过指针变量引用数组元素

指针变量与数组建立了指向关系后，就可以通过该指针变量访问各数组元素。

如有下面的定义：

```
int a[10],*ptr;  //定义数组与指针变量
ptr=a;           //ptr指向一维数组a
```

按照指针运算规则，可以得到 ptr+i(0=<i<=9) 等价于 &a[i]，因此 *(ptr+i) 就是 a[i]。

由上面的分析得到，数组元素有 4 种表示方法：a[i]、*(a+i)、*(ptr+i)、ptr[i]。同样地，数组元素的地址也有 4 种表示方法：&a[i]、a+i、ptr+i、&ptr[i]。

【例 9-19】 利用不同的数组元素表示方法输出数组中的元素。

```cpp
#include <iostream>
using namespace std;
int main()
{    int a[10],i,*ptr;
     for(i=0;i<10;i++)
         a[i]=i;
     cout<<"数组名下标法输出数组: \n";
     for(i=0;i<10;i++)
         cout<< a[i]<< " ";              //方法1，数组名下标法
     cout<<endl;
     cout<<"数组名指针访问输出数组: \n";
     for(i=0;i<10;i++)
         cout<< *(a+i) << " ";           //方法2，数组名指针访问
     cout<<endl;
     cout<<"指针访问输出数组: \n";
```

```
    ptr=a;
    for(i=0;i<10;i++)
        cout<<*(ptr+i) << " ";          //方法3,指针访问
    cout<<endl;
    cout<<"指针下标访问输出数组: \n";
    for(i=0;i<10;i++)
        cout<<ptr[i] << " ";            //方法4,指针下标访问
    cout<<endl;
    cout<<"指针变量自加输出数组: \n";
    for(i=0;i<10;i++)                    //指针变量自加
    {   cout<<*ptr<< " ";
        ptr++;
    }
    cout<<endl;
    return 0;
}
```

运行结果如图 9-24 所示。

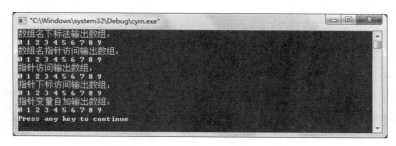

图 9-24　例 9-19 程序的运行结果

需要说明的是，使用指针访问数组元素时，注意指针变量是变量，其值可以改变，而数组名是常量，其值不能改变。程序中的 ptr++ 是合法的，而 a++、a=p 都是错误的。

3. 指向多维数组的指针和指针变量

用指针变量可以指向一维数组，也可以指向多维数组。但在概念和使用上多维数组的指针比一维数组的指针要复杂一些，下面以二维数组为例进行讨论。

（1）二维数组和数组元素的地址

可以将二维数组看成一个特殊的一维数组。例如，有下列定义：

```
int a[3][4]={0,1,2 ,3,4 ,5,6,7,8,9,10,11};
```

则 a 是一个具有 3 行 4 列 12 个元素的二维数组。

C++ 语言规定：数组名表示数组的首地址。因此，数组名 a 代表整个二维数组的首地址，也是第 0 行的首地址；a+1 代表第 1 行的首地址，设二维数组 a 的首地址为 2000，则 a+1 为 2016，因为第 0 行有 4 个整型数据；a+2 代表第 2 行的首地址，则 a+2 的值为 2032，数组各元素的地址如图 9-25 所示。

a[0]	2000 a[0][0]	2004 a[0][1]	2008 a[0][2]	2012 a[0][3]
a[1]	2016 a[1][0]	2020 a[1][1]	2024 a[1][2]	2028 a[1][3]
a[2]	2032 a[2][0]	2036 a[2][1]	2040 a[2][2]	2044 a[2][3]

图 9-25　二维数组元素的地址

所以可以这样理解二维数组：数组 a 是由 3 个元素组成的一维数组，即 a[0]、a[1]、a[2]，而每个元素又是一个含有 4 个元素的一维数组。

例如，a[0] 代表一维数组，包含 4 个元素 a[0][0]、a[0][1]、a[0][2]、a[0][3]，即 a[0] 是第 0 行数组的名字，如图 9-25 所示。在这里，a[0] 是一维数组名，代表第 0 行的首地址，即 &a[0][0]，因此 a[0]+1 代表本行下一个元素的地址，即 &a[0][1]，a[0]+2 代表 &a[0][2]，由此可得，a[i] 代表 &a[i][0]，a[i]+j 代表 &a[i][j]。

从一维数组的角度来看，a[i] 等价于 *(a+i)。a[i]+j 等价于 *(a+i)+j，即 *(a+i)+j 是二维数组 a 的 i 行 j 列元素的首地址。因此，*(*(a+i)+j) 等价于 *(a[i]+j)，都是二维数组 a 的 i 行 j 列元素的值，即 a[i][j]。

从上面的分析可以得到，下面各组是等价的表示形式：

1）a[i]+j=*(a+i)+j=&a[i][j]；

2）*(a[i]+j)=*(*(a+i)+j)=a[i][j]；

（2）用指针变量访问二维数组元素

二维数组在内存中是按行优先连续存放的，因此可以按一维数组的方法，根据其首地址计算出各个元素的地址。例如，对于一个 *M* 行 *N* 列的二维数组 a，任意元素 a[i][j] 的地址为：

```
&a[i][j]=&a[0][0]+i*N+j    //0<=i<M,0<=j<N
```

用一个指针变量指向一个二维数组 a[0][0] 元素的地址，通过指针的移动就可使该指针变量指向不同的元素。例如：

```
int a[3][4],*pa;
pa=a[0];
```

或

```
pa=&a[0][0]        //a[0]等价于&a[0][0]
```

即 pa 指向二维数组的 a[0][0] 元素，pa++ 就指向了下一个元素（即指向 a[0][1]），这样就可以依次访问二维数组的各个元素。

【例 9-20】 通过指向数组元素的指针变量输出二维数组各个元素的值。

```
#include <iostream>
using namespace std;
int main()
{   int a[3][4]={1,2,3,4,5,6,7,8,9,10,11,12},*ptr;
    for(ptr=a[0];ptr<a[0]+12;ptr++)   //ptr++使ptr指向下一个数组元素
        cout<<*ptr<<"   ";              //通过指向数组元素的指针变量ptr输出二维数组的各个元素
    cout<<endl;
    return 0;
}
```

程序运行结果如图 9-26 所示。

图 9-26　例 9-20 程序的运行结果

注意：不能将上面的语句"ptr=a[0]；"，改写成"ptr=a；"，因为 ptr 是指向一个整型数据的指针变量，而 a 是一个行指针。ptr+1 是移动一个整数的存储空间，而 a+1 是移动一行，即指向下一行。

（3）通过行指针变量引用二维数组元素

行指针是指向由 m 个元素组成的一维数组的指针变量，也称指向一维数组的指针。其定义形式是：

数据类型标识符　（*行指针变量名）[常量表达式]

例如：

```
int a[3][4];
int (*p)[4];
```

它表示 p 是一个指针变量，它指向一个包含 4 个整型元素的一维数组。若执行 "p=a;"，即指针变量 p 指向二维数组的第 0 行，p++ 使 p 指向下一行，p+1 等价于 a+1 或 a[1]。

从前面的分析可得出，*(p+i)+j 是二维数组第 i 行第 j 列元素的地址，而 *(*(p+i)+j) 则是第 i 行第 j 列元素的值。

【例 9-21】 使用行指针访问二维数组。

```
#include <iostream>
using namespace std;
int main()
{    int a[3][4]={0,1,2,3,4,5,6,7,8,9,10,11};
     int(*p)[4];
     int i,j;
     p=a;
     for(i=0;i<3;i++)
     {    for(j=0;j<4;j++)
                 cout<<*(*(p+i)+j)<< "    ";
          cout<<endl;
     }
     return 0;
}
```

运行结果如图 9-27 所示。

图 9-27　例 9-21 程序的运行结果

9.5　利用字符指针处理字符串

本节讨论用字符型指针变量对字符串进行处理。首先，定义 char 类型的指针变量，并将一个字符串赋值给它：

```
char *ps="I am a girl.";
```

此时，系统会为字符串分配一段内存空间存放各字符，指针 ps 指向这块内存空间的首地址，现在就可以通过 ps 对字符串进行处理。

【例 9-22】 输出字符串中 n 个字符后的所有字符。

```
#include <iostream>
using namespace std;
```

```
int main()
{   char *ps="what a happy day!";
    int n=7;
    ps=ps+n;
    cout<<ps<<endl;
    return 0;
}
```

程序运行结果如图 9-28 所示。

图 9-28　例 9-22 程序的运行结果

说明：在程序中对 ps 进行初始化时，即把存储字符串首地址赋予 ps，当 ps= ps+7 之后，ps 指向字符 "h"，因此输出为 happy day。通过字符指针输出字符时，遇第一个 "\0" 时，输出结束。

9.6　指针数组

一个元素均为指针类型数据的数组称为指针数组。指针数组的每一个元素都是一个指针变量，这些指针变量都指向相同数据类型的变量。

指针数组的定义形式为：

```
数据类型标识符 *指针数组名[数组长度]
```

其中，"数据类型标识符"为指针数组元素所指向变量的类型。例如：

```
int *pa[3];
```

pa 是一个指针数组，它有 3 个数组元素，每个元素为指向整型数据的指针变量。

1. 指针数组用来处理二维数组

例如：

```
int a[3][4];
int *pa[3]={a[0],a[1],a[2]};
```

其中，a[0] 是数组 a 的第 0 行的首地址，a[1] 是数组 a 的第 1 行的首地址，a[2] 是数组 a 的第 2 行的首地址。上述指针数组初始化后，pa[0] 指向数组 a 的第 0 行，pa[1] 指向数组 a 的第 1 行，pa[2] 指向数组 a 的第 2 行，这样就可以通过指针数组 pa 处理二维数组。

【例 9-23】 利用指针数组处理二维数组。

```
#include <iostream>
using namespace std;
int main()
{   int a[3][4]={1,2,3,4,5,6,7,8,9,10,11,12};
    int *pa[3]={a[0],a[1],a[2]};
    int i,j;
    for(i=0;i<3;i++)
    {for(j=0;j<4;j++)
        cout <<*(pa[i]+j)<< "      ";
        cout<<endl;
```

```
    }
    return 0;
}
```

运行结果如图 9-29 所示。

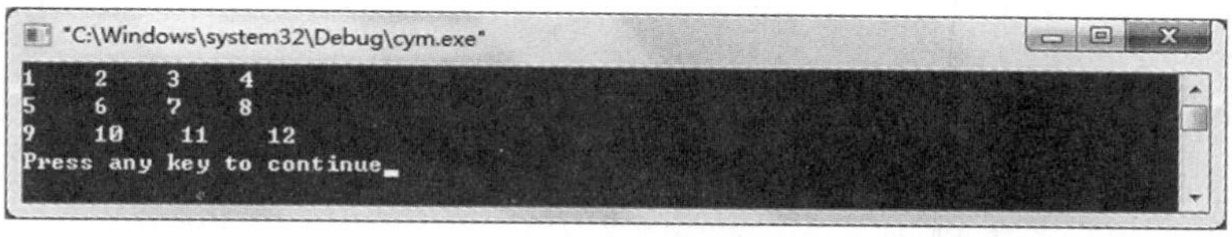

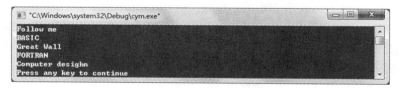

图 9-29　例 9-23 程序的运行结果

说明： 本例程序中，pa 是一个指针数组，3 个元素分别指向二维数组 a 的各行。然后用循环语句输出指定的数组元素。

注意： 行指针和指针数组都可以用来处理二维数组，但它们在定义形式和使用上有区别。

2. 指针数组用来处理多个字符串

例如：

```
char *week[]={  "星期一",
                "星期二",
                "星期三",
                "星期四",
                "星期五",
                "星期六",
                "星期日"};
```

定义了一个由 7 个字符指针构成的数组，并对其进行初始化，使各个数组元素指向一个确定的字符串，即 week[0] 指向字符串 " 星期一 "，week[1] 指向字符串 " 星期二 "，以此类推。

【例 9-24】 使用指针数组处理字符串。

```
#include <iostream>
using namespace std;
int main()
{   char *name[]={"Follow me","BASIC","Great Wall","FORTRAN","Computer designh"};
    int i;
    for(i=0;i<5;i++)
        cout<<name[i]<<endl;
    return 0;
}
```

运行结果如图 9-30 所示。

图 9-30　例 9-24 程序的运行结果

9.7　数组和函数参数

1. 数组元素作为函数实参

数组元素就是下标变量，它与普通变量并无区别。因此它作为函数实参使用与普通变量是完全相同的，在发生函数调用时，把作为实参的数组元素的值传送给形参，实现单向的值传递。例 9-25 说明了这种情况。

【例 9-25】 判别一个整数数组中各元素的值，若大于 0 则输出该值，若小于等于 0 则输出 0 值。编程如下：

```cpp
#include <iostream>
using namespace std;
void ffz (int x)
{
    if(x>0)
    cout<<x<<endl;
    else
    cout<<"0"<<endl;
}
int main()
{
    int a[5],i;
    cout<<"Please input 5 numbers: ";
    for(i=0;i<5;i++)
    {
        cin>>a[i];
        ffz(a[i]);
    }
    return 0;
}
```

运行结果如图 9-31 所示。

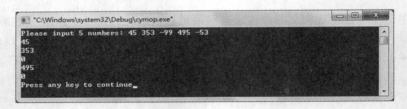

图 9-31 例 9-25 程序的运行结果

说明： 本程序首先定义了一个无返回值函数 ffz，并说明其形参 x 为整型变量。在函数体中根据 x 的值输出相应的结果。在 main 函数中用一个 for 语句输入数组各元素，每输入一个 a[i] 就以该 a[i] 作实参调用一次 ffz 函数，即把 a[i] 的值传送给形参 x，供 ffz 函数使用。

2. 数组名作为函数参数

数组名本身代表该数组在内存中的首地址。数组名作为函数参数时，参数的传递方式不是"值传递"，而是"地址传递"。在函数调用时，把实参数组的起始地址传递给形参数组，而并非直接传递数组每一个元素的值。这样，形参数组和实参数组实际上占用同一段存储区域，对形参数组中某一元素的存取，也就是对实参数组中对应元素的存取。

【例 9-26】 数组 a 中存放了一个学生 5 门课程的成绩，求平均成绩。

```cpp
#include <iostream>
using namespace std;
float average(float a[ ],int n)
{
    int i;
    float aver,sum=0 ;
    for(i=0;i<n;i++)
```

```
        sum+=a[i];
    aver=sum/n;
    return aver;           //返回平均值
}
int main()
{
    float chj[5],av;
    int i;
    cout<<"Please input 5 scores:\n ";
    for(i=0;i<5;i++)
        cin>>chj[i];
    av=average(chj,5);   //调用aver函数
    cout<<"Average score is "<<av<<endl;
    return 0;
}
```

说明： 本程序首先定义了一个实型函数 average，有一个形参为实型数组 a。在函数 average 中，把各元素值相加求出平均值，返回给主函数。主函数 main() 首先完成数组 chj 的输入，然后以 chj 作为实参调用 average 函数，函数返回值赋给 av，最后输出 av 的值。

用数组名作函数实参与用数组元素作实参有以下几点不同。

1）用数组元素作实参时，只要将数组元素的类型（即数组的类型）和函数形参变量的类型定义为相同类型，并不要求函数的形参也是数组元素的下标变量，即对数组元素的处理是按普通变量对待的。用数组名作函数参数时，则要求形参和实参都必须是类型相同的数组，都必须有明确的数组说明，当形参和实参两者不一致时，即会发生错误。

2）在普通变量或下标变量作函数参数时，形参和实参存储在由编译系统分配的两个不同的内存单元。在函数调用时，把实参的值传递给形参；在用数组名作函数参数时，不是进行值的传送。实际上形参数组并不存在，编译系统不为形参数组分配内存。那么，数据的传送是如何实现的呢？数组名就是数组的首地址，数组名作函数参数时，把实参数组的首地址赋予形参。形参取得该首地址之后，也就等于有了实参的数组。实际上是形参数组和实参数组为同一数组，共同拥有同一段内存空间。

在例 9-26 程序的函数调用过程中，实参数组名 chj 并不是将数组的所有学生成绩传送给形参数组 a，而是将实参数组的首地址传递给形参，从而使这两个数组共用同一存储空间。即 chj[0] 与 a[0] 占据同一段内存单元，chj[1] 与 a[1] 占据同一段内存单元……如图 9-32 所示。

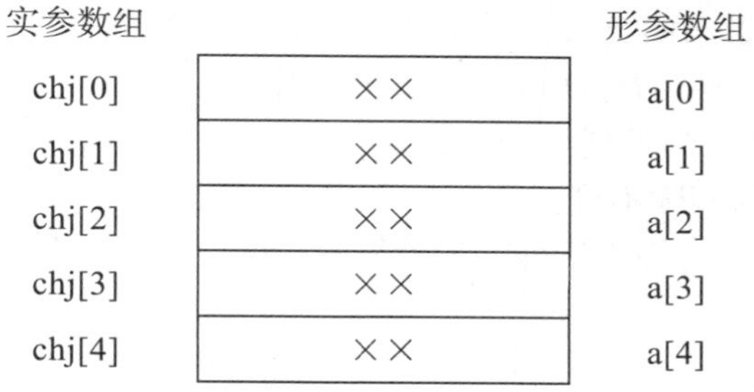

图 9-32　数组名作为函数实参

3）前面已经讨论过，变量作函数参数时，值传送是单向的，即只能从实参传向形参，不能从形参传回实参。形参的初值和实参相同，而形参的值发生改变后，实参值并不变化，两者的终值是可以不同的。而数组名作函数参数时，由于形参和实参为同一数组，因此当形参数组发生变化时，实参数组也随之变化。为了说明这种情况，把例 9-25 改为例 9-27 的形式。

【例 9-27】 题目同例 9-25，改用数组名作函数参数。

```cpp
#include <iostream>
using namespace std;
void fz(int a[] , int n)
{
    int i;
    cout<<"The values of array a are: "<<endl;
    for(i=0;i<n;i++)
    {
        if (a[i]<0)    a[i]=0;
        cout<<a[i]<<"  ";
    }
    cout<<endl;
}
int main()
{
    int b[5],i;
    cout<<"Please input 5 numbers: ";
    for(i=0;i<5;i++)
        cin>>b[i];
    cout<<"The initial values of array b are:"<<endl;
    for(i=0;i<5;i++)
        cout<<b[i]<<" ";
    cout<<endl;
    fz(b,5);
    cout<<"The last values of array b are:";
    cout<<endl;
    for(i=0;i<5;i++)
        cout<<b[i]<<" ";
    cout<<endl;
    return 0;
}
```

说明： 本程序中函数 fz 的形参为整型数组 a，长度为 5。主函数中实参数组 b 也为整型，长度也为 5。在主函数中首先输入数组 b 的值，输出数组 b 的初始值；然后以数组名 b 为实参调用 fz 函数。在 fz 中，按要求把负值元素清零，并输出形参组 a 的值。返回主函数之后，再次输出数组 b 的值。从运行结果可以看出，数组 b 的初值和终值是不同的，数组 b 的终值和数组 a 是相同的，这说明实参和形参为同一数组。

用数组名作为函数参数时还应注意以下几点：

1）形参数组和实参数组的类型必须一致，否则将引起错误。

2）形参数组和实参数组的长度可以不相同，因为在调用时，只传送首地址而不检查形参数组的长度。当形参数组的长度与实参数组不一致时，虽不至于出现语法错误（编译能通过），但程序执行结果将与实际不符。

3）在函数形参表中，允许不给出形参数组的长度，或用一个变量来表示数组元素的个数，如例 9-27 中的 fz 函数：

```cpp
void fz(int a[], int n)
```

其中，形参数组 a 没有给出长度，而由 n 值动态地表示数组的长度，函数调用时，n 的值由主调函数的实参进行传送。

4）多维数组也可以作为函数的参数。在函数定义时，可以指定形参数组每一维的长度，也可省去第一维的长度。因此，以下写法都是合法的：

```cpp
int m(int a[3][10])
```

或

```
int m(int a[][10])
```

习题

一、选择题

1. 在 C++ 语言中，引用数组元素时，其数组下标的数据类型允许是（　　）。

 A. 整型常量
        B. 整型表达式

 C. 整型常量或整型表达式
    D. 任何类型的表达式

2. 以下对一维整型数组 a 的说明正确的是（　　）。

 A. int a(10);
        B. int n=10,a[n];

 C. int n; cin>>n; int a[n];
    D. #define SIZE 10

                int a[SIZE];

3. 若有说明"int a[10];"，则对 a 数组元素的正确引用是（　　）。

 A. a[10]
    B. a[3]
    C. a(5)
    D. a[9-10]

4. 以下能对一维数组 a 进行正确初始化的语句是（　　）。

 A. int a[10]=(0,0,0,0,0);
    B. int a[10]={};

 C. int a[]={0
      D. int a[10]="10*1";

5. 以下对二维数组 a 的说明正确的是（　　）。

 A. int a[3][];
  B. float a(3,4);
  C. double a[1][4];
  D. float a(3)(4);

6. 若有说明："int a[3][4];"，则对 a 数组元素的正确引用是（　　）。

 A. a[2][4]
  B. a[1,3]
  C. a[1+1][0]
  D. a(2)(1)

7. 若有说明："int a[3][4];"，则对 a 数组元素的非法引用是（　　）。

 A. a[0][2*1]
  B. a[1][3]
  C. a[4-2][0]
  D. a[0][4]

8. 以下能对二维数组 a 进行正确初始化的语句是（　　）。

 A. int a[2][]={{1,0,1},{5,2,3}};
    B. int a[][3]={{1,2,3},{4,5,6}};

 C. int a[2][4]={{1,2,3},{4,5},{6}};
  D. int a[][3]={{1,0,1},{},{1,1}};

9. 以下不能对二维数组 a 进行正确初始化的语句是（　　）。

 A. int a[2][3]={0};
      B. int a[][3]={{1,2},{0}};

 C. int a[2][3]={{1,2},{3,4},{5,6}};
  D. int a[][3]={1,2,3,4,5,6};

10. 若有说明"int a[3][4]={0};"，则下面正确的叙述是（　　）。

 A. 只有元素 a[0][0] 可得到初值 0

 B. 此说明语句不正确

 C. 数组 a 中各元素都可得到初值，但其值不一定为 0

 D. 数组 a 中每个元素均可得到初值 0

11. 若有说明"int a[][4]={0，0};"，则下面不正确的叙述是（　　）。

 A. 数组 a 的每个元素都可得到初值 0

 B. 二维数组 a 的第二维大小为 4

 C. 数组 a 的行数为 1

 D. 只有元素 a[0][0] 和 a[0][1] 可得到初值 0，其余元素均得不到初值 0

12. 若有说明"int a[3][4];"，则全局数组 a 中各元素（　　）。

 A. 可在程序的运行阶段得到初值 0
  B. 可在程序的编译阶段得到初值 0

 C. 不能得到确定的初值
      D. 可在程序的编译或运行阶段得到初值 0

13. 以下各组选项中，均能正确定义二维实型数组 a 的选项是（   ）。

A. float a[3][4];
   float a[][4];
   float a[3][]={{1},{0}};

B. float a(3,4);
   float a[3][4];
   float a[][]={{0};{0}};

C. float a[3][4];
   static float a[][4]={{0},{0}};
   auto float a[][4]={{0},{0},{0}};

D. float a[3][4];
   float a[3][];
   float a[][4];

14. 若二维数组 a 有 *m* 列，则计算任一元素 a[i][j] 在数组中位置的公式为（   ）。（假设 a[0][0] 位于数组的第一个位置上。）

A. i*m+j   B. j*m+i   C. i*m+j-1   D. i*m+j+1

15. 对以下说明语句的正确理解是（   ）。

   int a[10]={6,7,8,9,10};

A. 将 5 个初值依次赋给 a[1] 至 a[5]
B. 将 5 个初值依次赋给 a[0] 至 a[4]
C. 将 5 个初值依次赋给 a[6] 至 a[10]
D. 因为数组长度与初值的个数不相同，所以此语句不正确

16. 有以下程序：

```cpp
#include <iostream>
    using namespace std;
    int main()
{
    int a[5]={1,2,3,4,5},b[5]={0,2,1,3},i,s=0;
    for(i=0;i<5;i++) s=s+a[b[i]];
    cout<< s;
    return 0;
}
```

程序运行后的输出结果是（   ）。

A. 6   B. 10   C. 11   D. 15

17. 有以下程序：

```cpp
#include <iostream>
using namespace std;
int main()
{
int b[3][3]={0,1,2,0,1,2,0,1,2},i,j,t=1;
    for(i=0;i<3;i++)
        for(j=1;j<=i;j++) t+=b[i][b[j][i]];
    cout<<t;
    return 0;
}
```

程序运行后的输出结果是（   ）。

A. 1   B. 3   C. 6   D. 9

18. 若有以下程序：

```cpp
#include <iostream>
using namespace std;
int main( )
{
int i;
int a[3][3]={'1','2','3','4','5','6','7','8','9'};
    for(i=0;i<3;i++)
        cout<<a[i][1]<<" ";
cout<<endl;
return 0;
}
```

执行后的输出结果是（　　　　）。

    A. 1 3 6　　　　　　　B. 2 4 7　　　　　　　C. 50 53 56　　　　　　　D. 3 6 9

19. 下列程序的输出结果是（　　　　）。

```cpp
#include <iostream>
using namespace std;
int main()
    {
    char a[] = "Hello, World";
    char *ptr = a;
    while (*ptr)
        {
        if (*ptr >= 'a' && *ptr <= 'z')
            cout << char(*ptr + 'A' -'a');
        else cout << *ptr;
        ptr++;
        }
    return 0;
    }
```

    A. HELLO, WORLD　　　　　　　　　　B. Hello, World

    C. hELLO, wORLD　　　　　　　　　　D. hello, world

20. 下列语句中正确的是（　　　　）。

    A. char *myString="Hello-World!";　　　　B. char myString="Hello-World!";

    C. char myString[11]="Hello-World!";　　　D. char myString[12]="Hello-World!";

21. 有如下语句序列：

char str[10]; cin>>str;

当从键盘输入 "I love this game" 时，str 中的字符串是（　　　　）。

    A. "I love this game"　　　　　　　　B. "I love thi"

    C. "I love"　　　　　　　　　　　　　D. "I"

22. 存在定义 "int a[10],x,*pa;"，若 pa=&a[0]，（　　　　）选项和其他 3 个选项不是等价的。

    A. x=*pa;　　　　　B. x=*(a+1);　　　　C. x=*(pa+1);　　　　D. x=a[1];

23. 设有定义 "char s[80]；int i=0；"，下列不能将一行（不超过 80 个字符）带有空格的字符串正确读入的语句或语句组是（　　　　）。

    A. gets(s);　　　　　　　　　　　　B. while((s[i++]=getchar())!='\n');s[i]='\0';

    C. cin>>s;　　　　　　　　　　　　D. do {cin>>s[i];}while(s[i++]!='\n');s[i]='\0';

24. 设有下面的程序段：

```cpp
char a[3],b[]="China"
a=b;
cout<<a;
```

则（　　　　）。

    A. 编译出错　　　　　　　　　　　　B. 运行后将输出 Ch

    C. 运行后将输出 Chi　　　　　　　　D. 运行后将输出 China

25. 下面程序的运行结果是（　　　　）。

```cpp
#include <isotream>
using namespace std;
int main ()
{
```

```
char ch[7]={"12ab56"};
    int i,s=0;
    for(i=0;ch[i]>='0'&&ch[i]<='9';i+=2)
    s=10*s+ch[i]-"0";
    cout<< s;
    return 0;
}
```

A. 1   B. 12a56b   C. 12ab56   D. 1256

26. 以下程序的输出结果是（　　　）。

```
#include <iostream>
using namespace std;
int main ()
{
    char b[]="Hello ,you";
    b[5]=0;
    cout<< b;
    return 0;
}
```

A. Hello,you   B. Hello   C. HeloOyou   D. Hell

27. 设有如下程序：

```
static int a[]={7,4,6,3,10};
int m , k, *ptr ;
m=10;
ptr=&a[0];
for(k=0;k<5;k++)
m=(*(ptr+k)<m)  *(ptr+k): m;
```

执行上面的程序后，m 的值为（　　　）。

A.10   B. 7   C. 6   D. 3

28. 设 "int a[3][4]={{1,3,5,7},{2,4,6,8}};"，则 *(*a+1) 的值为（　　　）。

A. 1   B. 2   C. 3   D. 4

29. 有如下定义语句 "int a[]={1,2,3,4,5};"，则对语句 "int *p=a;"，正确的描述是（　　　）。
    A. 语句 "int *p=a;" 定义不正确
    B. 语句 "int *p=a;" 的初始化变量 p，使其指向数组 a 的第一个元素
    C. 语句 "int *p=a;" 把 a[0] 的值赋给变量 p
    D. 语句 "int *p=a;" 把 a[1] 的值赋给变量 p

30. 设 "char b[5],*p=b;"，则正确的赋值语句是（　　　）。
    A. b="abcd";   B. *b="abcd";   C.p="abcd";   D. *p="abcd"

31. 设 "int a[10];*pointer=a;"，以下不正确的表达式是（　　　）。
    A. pointer=a+5;   B. a=pointer+a;
    C. a[2]=pointer[4];   D. *pointer=a[0];

32. 设 "int a[12]={0,1,2,3,4,5,6,7,8,9,10},*p=a;"，以下对数组元素的错误引用是（　　　）。
    A. a[p-a]   B. *(&a[i])   C. p[i]   D. *(*(a+i))

33. 设有如下定义：

```
int arr[]={6,7,8,9,10};
int *ptr;
```

则下列程序段的输出结果为（　　　）。

```
ptr=arr;
*(ptr+2)+=2;
```

```
cout<<*ptr<<","<<*(ptr+2)<<endl;
```

    A. 8,10   B. 6,8   C. 7,9   D. 6,10

34. 设有如下定义：

```
char *aa[2]={"abcd","ABCD"};
```

    则以下说法中正确的是（　　　　）。

    A. aa 数组中的元素值分别为 "abcd" 和 "ABCD"

    B. aa 是指针变量，它指向含有两个数组元素的字符型一维数组

    C. aa 数组的两个元素分别存放的是含有 4 个字符的一维字符数组的首地址

    D. aa 数组的两个元素中各自存放了字符 'a' 和 'A' 的地址

35. 设有如下程序：

```
char str[]="Hello";
char *ptr;
ptr=str;
```

    则表达式 *(ptr+5) 的值是（　　　　）。

    A. 'o'   B. '\0'   C. 不确定的值   D. 'o' 的地址

36. 设有以下定义：

```
int a[4][3]={1,2,3,4,5,6,7,8,9,10,11,12};
int (*ptr)[3]=a,*p=a[0];
```

    则下列能够正确表示数组元素 a[1][2] 的表达式是（　　　　）。

    A. *((*ptr+1)[2])   B.*(*(p+5))

    C. (*ptr+1)+2   D. *(*(a+1)+2)

37. 若有以下调用语句，则正确的 fun() 函数的首部是（　　　　）。

```
    int main( )
    {
    ...
    int a[50],n;
    ...
    fun(n,&a[9]);
    return 0;
    }
```

    A. void fun(int m,int x[])   B. void fun(int s,int h[41])

    C. void fun(int p,int *s)   D. void fun(int n,int a)

38. 若有下列语句，则不能代表字符 'o' 的表达式是（　　　　）。

```
char s[20]="programming", *ps=s;
```

    A. ps(2)   B. s[2]   C. ps[2]   D.*(ps+2)

39. 函数定义为 Fun(int &i)，变量定义 n = 100，则下面的调用正确的是（　　　　）。

    A. Fun(20)   B. Fun(20 + n)   C. Fun(n)   D. Fun(&n)

40. 设有：

```
char name[10] ="Mary";
char *pName = name;
int i= 5;
```

    对上面语句描述错误的是（　　　　）。

    A. name 和 pName 有相同的值   B. &name[0] 和 pName 有相同的值

    C. name + i 和 pName + i 有相同的值   D. *(name+i) 和 (*pName+i) 有相同的值

41. 数组定义为"int a [4][5];", 下列（　　　）引用是错误的。

    A. *a   B.*(*(a+2)+3)   C.&a[2][3]   D.++a

42. 以下选项中，对指针变量不正确的操作是（　　　）。

    A. int s[10],*q;q=&s[0];   B. int s[10],*q;q=s;

    C. int s[10];int *q=s=1000;   D. int s[10];int *q1=s,*q2=s;*q1=*q2;

二、填空题

1. 以下程序的功能是_____。

```cpp
#include <iostream>
using namespace std;
int main()
{   char b[17]="0123456789ABCDEF";
    int c[64],d,i=0,base=16;
    long n;
    cin>>n;
    do {
        c[i]=n%base;
        i++;
        n=n/base;
    } while(n!=0);
    for(--i;i>=0;--i)
    {   d=c[i];
    cout<<b[d];
    }
    return 0;
}
```

2. 以下程序的输出结果是_____。

```cpp
#include <iostream>
using namespace std;
int main( )
{   char a[80]="abcdef", b[ ]= "1234";
    int num=0, n=0;
    while(a[num] != '\0') num++;
    while(b[n] != '\0')
    {   a[num]=b[n];
        num++;
        n++;
    }
    cout<<a<<" "<<num;
    return 0;
}
```

3. 以下程序的功能是将已知字符串中的空格删去，请在程序中填空。

```cpp
#include <iostream>
using namespace std;
int main( )
{
    ____s[]="I love C++ language";
    int j, k;
    for(j=0_____;s[j]!='\0';j++)
        if(s[j]!= ' ')
        s[k++]=s[j];
        s[j]=_____;
        cout<<s<<endl;
}
```

4. 以下程序的输出结果是_____。

```
#include <iostream>
using namespace std;
int main()
{    int a1[]={1,3,6,7,100};
     int a2[]={2,4,5,8,100},a[10],i,j,k;
     i=j=0;
     for(k=0;k<8;k++)
         if(a1[i]<a2[j])
             a[k]=a1[i++];
         else
             a[k]=a2[j++];
     for(k=0; k<8; k++ )
         cout<<a[k]<<" ";
     return 0;
}
```

5. 下列程序段执行后的输出结果是_____。

```
#include <iostream>
using namespace std;
int main()
{
    char arr[2][4];
    strcpy((char *)arr,"you");
    strcpy(arr[1],"me");
    arr[0][3]='&';
    cout<<(char*)arr<<endl;
    return 0;
}
```

6. 有以下程序段，运行后的输出结果是_____。

```
#include <iostream>
using namespace std;
int main()
{
    char a[]={'a','b','c','d','e','f','g','h','\0'};
    int i,j;
    i=sizeof(a);
    j=strlen(a);
    cout<<i<<" "<<j<<endl;
    return 0;
}
```

7. 下面程序段输出的结果是_____。

```
#include <iostream>
using namespace std;
int main()
{
int i;
int a[3][3]={1,2,3,4,5,6,7,8,9};
for(i=0;i<3;i++)
cout<<a[2-i][i]<<endl;
return 0;
}
```

8. 现有如下程序段，运行结果是_____。

```
#include <iostream>
using namespace std;
int main()
{
```

```
int k[30]={12,324,45,6,768,98,21,34,453,456};
int count=0,i=0;
while(k[i])
{
if(k[i]%2==0 || k[i]%5==0)
count++;
i++;
}
cout<<count<<","<<i<<endl;
return 0;
}
```

9. 阅读如下程序段，在先后输入"love"和"china"后，输出结果是_____。

```
#include <iostream>
using namespace std;
int main()
{
    char a[30],b[30];
    int k;
    gets(a);
    gets(b);
    k=strcmp(a,b);
    if(k>0) puts(a);
    else if(k<0) puts(b);
    return 0;
}
```

10. 现有如下程序段，运行结果为_____。

```
#include <iostream>
using namespace std;
int main()
{
    char a[]="acfijk";          /*这里是有序的字符序列*/
    char b[]="befijklqswz";     /*这里是有序的字符序列*/
    char c[80],*p;
    int i=0,j=0,k=0;
    while (a[i]!='0' && b[j]!='\0')
    {
        if (a[i]<b[j]) c[k++]= a[i++];
        else if (a[i]>b[j]) c[k++]=b[j++];
        else {c[k++]=b[j++]; i++; }
    }
    while(a[i]=='\0' && b[j]!='\0')
        c[k++]=b[j++];
    while(a[i]!='\0' && b[j]=='\0')
        c[k++]=a[i++];
    c[k]='\0';
    puts(c);
    return 0;
}
```

11. 定义变量和数组" int i;int x[3][3] = {1,2,3,4,5,6,7,8,9};"则语句" for(i = 0; i < 3; i ++) cout << x[i][1];"的执行结果是_____。

12. 已知数组 a 中有 n 个元素，下列语句将数组 a 中从下标 x1 开始的 k 个元素移动到从下标 x2 开始的 k 个元素中，其中 0<=x1<x2<n，x2+k<n，请将下列语句补充完整。

```
for (int i = x1+k-1; i>=x1; i--)
    a[_____]=a[i];
```

13. 以下程序的输出结果是_____。

```
#define PR(ar) cout<<ar
#include <iostream>
using namespace std;
int main()
{   int j, a[]={1, 3, 5, 7, 9, 11, 15}, *p=a+5;
    for(j=3; j; j--)
    switch(j)
    {   case 1:
        case 2: PR(*p++); break;
        case 3:PR(*(--p));
        }
    cout<<"\n";
    return 0 ;
    }
```

14. 以下程序的运行结果是_____。

```
#include <iostream>
using namespace std;
void ff(int a[],int n);
int main( )
{   int b[10]={10,9,8,7,6,5,4,3,2,1};
    int i ,ss=0;
    ff(b,8);
    for(i=5;i<10;i++)  ss=ss+b[i];
    cout<<ss<<endl;
    return 0;
}
void ff(int a[],int n)
{   int i,tt;
    for(i=0;i<n/2;i++)
        {   tt=a[i];
            a[i]=a[n-1-i];
            a[n-1-i]=tt;
        }
}
```

15. 有以下程序：

```
#include <iostream>
using namespace std;
int main()
{ int i,j,a[][3]={1,2,3,4,5,6,7,8,9};
for(i=0;i<3;i++)
for(j=i;j<3;j++) cout<<a[i][j];
    cout<<"\n";
}
```

程序运行后的输出结果是_____。

16. 写出下面程序的输出结果_____。

```
#include <iostream>
using namespace std;
int main ( )
{int i,n[]={0,0,0,0,0,};
for(i=1;i<4;i++)
    { n[i]=n[i-1]*2+1;
    cout<< n[i]<<"  " ;}
    }
```

17. 写出下列程序的输出结果_____。

```
#include <iostream>
```

```
using namespace std;
int main( )
{
int a[3][3],*p,i;
p=&a[0][0];
for(i=0;i<9;i++)
p[i]=i+1;
cout<<a[1][2]<<endl;
return 0;
}
```

18. 写出下列程序的输出结果_____。

```
#include <iostream>
using namespace std;
int main( )
{
char ch[2][5]={"6934","8254"},*p[2];
int i,j,s=0;
for(i=0;i<2;i++)
p[i]=ch[i];
for(i=0;i<2;i++)
for(j=0;p[i][j]!='\0'&&p[i][j]<='9';j+=2)
s=10*s+p[i][j]-'0';
cout<<s<<endl;
return 0;
}
```

19. 写出下列程序的输出结果_____。

```
#include <iostream>
using namespace std;
int main( )
{
static char st[]="program";
char *pointer;
pointer=st;
for(pointer=st;pointer<st+7;pointer+=2)
putchar(*pointer);
cout<<endl;
return 0;
}
```

20. 执行下列程序段后，m 的值为_____。

```
int a[2][3]={{1,2,3},{4,5,6}};
int m,*p;
p=&a[0][0];
m=(*p)*(*(p+2))*(*(p+4));
```

21. 写出下列程序的输出结果_____。

```
#include <iostream>
using namespace std;
int main( )
{
int a[5]={2,4,6,8,10}, *p, **k;
p=a;
k=&p;
cout<<*(p++)<<","<<**k<<endl;
return 0;
}
```

22. 写出下列程序的输出结果_____。

```cpp
#include <iostream>
using namespace std;
int main( )
{
int a[]={1,2,3,4,5,6}, *p;
p = a;
*(p+3)+=2;
cout<<*p<<","<<*(p+3);
return 0;
}
```

三、编程题

1. 输入若干个学生的单科成绩（负数结束），统计平均分、最高分、最低分并输出高于平均分的成绩。

2. 用数组计算序列 1/2，2/3，3/5，5/8，…的前 100 项之和。

3. 编写程序将数组中存放的字符串就地按逆序存放。

4. 输入 10 个整数，从小到大排序后输出。

5. 把两个已按升序排列的数组合并成一个升序数组，要求用函数实现。

6. 编写一个函数，输入一个十进制数，输出相应的八进制数。

7. 写一个函数，用"起泡法"对输入的 10 个字符按由小到大的顺序排列。

以下题目用指针完成：

8. 编一个程序，输入 10 个整数并存入一维数组中，在按逆序重新存放后输出。

9. 输入一个字符串，按相反次序输出串中所有字符。

10. 输入 10 个整数，将其中的最大数与最后一个数交换。

11. 输入一个长度不大于 30 的字符串，将此字符串中从第 m 个字符开始的剩余全部字符复制成为另一个字符串，并将这个新字符串输出。要求用指针方法处理字符串。

12. 用指针编写一个程序，当输入一个字符串后，要求不仅能够统计其中字符的个数，还能分别指出其中大小写字母、数字以及其他字符的个数。

第10章 自定义数据类型

【本章要点】
- 结构体变量的定义和使用。
- 结构体数组与结构体指针的概念与使用。
- 链表及其基本操作。
- 共用体变量的定义及使用。
- 类型定义符 typedef 的使用。

前面讲了基本的数据类型,如整型、实型、字符型等,借助这些基本数据类型,可以解决一些简单的问题。对于一些要求处理数据量大、数据类型一致且数据间具有一定联系的问题,C++ 语言引入了数组这种构造类型。在数组中,每个元素都具有相同的基本数据类型,如果一个数组被定义为整型,则这个数组的每个元素都是整型。有时,需要解决的问题中包含这样的一组数据:这组数据的各个元素之间存在联系,但各元素的数据类型却不一致。例如,在学生学籍管理中,要处理学生的基本信息,这些信息包括学号、姓名、年龄、家庭住址等内容,显然这是一个组合数据,但这个组合数据中各个成员的数据类型并不一致。因此 C++ 语言提供了一种新的数据类型来处理此类问题,这就是这一章要讲的结构体类型,除了结构体类型,本章还要介绍 C++ 语言的其他几种自定义数据类型——共用体类型、枚举类型等。

10.1 结构体类型与结构体变量的定义

10.1.1 结构体类型的声明

结构体类型在某些高级语言中被称为记录,属于自定义数据类型,结构体中的各个元素的类型及名称需要用户自己定义,这就是结构体类型的声明,具体的声明形式如下:

```
struct 结构体类型名
{
        数据类型标识符    成员名1;
        数据类型标识符    成员名2;
        数据类型标识符    成员名3;
        …
        数据类型标识符    成员名n;
};
```

例如,对于一个反映学生信息的结构体,可以这样声明:

```
struct student
{
        int    num;
        char   name[20];
        char   sex;
        int    age;
        float  score;
        char   addr[30];
};
```

10.1.2　结构体变量的定义

结构体类型声明的实质是定义了一种新的数据类型，这种数据类型与前面讲过的整型（int）、实型（float、double）、字符型（char）一样，可以定义自己的变量。结构体类型变量的定义形式如下：

```
结构体类型名    变量名；
```

如果要定义一个上例中结构体类型 student 的变量 s1，可以这样写：

```
student s1;
```

有时也可以在声明结构体类型的同时定义它的变量：

```
struct  score
{
    int  num;
    char name[20];
    int  mathematics;
    int  english;
    int  physics;
    int  politics;
}s1;
```

上述定义也可以省略结构体类型名，这样变量定义就变成：

```
struct
{
    int  num;
    char name[20];
    int  mathematics;
    int  english;
    int  physics;
    int  politics;
}s1;
```

10.2　结构体变量的初始化与引用

定义了结构体类型及结构体变量后，就可以像对数组一样对结构体变量进行初始化。例如：

```
struct score s={2001, "WangXia", 85,73,90,80};
```

对结构体变量中的某个成员进行单独操作称为结构体成员的引用，C++ 语言中对结构体变量成员的引用形式是：

```
结构体变量.成员名
```

其中，"."是结构体成员运算符，有了成员的引用，就可以通过对结构体变量各成员逐一赋值来完成对结构体变量的赋值：

```
struct score s1;
s1.num=2002;
s1.name="LiXiaoMing";
s1.mathematics=80;
s1.english=86;
s1.physics=76;
s1.politics=65;
```

【例 10-1】 编写程序，通过键盘输入学生的学号、姓名等信息，然后输出。

```cpp
#include <iostream>
#include <iomanip>
using namespace std;
struct date
        {
            int year;
            int month;
            int day;
        };
struct student
            {
                int     num;
                char    name[20];
                struct date birthday;
            };                              //声明描述学生学号、姓名及出生日期的结构体student
int main()
{
    struct student s1;              //定义student的变量s1
        cout<<"请输入学生学号、姓名、出生年月日: \n";
        cin>>s1.num;                    //通过键盘输入对结构体变量赋初值
        cin>>s1.name;
        cin>>s1.birthday.year;
        cin>>s1.birthday.month;
        cin>>s1.birthday.day;
        cout<<"该学生的基本信息: "<<setw(6)<<s1.num<<setw(10)<<s1.name<<setw(4)<<s1.
            birthday.year<<"/"<<setw(2)<<s1.birthday.month<<"/"<<setw(2)<<s1.
            birthday.day;         //输出结构体变量各成员的值
    return 0;
}
```

说明：本例中，结构体成员 birthday 又是另一个结构体类型 date 的变量，因此，在对 birthday 成员进行引用时，需要逐级引用：s1.birthday.year。本例程序的运行结果如图 10-1 所示。

图 10-1　例 10-1 程序的运行结果

10.3　结构体数组

一个结构体变量可以存放一组数据，如果要存放多组这样的数据，就需要定义结构体数组。结构体数组与前面介绍过的数值型数组的不同之处在于：每个数组元素都是一个结构体类型的数据，它们都分别包括各个成员项。

【**例 10-2**】编程序建立学生通讯录，通讯录信息包括：姓名、电话号码、住址及年龄。

```cpp
#include <iostream>
using namespace std;
#include<iomanip>
#define NUM 1
struct mem
{
        char name[20];
        char phone[10];
        char addr[20];
```

```
            int    age;
    };                              //声明描述学生通讯录信息的结构体mem
    int main()
    {
            struct   mem   f[NUM];//定义结构体数组f，存放NUM个学生的通讯录信息
            int i;
        for(i=0;i<NUM;i++)
        {
            cout<<"input name:\n";
            cin>>f[i].name;
            cout<<"input phone:\n";
            cin>>f[i].phone;
            cout<<"input addr:\n";
            cin>>f[i].addr;
            cout<<"input age:\n";
            cin>>f[i].age;
        }
        cout<<"name\t\t\t"<<"phone\t\t"<<"address\t\t"<<"age"<<endl;;
        for(i=0;i<NUM;i++)
            cout<<f[i].name<<setw(15)<<f[i].phone<<setw(15)<<f[i].addr<<setw(10)<<f[i].age;
        return 0;
    }
```

10.4 指向结构体变量的指针

在 C++ 语言中，指针是一个重要的概念，用户可以声明指向所有数据类型变量的指针，包括结构体类型。一个结构体变量的指针就是为该变量分配的内存单元的首地址，而指向结构体数组的指针则是该数组所占内存的首地址。

为介绍结构体指针，首先定义结构体类型 stu 及其变量 f1、f2：

```
struct stu
{
    int num;
    char name[20];
    char phone[10];
    char addr[30];
}f1,f2;
```

然后，定义指向结构体变量的指针 p1、p2，为 p1、p2 赋值，让它们指向结构体变量 f1、f2：

```
struct stu *p1, *p2 ;
p1=&f1;p2=&f2;
```

引入结构体变量指针后，就可以通过以下 3 种方式引用结构体成员：

1）结构体变量.成员名，如 f1.num。

2）(*结构体变量指针).成员名，如 (*p1).num。

3）结构体变量指针 -> 成员名，如 p2->num。

其中，"->"为指向结构体成员的运算符。注意：结构体成员运算符 "."和指向结构体成员的运算符 "->"都是用来引用结构体变量的成员，但它们的应用环境不一样，前者用在一般结构体变量中，而后者与指向结构体变量的指针连用。

【例 10-3】 编写函数，用结构体指针实现在例 10-2 建立的学生通讯录中按姓名查询的功能。

```
void find(struct stu *p)
{   int r=0;
    char sin[20];
```

```
cout<<"please input name:"
cin>>sin;
for(i=0;i<NUM;i++)
    {
        if(strcmp(p->name,sin)==0)/*比较通讯录中的名字与要查询的名字,如果相等,输出相应信
                                    息;否则输出"无法找到此人"*/
            { r=1;
                cout<<"name:\t\t"<<(*p).name;
                cout<<"phone:\t\t"<<p->phone;
                cout<<"address:\t\t"<<p->addr;
                cout<<"age:\t\t"<<p->age;
            }
    }
    if(r==0)
                cout<<"sorry, can not find the fellow!";
}
```

10.5 链表

前面已经学习了数组,用数组类型处理数据时,要求事先知道数组元素的个数,即不能动态定义数组。有时,程序处理的数据个数是不确定的,怎样处理能够动态增长的数据?是否可以根据需要申请和归还内存空间?这就是下面要介绍的 new 和 delete 运算符。

10.5.1 new、delete 运算符

new 和 delete 是 C++ 语言引入的单目运算符,new 运算符根据申请变量的数据类型,自动地分配内存单元。使用 new 运算符分配内存单元的一般格式为:

    new   类型标识符(初值)

当动态分配内存成功时,new 运算符的执行结果为所分配的内存空间的首地址;如果分配不成功,运算符的执行结果为 NULL。实际使用中,new 运算符的执行结果可以为一个指针变量赋值,例如:

```
int *p;        //分配指向整数的指针p
p=new int(10)//为整型变量分配内存空间,该变量的初值为10,p中存放分配内存的首地址
```

也可以利用 new 运算符为一维数组分配内存空间,例如:

```
float *p;
p=float [10];
```

还可以通过 new 运算符为二维数组分配存储空间,如:

```
char **p=new char *a[2];
```

说明:

1)用 new 运算符为数组分配内存时,不能同时为该数组赋初值。

2)使用 new 运算符申请内存空间,系统会在堆中为相应的数据类型分配内存空间,如果由于内存不足等原因无法正常分配空间,则 new 运算符返回空指针 NULL,可以根据该指针的值判断分配空间是否成功。

3)用 new 分配的内存单元会一直保存在内存中,直到使用 delete 运算符释放为止。

delete 运算符可以将通过 new 运算符分配的内存空间归还系统,也称"释放",当释放为基本数据类型申请的内存空间时,delete 运算符的一般格式为:

    delete 指针变量名

当释放为数组所申请的内存空间时，delete 运算符的格式为：

```
delete[] 指针变量名
```

【例 10-4】 new 和 delete 运算符的使用。

```
#include <iostream>
using namespace std;
int main()
{
    int *birthday=new int[3];/*为有3个元素的整型数组申请内存空间，将首地址保存在指针变量
                              birthday中*/
    if(birthday!=NULL)
    {
        birthday[0]=6;
        birthday[1]=24;
        birthday[2]=1940;
        cout<<birthday[0]<<","<<birthday[1]<<","<<birthday[2]<<endl;
        delete[] birthday;
    }/*如果内存分配成功，则通过指针变量birthday为数组元素赋初值，输出数组各元素的值，最后使用
       delete运算符释放为数组分配的内存空间*/
    else cout<<"内存分配失败！"<<endl;
    return 0;
}
```

10.5.2 链表的概念

有了 C++ 语言的 new 运算符，就可以通过它来解决动态增长的数据问题：当需要一个新的内存单元存放数据时，可以通过 new 运算符申请相应的内存单元，并将分配到的内存单元首地址保存在某一指针变量中，这样重复多次就可以得到多个内存单元。但这种方法需要多个指针变量来存放所分配的内存单元的地址，而且当程序访问这些变量时，必须借助指针才能完成，因此这种方式给数据的访问带来很大的不便。

能不能让动态分配的内存单元自己建立相互之间的联系呢？结合前面的结构体类型，可以创建一种特殊的结构体类型，这种结构体类型除了包含所有的数据成员外，又增加了一个指针变量成员。多次使用 new 运算符为结构体变量申请内存单元（称为节点），将前一个节点的指针变量成员指向下一个节点的首地址，最后一个节点的指针变量成员存放 NULL，这样就可以将所有数据像"手拉手"一样连接在一起了。这种通过每个结构体变量的指针成员项"串起来"的数据类型就是链表，图 10-2 表示一个简单的链表结构。

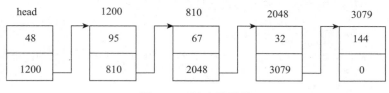

图 10-2　链表的结构

10.5.3 创建链表

创建链表是指从无到有地建立一个链表的过程，首先需要为链表节点申请内存空间，并将这些节点通过指针成员项一一链接起来，最后保留链表第一个节点（头节点）的首地址（头指针 head），以供后续对链表的操作。为方便讲解，下面的链表节点类型统一定义为：

```
struct node
```

```
{
    int num;
    node *next;
};
```

【例 10-5】 编写函数，创建一个链表。

```
struct *create()
{
    node *p1,*head,*p2;
    p1=new node;     //为链表的节点申请内存空间
    p2=new node;
    cout<<"Please input a num:"<<endl;
    cin>>p1->num;    //节点的num成员项由键盘输入
    p1->next=p2;     //头节点的next成员项存放第二个节点的首地址
    cout<<"Please input a num:"<<endl;
    cin>>p2->num;
    p2->next=NULL;   //它是本链表的最后一个节点
    head=p1;
    return head;     //返回链表的头指针
}
```

10.5.4 插入链表节点

向一个链表插入节点的过程分为 3 步：

1）确定插入节点在链表中的位置。

2）为插入节点申请内存空间。

3）通过改变节点的 next 项的值将节点插入链表中。

【例 10-6】 编写函数，将一个 num 项为 x 的节点插入一个按 num 项升序排列的节点链表中。

```
struct *insert(struct *head, x)
    {
        struct *p,*p1,p2;
        p=new node;                 //为插入节点申请内存空间，p指向要插入的节点
        p->num=x;
        if(head==NULL)              //插入链表为空表的操作
            head=p;
        else
        {
            p1=p2=head;
            while(p1->num<=x)
            {
                p2=p1;
                p1=p1->next;
            }                       //确定插入节点p的位置，p2指向p的前一个节点，p1指向p的后一个节点
            if(p1==p2)              //插入节点位于链表首部
            {
                head=p;
                p->next=p1;
            }
            else if(p1!=NULL)   //插入节点位于链表中间位置
            {
                p2->next=p;
                p->next=p1;
            }
            else                    //插入节点是链表的最后一个节点
            {
                p2->next=p;
```

```
            p->next=NULL;
        }
    }
    return head;
}
```

10.5.5 删除链表节点

删除链表节点的过程分为两步：①确定删除节点在链表中的位置；②删除链表节点。确定好删除节点的位置后，具体的删除操作需要考虑删除节点在链表中的位置，不同的位置加以不同的处理。

【例 10-7】 编写函数，删除链表的一个指定节点（节点数据成员项的值等于 x）。

```
struct *delete(struct *head,int x)
{
    struct *p1,p2;
    if(head==NULL)                  //删除节点的链表为空
    {
        cout<<"This is a null list!";
        return head;
    }
    p1=head;
    if(p1->num==x)                  //删除节点是链表的头节点
            head=p1->next;
    else
    {
            while((p1->num!=x)      //确定删除节点的位置
            {
                    p2=p1;
                    p1=p1->next;
            }
            if(p1->num==x)          //删除节点位于链表中间
                    p2->next==p1->next;
            else if(p1->next==NULL)//遍历整个链表，未找到删除节点
                    cout<<"can not find the node!!";
    }
    return head;
}
```

10.6 共用体和枚举类型

10.6.1 共用体类型

有时为了节省内存空间，可以把几个不同类型的变量存放在同一段内存单元中。例如，可以把一个整型变量、一个字符型变量、一个实型变量存放在同一段内存中，这段内存的大小由这 3 种数据类型中占内存最大的类型确定。这种特殊的数据类型就是共用体类型，共用体类型的声明形式是：

```
union 共用体类型名
    {
        数据类型标识符 成员名1;
        数据类型标识符 成员名2;
        数据类型标识符 成员名3;
        ...
        数据类型标识符 成员名n;
    };
```

在声明共用体类型后，可以定义该共用体的变量，具体定义形式是：

共用体类型名 变量名；

共用体变量的引用与结构体变量相似，引用形式是：

共用体变量名.成员名

需要注意的是，共用体变量虽然具有多个成员项，但每次只能存放一个成员的值，新成员赋值后，原成员的值自动被覆盖，而前面讲过的结构体变量会为每个成员分配独立的内存单元。

【例 10-8】 共用体类型的使用。

```cpp
#include <iostream>
using namespace std;
int main()
{
    union
    {
        int i;
        double d;
        char c;
    }r;                        //声明共用体类型并定义变量r
    r.i=39;                    //为r赋值整数39
    r.c='a';                   //为r赋值字符'a'
    cout<<r.i<<','<<r.c<<endl;//输出r的值
    return 0;
}
```

例 10-8 的运行结果如图 10-3 所示。

图 10-3　例 10-8 程序的运行结果

10.6.2　枚举类型

当一个变量的取值只有确定的几种可能时，可以将它定义为枚举类型，枚举类型是一种自定义数据类型，对枚举类型的声明要一一列举出枚举变量的取值，具体的声明形式如下：

enum 枚举类型名{ 枚举值列表 }；

枚举变量的定义形式是：

枚举类型名 枚举变量名；

一般地，在 C++ 语言中用符号常量表示枚举值，这样可以增加程序的可读性，但编译器用整型值代替这些符号常量，称为枚举器（enumerator）。一般情况下，枚举器用 0 表示第一个符号常量，用 1 表示第二个，以此类推。例如：

enum weather{sunny, cloudy, rainy, windy};

默认情况下，sunny=0，cloudy=1，rainy=2，windy=3，C++ 语言也可以显式地指定某个枚举器的值：

enum fruit{apple= 3,orange, banana = 4, bear};

根据上面的依次加 1 规则，orange= 4, bear= 5，需要注意的是，虽然 C++ 语言编译器用整型值来代替符号器常量，但对枚举型变量赋值时，只能用符号常量，不可以直接赋符号常量对应的整数值，如：

```
weather lanzhou;lanzhou=2;
```

是错误的赋值方式，只能这样赋值：

```
lanzhou=rainy
```

【例 10-9】 枚举类型的使用。

```cpp
#include <iostream>
using namespace std;
int main()
{
    enum egg{a,b,c}; //声明枚举类型egg
    egg test;        //定义egg的变量test
    test= c;
    if (test==c)
    {
        cout <<"枚举变量判断:test枚举对应的枚举元素是c" << endl;
    }
    if (test==2)
    {
        cout <<"枚举变量判断:test枚举元素的值是2" << endl;
    }
    cout <<"a="<<a << ";" <<"b="<<b<< ";" <<"test="<<test<<endl;
    test = (enum egg) 0;
    cout << "枚举变量test值改变为:" << test <<endl;
    return 0;
}
```

程序的运行结果如图 10-4 所示。

图 10-4　例 10-9 程序的运行结果

10.7　类型定义符 typedef

在 C++ 语言中，除了可以直接使用标准类型名（如 int、char、struct 等）定义变量外，还允许用户自己定义类型说明符，即用户可以为数据类型取"别名"。类型定义符 typedef 可以为已有的数据类型名声明新的名称。在实际编程中，用 typedef 为数据类型定义别名的优点是：首先，可以使这种数据类型的含义更加明确，从而增加了程序的可读性，例如，定义了 typedef char keyboardkey 后，程序中的字符类型就特指键盘上的键；其次，对于结构体、枚举等数据类型，当类型名很长时，使用 typedef 定义的别名来定义变量，可以简化变量的声明；最后，可以增加程序的可移植性，便于实现程序的向上兼容。

10.7.1　用 typedef 定义数据类型

typedef 定义新类型的形式为：

```
typedef 原类型名 新类型名
```

实际程序中，当用 typedef 为基本数据类型定义别名后，用两种方式声明变量是等价的，如有

```
typedef int INTEGER;
```

则 "int a" 等价于 "INTEGER a;"。

对于数组类型，当使用 typedef 定义别名后，如：

```
typedef char NUM[10];
```

则 "char ch[10];" 等价于 "NUM ch;"。

对于结构体类型，可以这样定义别名：

```
typedef struct studentinformation
    {
        long num;
        char name[20];
        char sex;
        char address[30];
    }STU;
```

则可以这样定义结构体变量：

```
STU s1,s2;
```

对于指针变量，也可以定义别名：

```
typedef float * POINT;
```

那么 "POINT a;" 就可以定义一个指针用于指向 float 型变量。

10.7.2　用 typedef 定义函数指针类型

用 typedef 还可以定义函数指针类型别名，程序可以使用别名来定义函数指针变量，通过对指针变量的赋值调用函数。

【例 10-10】 typedef 定义函数指针的用法。

```cpp
#include <iostream>
using namespace std;
typedef void (*PF) (int);//定义指向函数的指针PF
void func1(int x)
{
cout<<"func1:"<<x<<endl;
}
void func2(int x)
{
cout<<"func2:"<<x<<endl;
}
int main()
{
    PF pFunc;               //定义PF类型指针pFunc
    pFunc=func1;            //pFunc指向函数func1
    pFunc(38);              //以指针方式调用函数func1
    pFunc=func2;
    pFunc(99);
    return 0;
}
```

上述程序的运行结果如图 10-5 所示。

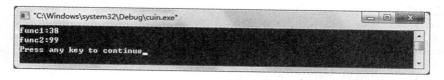

图 10-5　例 10-10 程序的运行结果

下面对类型定义符 typedef 作简要说明：

1）typedef 只能为 C++ 语言中已有的数据类型定义别名，而不能创建新的数据类型。

2）用 typedef 定义的别名一般用大写字母标识，以区别于原数据类型名。

3）typedef 与宏定义有本质的不同：宏定义可以用来替代变量或者函数，放在程序的头部，在编译时进行字符替代，在预处理完成后，它本身不占编译内存；typedef 在编译时进行处理，它不是作简单的字符替换，而是对类型说明符重新命名。

习题

一、选择题

1. 设有以下说明语句：

```
struct stu
{ int a;
    float b;
} stutype;
```

则下面的叙述不正确的是（　　　）。

A. struct 是结构体类型的关键字　　　　　　B. struct stu 是用户定义的结构体类型

C. stutype 是用户定义的结构体类型名　　　　D. a 和 b 都是结构体成员名

2. 设有以下说明语句：

```
struct ex
{ int x ; float y; char z ;} example;
```

则下面的叙述中不正确的是（　　　）。

A. struct 是结构体类型的关键字　　　　　　B. example 是结构体类型名

C. x、y、z 都是结构体成员名　　　　　　　　D. struct ex 是结构体类型名

3. 设有以下说明语句：

```
typedef struct
{ int n;
 char ch[8];
} PER;
```

则下面叙述中正确的是（　　　）。

A. PER 是结构体变量名　　　　　　　　　　B. PER 是结构体类型名

C. typedef struct 是结构体类型　　　　　　　D. struct 是结构体类型名

4. 当说明一个结构体变量时，系统分配给它的内存是（　　　）。

A. 各成员所需内存量的总和　　　　　　　　B. 结构中第一个成员所需内存量

C. 成员中占内存量最大者所需的容量　　　　D. 结构中最后一个成员所需内存量

5. 以下程序的运行结果是（   ）。

```cpp
#include <iostream>
using namespace std;
int main()
{ struct date
    {int year,month,day;}today;
        cout<<sizeof(struct date);
    return 0; }
```

A. 6   B. 8   C. 10   D. 12

6. 若有以下结构体，则正确的定义或引用是（   ）。

```cpp
struct Test
{ int x;
  int y;
} v1;
```

A.Test.x=10;   B.Test v2;v2.x=10;

C.struct v2;v2.x=10;   D.struct Test v2={10};

7. 设有如下定义：

```cpp
struct sk
{ int a;
  float b;
  } data;
  int *p;
```

若要使 p 指向 data 中的 a 域，正确的赋值语句是（   ）。

A.p=&a;   B.p=data.a;   C.p=&data.a;   D.*p=data.a;

8. 以下对结构体类型变量的定义中，不正确的是（   ）。

A. typedef struct aa   B. #define AA struct aa
   { int n;   AA { int n;
     float m;   float m;
   }AA;   } tdl;
   AA tdl;

C. struct   D. struct
   { int n;   { int n;
     float m;   float m;
   } aa;   } tdl;
   struct aa tdl;

9. 以下程序的输出结果是（   ）。

```cpp
#include <iostream>
using namespace std;
union myun
{struct
  { int x, y, z; } u;
    int k; } a;
int main()
{ a.u.x=4; a.u.y=5; a.u.z=6;
  a.k=0;
  cout<<a.u.x<<"\n";
return 0;  }
```

A. 4   B. 5   C. 6   D.0

10. 若有以下程序：

```cpp
#include <iostream>
using namespace std;
union pw
{ int i;
  char ch[2];
  }a;
int main()
{ a.ch[0]=13;
  a.ch[1]=0;
  cout<<a.i<<"\n";
return 0; }
```

则程序的输出结果是（   ）。

A. 13   B. 14   C. 208   D. 209

11. 下列程序的输出结果是（   ）

```cpp
#include <iostream>
using namespace std;
struct abc
{ int a, b, c, s;};
int main()
{ struct abc s[2]={{1,2,3},{4,5,6}};
  int t;
  t=s[0].a+s[1].b;
  cout<<t<<"\n";
  return 0; }
```

A. 5   B. 6   C. 7   D.8

12. 已知学生记录描述为：

```cpp
struct student
{ int no;
  char name[20],sex;
  struct
  { int year,month,day;
    } birth;
  };
struct student s;
```

设变量 s 中的"生日"是"1984 年 11 月 12 日"，对"birth"进行正确赋值的程序段是（   ）。

A. year=1984;month=11;day=12;

B. s.year=1984;s.month=11;s.day=12;

C. birth.year=1984;birth.month=11;birth.day=12;

D. s.birth.year=1984;s.birth.month=11;s.birth.day=12;

13. 有如下定义：

```cpp
struct person{char name[9]; int age;};
struct person class[10]={"John",17,"paul",19,"Mary",18,"Adam",16,};
```

根据上述定义，能输出字母"M"的语句是（   ）。

A. cout<<class[3].name<<"\n";

B. cout<< class[3].name[1]<<"\n";

C. cout<< class[2].name[1]<<"\n";

D. cout<< class[2].name[0]<<"\n";

14. 有以下程序:

```cpp
#include <iostream>
using namespace std;
struct STU
{ char num[10]; float score[3]; };
int main()
{ struct STU s[3]={{"20021",90,95,85}, {"20022",95,80,75}, { "20023",100,95,90}},*p=s;
int i; float sum=0;
for(i=0;i<3;i++)
sum=sum+p->score[i];
cout<<sum<<"\n";
return 0;
 }
```

程序运行后的输出结果是(   )。

A. 260   B. 270   C. 280   D. 285

15. 以下程序的输出结果是(   )。

```cpp
#include <iostream>
using namespace std;
struct st
{ int x; int *y;} *p;
  int dt[4]={ 10,20,30,40 };
  struct st aa[4]={ 50,&dt[0],60,&dt[0],60,&dt[0],60,&dt[0]};
int main()
  { p=aa;
  cout<<++(p->x)<<"\n";
  return 0;
   }
```

A. 10   B. 11   C. 51   D. 60

16. 有以下程序:

```cpp
#include <iostream>
using namespace std;
struct NODE
{ int num; struct NODE *next; };
int main()
{
    struct NODE *p,*q,*r;
    p=new(struct NODE);
    q=new(struct NODE);
    r=new(struct NODE);
    p->num=10;
    q->num=20;
    r->num=30;
    p->next=q;
    q->next=r;
    cout<<p->num+q->next->num<<"\n";
    return 0;
    }
```

程序运行后的输出结果是(   )。

A. 10   B. 20   C. 30   D. 40

17. 若有以下定义:

```cpp
struct link
{ int data;
  struct link *next;
  } a,b,c,*p,*q;
```

且变量 a 和 b 之间已有如下图所示的链表结构：

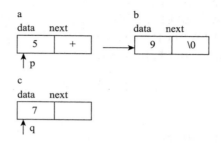

指针 p 指向变量 a，q 指向变量 c，则能够把 c 插入 a 和 b 之间并形成新的链表的语句组是（   ）。

A. a.next=c; c.next=b;

B. p.next=q; q.next=p.next;

C. p->next=&c; q->next=p->next;

D. (*p).next=q; (*q).next=&b;

18. 有以下结构体说明和变量的定义，且指针 p 指向变量 a，指针 q 指向变量 b，则不能把节点 b 连接到节点 a 之后的语句是（   ）。

```
struct node
{ char data;
  struct node *next;
} a,b,*p=&a,*q=&b;
```

A. a.next=q;

B. p.next=&b;

C. p->next=&b;

D. (*p).next=q;

19. 下面程序的输出结果是（   ）。

```
#include<iostream>
using namespace std;
struct st
{ int x;
  int *y;
} *p;
int dt[4]={10,20,30,40};
struct st aa[4]={50,&dt[0],60,&dt[1],70,&dt[2],80,&dt[3]};
int main()
{ p=aa;
  cout<<++p->x<<"\n";
  cout<<(++p)->x<<"\n";
  cout<<++(*p->y)<<"\n";
  return 0;
  }
```

A. 10   B. 50   C. 51   D. 60
   20   60   60   70
   20   21   21   31

20. 关于动态存储分配，下列说法正确的是（   ）。

A. new 和 delete 是 C++ 语言中专门用于动态内存分配和释放的函数

B. 动态分配的内存空间也可以被初始化

C. 当系统内存不够时，会自动回收不再使用的内存单元，因此程序中不必用 delete 释放内存空间

D. 当动态分配内存失败时，系统会立刻崩溃，因此一定要慎用 new

21. 下列语句中错误的是（   ）。

A. const int a;

B. const int a=10;

C. const int *point=0;

D. const int *point=new int(10);

22. 下列枚举类型的定义中，包含枚举值 3 的是（   ）。

A. enum test {RED, YELLOW, BLUE, BLACK};

B. enum test {RED, YELLOW=4, BLUE, BLACK};

C. enum test {RED=-1, YELLOW,BLUE, BLACK};

D. enum test {RED, YELLOW=6, BLUE, BLACK};

23. 有以下定义和语句：

```
struct workers
{ int num;char name[20];char c;
struct
{int day; int month; int year;}s;
};
struct workers w,*pw;
pw=&w;
```

能给 w 中 year 成员赋 1980 的语句是（   ）。

A. *pw.year=1980;   B. w.year=1980;

C. pw->year=1980;   D. w.s.year=1980;

24. 下面 4 个运算符中，优先级最低的是（   ）。

A. ()   B. .   C. ->   D. ++

25. 下面程序的运行结果是（   ）。

```
#include <iostream>
using namespace std;
struct cmplx
{
    int x;
    int y;
}cnum[2]={1,3,2,7};
int main( )
{
cout<< cnum[0].y*cnum[1].x <<"\n";
return 0;
}
```

A. 0   B. 1   C. 3   D. 6

26. 已知：

```
struct sk
{ int a;
  float b;
}data,*p;
```

若有 p=&data，则对 data 中成员 a 的正确引用是（   ）。

A. (*p).data.a   B. (*p).a   C. p->data.a   D. p.data.a

27. 设有以下定义和语句：

```
struct student
{
    int num,age;
    };
struct student stu[3]={{2001,20},{2001,21},{2001,19}};
struct student *p=stu;
```

则以下错误的引用是（   ）。

A. (p++)->num   B. p++   C. (*p).num   D. p=&stu.age

28. 设有以下语句:

```
struct st
{ int n;
  st *next;
};
static st a[3]={5,&a[1],7,&a[2],9,NULL},*p;
p=&a[0];
```

则以下表达式值为 6 的是（   ）。

A. p++->n   B. ++p->n   C. (*p).n++   D.p->n++

29. 在对 typedef 的叙述中，错误的是（   ）。

     A. 用 typedef 可以定义各种类型名，但不能用来定义变量

     B. 用 typedef 可以增加新类型

     C. 用 typedef 只是将已存在的类型用一个新的标识符来代表

     D. 使用 typedef 有利于程序的通用和移植

30. 下面程序的运行结果是（   ）。

```
#include <iostream>
using namespace std;
struct stu
{ int num;
char name[10];
int age;
};
void fun(stu *p)
{ cout<<(*p).name<<endl; }
int main()
{ stu students[3]={{9801,"Zhang",20},{9802,"Long",21},{9803,"Xue",19}};
fun(students+2);
return 0;
}
```

A. Zhang   B. Xue   C. Long   D. 18

31. 语句 "typedef int INTEGER;" 的作用是（   ）。

     A. 建立了一种新的数据类型

     B. 定义了一个新的数据类型标识符

     C. 定义了一个整型变量

     D. 以上说法都不对

二、填空题

1. 下面程序的输出结果是_____。

```
#include <iostream>
using namespace std;
int main()
{ enum team{y1=4,y2,y3};
  cout<<y3;
  return 0; }
```

2. 若有以下说明和定义语句，则变量 w 在内存中所占的字节数是_____。

```
union aa{float x; float y; char c[6]; };
struct st{ union aa v; float w[5]; double ave; } w;
```

3. 设有定义 " struct {int a; float b; char c;} abc, *p_abc=&abc;"，则对结构体成员 a 的引用方法可以是 abc.a 和 p_abc_____a。

4. 以下定义的结构体类型拟包含两个成员，其中成员变量 info 用来存入整型数据，成员变量 link 是指向自身结构体的指针，请将定义补充完整。

```
struct node
{ int info;
    _____link;
};
```

5. 运行以下程序，输出结果是_____。

```
#include<iostream>
using namespace std;
int main()
{
    struct country
        {
            int num;
            char name[20];
        }x[5]={1,"china",2,"USA",3,"France",4,"England",5,"Spanish"};
    struct country *p=x;
    p=x;
    p=p+2;
    cout<<p->num<<","<<x[0].name<<nedl;
    return 0;
}
```

6. 有以下说明和定义语句，请给结构变量 w 赋初值，使 w.a 的值为 7，w.b 指向 a 数组的首地址。

```
double a[5];
struct exp{ int a; double *b;}w={_____ ,_____ };
```

7. 下面程序的输出结果是_____。

```
#include <iostream>
using namespace std;
struct two
{ int x, *y ; }*p;
int a[8]={1,2,3,4,5,6,7,8};
two b[4]={100,&a[1],200,&a[3],10,&a[5],20,&a[7]};
int main()
{
    p=b;
cout<<++(p->x);
return 0;
}
```

8. 下面程序的执行结果是_____。

```
#include <iostream>
using namespace std;
struct n_c
{
int x;
char c;
};
void func(struct n_c b)
{
b.x=20;
b.c='y';
}
int main( )
{
```

```
struct n_c a={10,'x'};
func(a);
cout<<a.x<<" ,"<<a.c;
return 0;
}
```

三、编程题

1. 学生信息由学号和成绩组成，请编写程序，输入 20 名学生的信息，并按给定的学号输出相应学生的成绩。

2. 已知学生信息由学号和程序设计课程的成绩构成，20 名学生的数据已存入结构体数组 a 中，编写程序找出成绩最低的学生并输出相应的学生信息，把高于平均分的学生信息存放在结构数组 b 中，输出最低成绩的信息及 b 数组的学生信息。

第 11 章　面向对象程序设计基础

【本章要点】

- 类和对象。
- 构造函数与析构函数。
- 继承与派生。

C++ 从 C 中继承了面向过程程序设计的优点，又增加了面向对象程序设计的功能。这样使用 C++ 既可以进行面向过程程序设计，又可以进行面向对象程序设计。

C++ 语言是对 C 语言的扩展，是 C 语言的超集。1983 年，贝尔实验室的 Bjarne Stroustrup 在 C 语言的基础上创建了 C++ 语言，它是为 UNIX 系统环境设计的。与 C 语言最大的不同在于：C++ 提供面向对象的程序设计手段。程序员可以用 C++ 轻松实现面向对象的程序设计。

11.1　面向对象程序设计的基本概念

面向对象技术（object oriented technology）是在 20 世纪 80 年代末出现的，它是为了适应开发和维护复杂应用软件的需要，为解决软件危机而诞生的。它的基本思路是按人类通常的思维模式建立应用软件的开发模型，从而设计出可靠性更高、维护性更好的应用软件。面向对象的程序设计方法是继结构化程序设计方法之后的一种新的程序方法，它把面向对象的思想应用于软件开发过程中，指导开发活动，是建立在"对象"概念基础上的方法学。

我们知道，客观世界是由事物组成的，同类事物之间有一些共同的特性，不同的事物之间有着或多或少的联系。在面向对象的程序设计中，客观世界中的每一个具体事物被抽象为对象（object），也就是说，对象是要研究的任何事物。从一本书到一家图书馆，单个的整数到庞大的数据库、极其复杂的自动化工厂、航天飞机都可看作对象，它不仅能表示有形的实体，也能表示无形的（抽象的）规则、计划或事件。对象是由数据（描述事物的属性）和作用于数据的操作（体现事物的行为）构成的一个独立整体。从程序设计者来看，对象是一个程序模块；从用户来看，对象为他们提供所希望的行为。

类是对象的模板，即类是对一组有相同数据和相同操作的对象的定义，类是所有对象的共同行为和不同属性的集合体。类是在对象之上的抽象，对象则是类的具体化，是类的实例。类可有其子类，也可有其他类，形成类层次结构。

对象之间进行通信的规格说明就是消息，一般它由三部分组成：接收消息的对象、消息名及实际变元。

例如，张三是一个具体的人，具有姓名、年龄、性别、住址及电话号码等属性值；李四也是一个具体的人，具有与张三不同的上述属性值。将张三和李四等不同对象中共有的属性抽取出来，形成"人"这个类，那么，张三、李四都是"人"这个类的具有不同属性值的对象。

面向对象技术的基本特征主要有：封装性、继承、多态。

（1）封装性

封装是一种信息隐蔽技术，它将数据结构和对数据的操作组合成为一个整体，其目的在于对外隐蔽其内部实现细节，从而避免了因为数据紊乱带来的程序调试与维护的困难。

（2）继承

继承是指一个类可以拥有另一个类的属性和方法，同时还可以进行修改和扩充。如果没有继承机制，则类对象中数据、方法就会出现大量重复。继承不仅支持系统的可重用性，而且还促进系统的可扩充性。

（3）多态

对象根据所接收的消息而做出动作，同一消息被不同的对象接收时可产生完全不同的行为，这种现象称为多态。利用多态用户可发送一个通用的信息，而将所有的实现细节都留给接收消息的对象自行决定，由此同一消息即可调用不同的方法。多态的实现受到继承性的支持，在面向对象程序设计语言中，可通过在派生类中重定义基类函数（定义为重载函数或虚函数）来实现多态性。

11.2　类和对象

11.2.1　类的概念

类是一种复杂的数据类型，它将不同类型的数据以及对这些数据相关的操作封装在一起构成一个整体。类有点像 C 语言中的结构体，不同的是结构体没有类所具有的"对数据相关的操作"。这里，"对数据相关的操作"就是"方法"，也就是函数。

类是一个抽象的概念，它描述的是一类事物的共同特征。具体而言，类是从静态和动态两个方面来描述这些特征的。一方面，静态特征描述的是事物的状态，即事物当前表现出的一些稳定的特征，有了这些特征，事物才可以识别并相互区分，这些静态特性就是类的"属性"；另一方面，事物总是运动、变化、发展的，也就是说，事物总有一些行为方面的特征，这些动态特征描述了该事物能够进行的一些动作、活动或交互，它们可能是该事物对自身状态的改变，可能是该事物与其他事物的交互等，这些动态的行为特征就被抽象成了类的"方法"。

11.2.2　类的定义

定义一个类的格式为：

```
class   类名
{
    private:      //私有成员数据和函数
    public:       //公有成员数据和函数
    protected:    //保护成员数据和函数
};
```

说明：

1）private、public、protected：称为访问限定符，完成了 C++ 语言中数据封装的目的。

2）private：指其后所定义的数据和函数是私有的，只能供类内成员或友元调用。

3）public：指其后所定义的数据和函数是公有的，程序中的所有函数和语句都可以直接调用类内的公有成员。类中的公有成员多半为成员函数，是类与外界联系的接口，通过这个接口可以访问类的私有成员。

4）protected：指其后所定义的数据和函数是受保护的，这些受保护的成员只能供类内成员或该类的派生类调用。

5）并不是每一个类定义都需要这 3 种访问限定符；如果不指定访问限定符，则系统就默认为是私有的（private）。

6）在声明类时，访问限定符出现的次序、次数是任意的，每个访问限定符的有效范围到出现另一个访问限定符或类体结束时为止。

【例 11-1】 定义一个类。

```
class student                    //student为类名
{
    private:                     //以下开始定义私有成员
        string   num;
        string   name;
    public:                      //以下开始定义公有成员
        int age;
    void show()                  //定义成员函数
        { cout<< setw(16)<<num<<setw(20)<<name<<setw(4)<<age<<endl;
        }
};
```

在 student 类的定义中，num、name 和 age 是类 student 的数据成员（属性），用来描述学生的基本信息，其中，num 和 name 是私有的，age 是公有的；show 是类 student 的成员函数（方法），用来显示学生的基本信息；类定义中还需要注意的一点是，表示类定义结束的"}"后是带";"的。

类的数据成员（属性）一般都被声明为私有的，类的成员函数（方法）一般都被声明为公有的。这样做是为了将类的数据成员隐藏起来，避免外界直接访问而带来的数据破坏或不当修改。这些被隐藏起来的私有数据成员只能被成员函数访问，这样实现了对类中数据的限制，从而提高了数据的安全性，保证了数据的完整性。

从上面的介绍可以看到，类的声明将定义对象状态的属性（数据成员）和对状态能进行修改的方法（成员函数）打包在一起，实现了操作和操作对象的一体化；同时，根据需要，对成员进行私有、保护或公有化声明，对外公开的是类的接口，对外隐藏的是类的内部状态，这就是类的封装。

注意：一般将类定义放在后缀名为".h"的头文件中。

11.2.3 对象的定义

类是一个类型，不能对一个类进行赋值等操作。要想进行具体的操作，必须对类进行实例化，而类的实例化就是对象。

完成了类的声明，就可以用类来定义对象了。对象定义的一般形式为：

```
类名 对象名列表；
```

如：

```
student stu1,stu2,*p;
```

其中，stu1、stu2 是类型为 student 的对象，p 是一个指向 student 类的对象的指针。

需要注意的是，一个类只定义了一种类型，只有它被实例化，生成对象后，才能接收和存储具体的值。stu1 和 stu2 便是两个不同的对象，它们占有不同的内存区域，保存有不同的数据，但它们形式相同，操作代码也相同。在 C++ 中，操作代码（即成员函数）为该类的所有对象共享。

11.2.4　成员的引用方式

在定义类时，被声明为 private 的成员变量与函数，只能被该类内部的其他成员变量和函数直接引用，外部无权访问，例 11-1 中类 student 所定义的函数 show() 中，对本类中的私有成员变量 num 和 name 是直接引用的。对于声明为 public 的成员变量与函数，外部才可以访问，要访问类中的某一个公有成员，其引用方式与结构体类似：

　　对象名.成员名

如：

```
stu1.age=18;        //访问对象stu1的公有成员变量age
stu1.show();        //访问对象stu1的公有成员函数show()
```

注意：对于其中的两个私有成员变量 num 和 name，来自 stu1 的外部访问是不合法的，例如：

```
stu1.num="201601001";      //错误，外部变量访问了类的私有成员
```

若定义的对象为指针类型，则其使用方法与指向结构体的指针的用法相同，将其中的成员运算符 "." 改为 "->" 即可。如：

```
p=&stu2;            //将对象stu2的地址赋给指针p
p->age=17;          //通过指针p访问stu2的数据成员age
```

【例 11-2】　定义 student 类，从键盘输入两个学生的基本信息并输出。

```
#include <iostream>
#include <string>
#include <iomanip>
using namespace std;
class student
{
public:
    string num;
    string name;
    int age;
    void show()                              //定义成员函数
    {
    cout<< setw(16)<<num<<setw(20)<<name;
    cout<<setw(4)<<age<<endl;
    }
};
void main()
{
    student stu1,stu2;                       //定义两个student类的对象stu1、stu2
    cout<<"请输入stu1的学号、姓名、年龄: "<<endl;
    cin>>stu1.num>>stu1.name>>stu1.age;      //从键盘输入stu1的各成员值
    cout<<"请输入stu2的学号、姓名、年龄: "<<endl;
    cin>>stu2.num>>stu2.name>>stu2.age;      //从键盘输入stu2的各成员值
    cout<<"stu1和stu2的学号、姓名、年龄分别是: "<<endl;
    stu1.show();                             //调用stu1的成员函数show
    stu2.show();                             //调用stu2的成员函数show
}
```

程序的运行结果如图 11-1 所示。

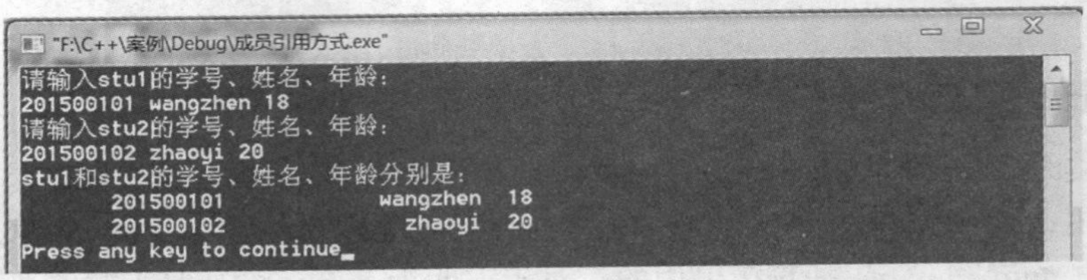

图 11-1　例 11-2 程序的运行结果

注意：在本例中，为了能使用对象直接访问成员变量，所以将 num、name、age3 个成员变量全部声明为 public。

11.3　成员函数的声明方式

成员函数作为类的方法，在类声明中的作用非常重要。在 C++ 语言中，成员函数的声明方式有两种：第一种方式是把成员函数的函数体放置在类主体内部；第二种方式是在类主体内部只声明成员函数的原型，而将函数体放在类主体之外定义。

11.3.1　内置成员函数的声明

该声明方式就是把成员函数的全部定义放在类主体内，这时 C++ 语言编译系统默认把该成员函数作为内置函数处理。前面例 11-2 中 student 类的所有成员函数都是按照这种方式声明的。

该方式的优点是可以在类主体中看到全部成员函数的实现代码，不用到程序的其他地方去查找成员函数的实现代码，而且这样定义的函数运行效率较高。但是，这样定义成员函数的缺点是会让一个类的主体膨胀，降低了程序的可读性。

11.3.2　成员函数的原型与函数体分开定义

当一个类中有大量的成员函数定义放在类体内部时，程序员的注意力会被大量成员函数的实现代码干扰，不容易立即看到该类的基本框架和对外接口，影响程序员对一个类的总体认识。

本方法是只在类内声明成员函数的原型，将具体的函数体的定义放在类外，并用类属说明符 "::" 来标明所属的类，这也是最常用的成员函数的定义方式。

此种方法的格式是：

```
返回值类型 类名::成员函数名(形参表)
{
    ...                          //函数体
}
```

下面将例 11-2 中类的定义改为：

```
class student
{
public:
    string num;
    string name;
    int age;
    void show();                 //声明成员函数原型
};
```

```
void student:: show()        //在类体外定义成员函数的函数体
{
    cout<< setw(16)<<num<<setw(20)<<name<<setw(4)<<age<<endl;
}
```

11.3.3　内置函数在类体外定义

成员函数的两种定义方法中，第一种直接在类体内给出完整定义，也称"嵌入式函数"；另一种方法是在类内只给原型说明，在类体外给出函数的完整定义，这种方式定义的函数在概念上仍然认为该函数是封装起来的，但从编译后产生的代码来说，却增加了函数调用与返回的开销，使运行速度有所降低。

为了不破坏程序的可读性，在类体外定义函数，但又不想降低程序的运行效率，可以使用 inline 使成员函数虽在类体外定义，但在编译时，inline 关键字就会向编译系统提出请求，将所调用函数的代码嵌入主调函数中，这样不会降低运行效率。这种嵌入主调函数中的函数称为内置函数，又称内嵌函数、内联函数。

内置函数是在 C++ 中为提高程序运行效率而引入的一种新方式，定义内置函数的形式只需在函数名的最前端加关键字 inline。

内置函数在类体外定义的一般格式为：

```
inline 返回值类型  类名::成员函数名(形参表)
{
    函数体
}
```

下面将例 11-2 中类的内置函数放在类体外定义：

```
class student
{
public:
    string num;
    string name;
    int age;
    void show();                //声明成员函数原型
};
inline void student ::show()  //内置成员函数在类体外定义
{
    cout<< setw(16)<<num<<setw(20)<<name<<setw(4)<<age<<endl;
}
```

本例中，show() 函数的函数体虽然在类体外定义，但是其前面加了 inline，所以这种定义方式的效果与例 11-2 中类的定义方式的效果完全一致。

关键字 inline 是一个编译命令，编译程序在遇到这个命令时记录下来，在内置函数调用时，编译程序就试图产生扩展码。这样内置函数在语法上与一般的函数没什么区别，只是在编译程序生成目标代码时才区别处理。我们可以理解为编译系统在处理内置函数时，是将此函数的内容复制，插入程序中所有调用此函数的地方。假如某程序中有几个地方调用某一内置函数，就等价于此内置函数的具体定义在这几个地方出现。需要注意的是，如果一个函数被说明为内置函数，但函数体中含有选择、循环或转移语句，或递归结构，或静态变量，编译程序都不会在代码生成时生成扩展代码，而像处理一般函数一样生成函数调用的代码。

在一般情况下，只有很简单而使用频率高的函数才被说明为内置函数，内置函数会扩大目标代码，使用时要谨慎。

11.3.4　函数重载

在 C 语言中，编写一个求出两个整数中最小值的函数，函数声明可以这么写：

```
int min(int x,int y);
```

在同一个程序中，如果又需要编写一个求出 3 个实数最小值的函数，函数的声明可以这么写：

```
float min_1(float x,float y,float z);
```

这两个函数的功能相同，但是类型与参数个数不一致，在 C 语言中，两个函数必须使用不同的函数名，在 C++ 中允许多个函数使用同一个函数名，这就是函数重载。

在 C++ 中，只要所定义的函数参数类型或者个数不一致，就可以使用同一个函数名，编译系统会根据调用时参数的类型和个数来区分。一般情况下，互不相干的两个函数不适用同名，函数功能一致的才定义为同名函数。

在 C++ 中，同一个程序中可以这样定义函数：

```
int min(int x,int y);
float min(float x,float y,float z);
```

虽然看起来还是两个函数，但是两个函数是同名的，它们的功能类似，参数不相同，这样既方便了程序设计人员，也为实现多态提供了重要的保证。

11.4　构造函数与析构函数

在例 11-2 中，所有的成员变量都被定义为公有的，虽然这样可以从外部直接访问对象的所有成员，但这样不符合面向对象程序设计的封装性。因此，从外部访问成员变量对其进行初始化的方法并不可取。

通过类中所定义的函数来实现对对象私有成员变量的初始化，这就是构造函数；在对象的生命周期结束时，同样需要函数来完成收尾和清理工作，这就是析构函数。

11.4.1　构造函数

构造函数是最基本的对类的对象进行初始化的方式。当程序建立一个新对象时，该对象所属类的构造函数被自动调用，从而完成该对象的初始化工作。

构造函数的名字与它所属的类名相同，并且它不能有返回类型，没有返回类型是指在构造函数定义时不要指定它的返回值类型，而不是说它有 void 返回类型。

1. 构造函数的定义

构造函数的定义形式如下（在类的说明外部定义）：

```
class类名
{
pubic:
    类名(参数列表);      //构造函数的原型声明
    …
};
类名::类名(参数列表)     //构造函数在类体外定义
{ 函数体
}
```

也可以在类的说明内部定义构造函数：

```
class 类名
{
    pubic:
    类名(参数列表)
    { 函数体
    }
    …
};
```

下面来改进例 11-2。

【例 11-3】 使用构造函数对私有成员进行初始化。

```
#include <iostream>
#include <string>
#include <iomanip>
using namespace std;
class student
{
private:
    string num;
    string name;
    int age;
public:
    void show()                        //定义成员函数
    {
        cout<< setw(20)<<num<<setw(20);
        cout<<name<<setw(5)<<age<<endl;
    }
    student(string n,string m,int a)   //定义构造函数
    { num=n; name=m; age=a;
    }
};
void main()
{
    student stu1("201601001","WangZhen",18);
    student stu2("201000102","ZhangYunyun",17);
    stu1.show();
    stu2.show();
}
```

程序的运行结果如图 11-2 所示。

图 11-2   例 11-3 程序的运行结果

本例中，为类 student 提供了带参构造函数，这样在编程的过程中对于成员变量的初始化方便了很多。

2. 构造函数重载

如果在上例中有定义语句：

```
student stu3;
```

这时编译系统会报错，因为在这条语句中没有给出相应的实参。但是，如果类中没有定义任何构造函数，这一条定义语句不会出错，因为系统会给类设置一默认的无参构造函数，定义

时系统自动调用这一个默认的无参构造函数。但是类中一旦定义了带参的构造函数，这一默认构造函数就不存在了，所以为了避免这种问题，可以在 student 类中提供一个重载的无参构造函数。

```
class student
{
private:
    string num;
    string name;
    int age;
public:
    void show()                          //定义成员函数
    {   cout<< setw(20)<<num<<setw(20);
        cout<<name<<setw(5)<<age<<endl;
    }
    student(string n,string m,int a)  //定义带参构造函数
    {   num=n;
        name=m;
        age=a;
    }
    student() { }                        //定义无参构造函数
};
```

这样定义以后，在 main() 函数中如果有定义语句：

```
student stu3;
```

就不会出错了。

3. 复制构造函数及其调用

我们知道，若要对一个简单变量初始化，可以用常量赋值或变量赋值，如 " int a=12;int b=a;" 中变量 b 的初始化是由复制变量 a 完成的。这种方法同样也可以用于对象的初始化，即直接用一个已存在的对象来初始化另一个对象。在这个复制过程中，将调用复制构造函数，由复制构造函数完成两个对象之间的数据复制。复制构造函数是一种特殊的构造函数，其参数是其所在类的对象的引用，功能是用已知对象的值来初始化一个同类的新对象，也就是把已存在并且具有值的对象的每个数据成员都复制到新建的同类对象中，实现了同类对象之间数据成员的传递。

复制构造函数定义的一般格式为：

```
class 类名
{ pubic:
  类名(参数列表);
  类名(类名 &对象名);         //声明复制构造函数
  ...
};
类名::类名(类名 &对象名)       //复制构造函数的实现
{ 函数体
}
```

复制构造函数只有一个参数，就是该类对象的引用。当用一个对象来初始化另一个对象时，系统自动调用复制构造函数来完成。同一般函数一样，复制构造函数的实现可以在类体内，也可以在类体外。复制构造函数是一种特殊的构造函数，在复制构造函数中，可以使用引用对象名直接引用对象的私有成员。

如果一个类中没有定义复制构造函数，则系统自动生成一个默认的复制构造函数，将已

知对象的所有数据成员的值，复制给同类对象的所有数据成员。

【例 11-4】　使用复制构造函数对对象进行初始化。

```cpp
#include <iostream>
#include <string>
#include <iomanip>
using namespace std;
class student
{   string num;
    string name;
    int age;
public:
    void show()                          //定义成员函数
    {   cout<< setw(20)<<num<<setw(20);
        cout<<name<<setw(5)<<age<<endl;
    }
    student(string n,string m,int a);     //声明带参构造函数
    student(student &stu);                //声明复制构造函数
};
student::student(string n,string m,int a)  //类体外定义带参构造函数
{   num=n;
    name=m;
    age=a;
}
student::student(student &stu)            //类体外定义复制构造函数
{   num=stu.num;                          //复制构造函数用对象直接引用私有成员
    name=stu.name;
    age=stu.age;
}
void main()
{
    student stu1("201601001","WangZhen",18);
    student stu2(stu1);                   //系统调用复制构造函数进行初始化
    stu1.show();
    stu2.show();
}
```

程序的运行结果如图 11-3 所示。

图 11-3　例 11-4 程序的运行结果

在本例中，定义了两个构造函数，一个带参构造函数，一个复制构造函数，在 main() 函数中定义了两个 student 类的对象 stu1 和 stu2，对这两个对象使用了不同的初始化方式，系统根据构造函数参数的不同，分别调用带参构造函数和复制构造函数来完成对象的初始化。

复制构造函数不仅在对象的初始化时被调用，其他一些情况下系统也会自动调用复制构造函数：①某个函数的参数是对象，那么实参将值传递给形参时，系统会自动调用复制构造函数来完成；②一个返回值为对象的函数在返回时，系统也会自动调用复制构造函数，将返回值赋给主调函数中某个接收返回值的对象。

11.4.2　析构函数

在对象的生命周期中，会有大量的操作和动作，有时候这些动作所造成的后果在对象生

命周期结束时需要对象自己来清理，完成这个工作的就是类的析构函数。析构函数在一个对象的生命周期结束时会被自动调用，这样就能保证析构函数一定会被执行。

析构函数的名称和类名相似，但类名前加一个"~"符号。同构造函数一致，析构函数不能指定任何返回类型，包括空类型。同时析构函数不能有参数，一个类只能有一个析构函数。

析构函数定义的形式为：

```
~类名（）
{
    …     //完成对象所占资源的释放和扫尾工作
}
```

【例 11-5】 对例 11-4 的类 student 添加析构函数。

```cpp
#include <iostream>
#include <string>
#include <iomanip>
using namespace std;
class student
{    private:
    string num;
    string name;
    int age;
public:
    void show()                              //定义成员函数
    {    cout<< setw(20)<<num<<setw(20);
         cout<<name<<setw(5)<<age<<endl;
    }
    student(string n,string m,int a);        //声明带参构造函数
    student(student &stu);                   //声明复制构造函数
    ~student()                               //定义析构函数
    { cout<<"析构函数已被调用! "<<endl;
    }
};
student::student(string n,string m,int a)    //类体外定义带参构造函数
{ num=n; name=m; age=a;
}
student::student(student &stu)               //类体外定义复制构造函数
{   num=stu.num;
    name=stu.name;
    age=stu.age;
}
void main()
{   student stu1("201601001","WangZhen",18);
    student stu2(stu1);                      //系统调用复制构造函数进行初始化
    stu1.show();
    stu2.show();
}
```

程序的运行结果如图 11-4 所示。

图 11-4   例 11-5 程序的运行结果

从运行结果可以看出，程序中并没有调用析构函数的语句，但是在程序结束时，系统自

动调用了析构函数。由于有两个对象，所以析构函数被调用了两次。

本例中所添加的析构函数实际并未进行清扫工作，只是给大家演示在程序结束时系统会自动调用析构函数。析构函数需要进行哪些清理工作需要根据程序的特点来进行编辑。

11.5 对象的动态创建与销毁

在本书的 10.5 节，我们介绍了 new 和 delete 运算符，它们用来创建新节点和销毁节点，也就是动态分配内存空间。在对象的操作中，也需要用到这两个运算符来完成对象的动态创建和销毁。

使用 new 运算符对对象指针分配内存的一般形式是：

```
对象指针 = new 类名(初始化参数表);
```

其中，"对象指针"必须是之前已经定义好的该类的对象指针。初始化参数表用于为类的构造函数提供实参，完成对象的创建和初始化。new 运算符返回所分配内存块的首地址，分配之后该内存块的存取操作只能通过对象指针来进行。

动态对象销毁的语法如下：

```
delete 对象指针;
```

使用 new 分配给对象指针的内存空间不再需要时，就可以用 delete 运算符来释放该存储空间。动态对象的销毁只需在 delete 运算符后面给出对象指针。在程序运行到该条语句时，系统会根据对象指针找到该对象的内存空间，先调用对象所在类的析构函数，完成扫尾工作，然后再释放该对象所占的内存，完成对象的销毁。

【例 11-6】 动态对象的创建与销毁。

```cpp
#include <iostream>
#include <string>
#include <iomanip>
using namespace std;
class student
{
private:
    string num;
    string name;
    int age;
public:
    void show()                    //定义成员函数
    {
        cout<< setw(20)<<num<<setw(20);
        cout<<name<<setw(5)<<age<<endl;
    }
    student(string n,string m,int a);           //声明带参构造函数
    student(student &stu);                      //声明复制构造函数
    student()                                   //定义无参构造函数
    { }
};
student::student(string n,string m,int a)       //类体外定义带参构造函数
{ num=n; name=m; age=a;
}
student::student(student &stu)                  //类体外定义复制构造函数
{ num=stu.num; name=stu.name; age=stu.age;
}
void main()
{
```

```
    student *p1,*p2,*p3;
    p1=new student("201601001","WangZhen",18);
    p2=new student(*p1);    //系统调用复制构造函数初始化p2所指向的存储空间
    p3=new student;         //系统调用无参构造函数初始化p3所指向的存储空间
    p1->show();
    p2->show();
    p3->show();
    delete p1,p2,p3;        //释放各个对象指针
}
```

程序的运行结果如图 11-5 所示。

图 11-5　例 11-6 程序的运行结果

从上述程序中可以看出，用 new student("201601001","WangZhen",18) 调用带参构造函数创建动态对象，用 new student 调用无参构造函数创建动态对象，因此对象指针 p3 只分配了存储空间，并没有赋值，所以其输出结果不确定。

注意：

1）用 new 产生的动态内存空间必须用 delete 来释放；使用 new [] 产生的动态内存空间，必须用 delete [] 来释放。

2）使用 delete 时，指向动态空间的指针应指向最初申请时的地址。若该指针曾通过"++""−−"等操作改变了指向，那么在释放之前，应确保其回到原来的指向。

3）已释放的空间不可重复释放。

4）语句" int *p1=new int(10);"和" int *p1=new int[10] ;"的区别：前者申请一个整型动态空间，并且初始化为 10 ；而后者申请 10 个连续的整型动态空间，是一个数组。圆括号和方括号所表示的含义和功能不同，不要混淆。

11.6　静态成员

在类体内用关键字 static 定义的数据成员或成员函数统称为静态成员。静态成员为该类的所有对象所共享，也就是说，静态成员不是属于某个对象的，它们是属于类的。静态成员是解决一个类的不同对象之间的数据和函数共享问题的。下面分别介绍静态数据成员和静态成员函数。

11.6.1　静态数据成员

在类声明中，用 static 声明的数据成员即静态数据成员，可被类的所有对象所共有，并且其值对每个对象都是一样的。当对静态数据成员值进行更新时，所有对象的静态数据成员值都随之改变。

1. 静态数据成员的定义

静态数据成员在类体内定义（或说明）的一般格式为：

```
static 类型 变量名;
```

如：

```
class A
{   private:
    static int a;
    int b;
    ...
};
```

这表明在类 A 内定义了一个私有的整型静态数据成员 a，数据成员 b 为一般的私有数据成员。静态数据成员可以根据需要指定对它的访问权限，可以是 public、private、protected3 种中的任意一种。

2. 静态数据成员的初始化

静态数据成员不属于任何一个具体对象，所以必须对它进行初始化，且对它的初始化不能在构造函数中进行，必须在类的外部进行。其一般格式为：

数据类型 类名::静态数据成员名=初值;

如：

```
class A
{   private:
    static int a;
    int b;
    ...
};
int A::a=1501;
```

可以看到，在类 A 中定义了一个静态数据成员 a，在类体外对静态数据成员初始化为 1501，可见静态数据成员是类的成员，而不是对象的成员。

3. 静态数据成员的引用

若将静态数据成员的访问权限指定为 public，则该成员可被所有对象访问。如果一个对象改变了它的值，则改变后的结果可以被其他同类对象所见。静态数据成员引用的一般格式为：

类名::静态数据成员名

由于静态数据成员也是类的数据成员，对象可以直接引用。

静态数据成员被初始化后，将一直保持其值，直到下次改变为止。静态数据成员作为类的一个成员，它被类的所有对象共享，又不属于某个对象，供所有的对象使用，这样可以节省内存空间。

11.6.2 静态成员函数

静态成员函数在成员函数进行类型说明时用关键字 static 修饰，它与静态数据成员一样，都不是对象成员。

1. 静态成员函数的定义

静态成员函数定义的一般形式为：

static 返回类型 函数名(参数表);

静态成员函数的实现与一般成员函数相同，可以在类体内，也可以在类体外。在静态成员函数的实现中，可以直接引用静态成员，但是不能直接引用非静态成员，如果要引用非静态成员，可以通过对象来引用。

2. 静态成员函数的调用

静态成员函数调用的一般格式为：

类名::静态成员函数名(参数表)；

也可以用对象来调用：

对象名.静态成员函数名(参数表)；

【例 11-7】 静态数据成员与静态成员函数的应用。

```
#include <iostream.h>
class myclass
{
    int a,b,c;
    static int sum;          //声明静态数据成员
public:
    myclass(int a,int b,int c);
    static void getsum();    //声明静态成员函数
};
int myclass::sum=0;          //定义并初始化静态数据成员
myclass::myclass(int a,int b,int c)
{   this->a=a;
    this->b=b;
    this->c=c;
    sum+=a+b+c;              //非静态成员函数可以访问静态数据成员
}
void myclass::getsum()       //静态成员函数的实现
{
    // cout<<a<<endl;        //错误代码，a是非静态数据成员，静态成员函数无法访问非静态成员
        cout<<"sum=" <<sum <<endl;
}
void main()
{
    myclass s(1,2,3);
    s.getsum();              //用对象来调用静态成员函数
    myclass t(4,5,6);
    t.getsum();
    myclass::getsum();       //用类名调用静态成员函数
}
```

程序的运行结果如图 11-6 所示。

图 11-6　例 11-7 程序的运行结果

说明：

1）本程序中，定义了一个类 myclass，其含有 3 个普通数据成员 a、b、c，还有一个静态数据成员 sum，并且初始化为 0，一个构造函数和一个静态成员函数 getsum。

2）在 main 函数中，首先定义一个 myclass 类的对象 s，并且初始化各非静态数据成员为 1、2、3，这时调用静态成员函数输出 sum 为 6；后又定义一个该类的对象 t，初始化各非静态数据成员为 4、5、6，这时再调用 getsum 函数，输出 sum 为 21；静态数据成员保

留了前一次的值 6，在此基础上继续求和。

3）getsum 为静态成员函数，既可以使用对象来调用，也可以使用类名来调用。

11.7 友元

从前面的学习可知，一个类的私有成员是不能为类的外部访问的，程序只能通过类的成员函数访问类的私有成员。但是在某些情况下，为了提高程序的性能，有些类需要直接访问其他类的私有成员。为了解决这个问题，C++ 提供了一种友元（friend）机制，通过它既不破坏类的封装性和信息的隐蔽性，又可以访问另一个类的私有成员。

友元可以是一个函数，称为友元函数；也可以是一个类，称为友元类。

1. 友元函数

所谓友元函数，就是在类的声明中，用友元修饰的普通函数或者其他类的成员函数。需要注意的是，该函数并不是这个类的成员函数，但是它可以访问该类的私有成员和受保护成员。

友元函数的声明方式为：

```
friend 函数名(参数表);
```

定义友元函数与定义常规函数的方法一样，只是在原型说明前加上关键字 friend。

【例 11-8】 为程序添加友元函数。

```cpp
#include <iostream>
#include <string>
#include <iomanip>
using namespace std;
class student
{
private:
    string num;
    string name;
    int age;
public:
    void show();                        //声明成员函数原型
    friend void input(student &stu);    //友元函数的声明
};
void student::show()                    //内置成员函数在类体外定义
{
    cout<<setw(20)<<num<<setw(20)<<name<<setw(5)<<age<<endl;
}
void input(student &stu)                //友元函数input()的定义
{   cout<<"请输入学号：    ";
    cin>>stu.num;
    cout<<"请输入姓名：    ";
    cin>>stu.name;
    cout<<"请输入年龄：    ";
    cin>>stu.age;
}
void main()
{   student stu;
    input(stu);                         //调用友元函数给对象的私有成员赋值
    stu.show();                         //调用成员函数输出
}
```

程序的运行结果如图 11-7 所示。

图 11-7   例 11-8 程序的运行结果

说明：

1）本程序中，input() 是一个一般函数，参数是 student 类对象的引用。

2）在类 student 的声明中，加入了语句 "friend void input(student &stu)"，声明 input 函数为 student 类的友元函数，这样 input 函数就可以访问类 student 的私有成员。

3）友元函数不受其在类中的位置和任何访问限定符的影响，换句话说，友元函数不管放在 public、private 还是 protected 后，其效果都是一样的。

2. 友元类

在程序设计过程中，可以把一个类 Y 说明成一个类 X 的友元类，从而使得 Y 类的所有函数都成为 X 类的友元函数，这些函数除了在 Y 类中应有的地位之外，还可以访问 X 类中的所有成员。

友元类的声明方式为：

```
class X
{ …
  friend class Y;
  …;
};
```

【例 11-9】 声明一个类为另一个类的友元类。

```cpp
#include <iostream>
#include <string>
#include <iomanip>
using namespace std;
class grade                        //定义成绩类
{private:
    float math; float eng; float chn;
public:
    grade(float a,float b,float c)
    { math=a; eng=b; chn=c;}
    friend class student;          //声明student为其友元类
};
class student                      //定义类student
{ string num; string name; int age;
public:
    student(string a,string b,int c)
    { num=a; name=b; age=c;
    }
    void show(grade &g);
};
void student::show(grade &g)   //成员函数show()的定义
{   float t;
    cout<<setw(20)<<num<<setw(20)<<name<<setw(5)<<age<<endl;
    cout<<"数学: "<<g.math<<" 英语: "<<g.eng<<"  语文: "<<g.chn<<endl;
    t=g.math+g.eng+g.chn;         //引用grade类中的私有数据成员
    cout<<"总分: "<<t<<endl;
    cout<<"平均分: "<<t/3<<endl;
}
```

```
void main()
{    student stu("201500203","LiYing",19);
     grade gr(88,65,74.5);
     stu.show(gr);
}
```

程序的运行结果如图 11-8 所示。

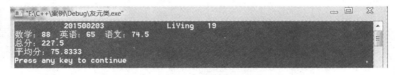

图 11-8　例 11-9 程序的运行结果

说明：

1）本例定义了两个类：grade 和 student，并且将 student 类声明为 grade 类的友元类。

2）student 类中有一个成员函数 show()，并且有参数为 grade 类的对象，在 show() 函数中，直接利用 grade 类的对象 g 访问了 grade 类的私有数据成员，实现了两个类之间的数据交流。

11.8　继承与派生

在程序设计过程中，我们经常会遇到这种情况：一个类的成员和另一个类的部分成员是完全相同的，如果分别定义比较麻烦，也不符合数据重用性的特点，这时我们可以用到继承与派生的概念。类的继承就是一个类继承了另一个类的特性，被继承的类称为基类，而继承的类称为派生类。基类又称为父类，派生类又称为子类。派生类从基类获得其已有特征的现象称为类的继承。而从另一个角度说，新类不仅继承了原有类的特征，还派生出新的特征，是从已有类产生的一个新的子类，称为类的派生。派生类还可以作基类再派生新类，类的派生过程可以一直持续下去，这样就建立了类的层次结构，如图 11-9 所示。

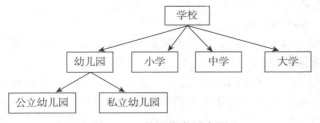

图 11-9　学校分类层次图

分类树反映了学校的派生关系。最高层抽象为学校，是最普遍意义的概念，下层具有上层的特征，同时也加入了各自的新特征，如幼儿园，再下层是更具体的概念，如公立幼儿园。上下层的关系反映了基类和派生类之间的关系。

11.8.1　派生类的声明

C++ 中类的继承性是程序重用的基础，根据继承时基类的数目将继承方式分为单一继承和多重继承两种。

所谓单一继承，是指一个派生类只有一个基类；所谓多重继承，是指一个派生类有多个基类，如图 11-10 所示。

图 11-10　派生类与基类关系示意图

从图 11-10 中可以看出，派生类 1 从基类 1 派生而来，派生类 2 从基类 2 派生而来，这种是单一继承；派生类 3 从基类 1 和基类 2 派生而来，这种是多重继承。

派生类的定义形式为：

```
class 派生类名：继承方式 基类名1，继承方式 基类名2，…，继承方式 基类名n
{
    派生类新成员的定义；
};
```

说明：1）"派生类名"是继承基类中的特征而派生出的新类名称，由程序员自己定义。

2）冒号（：）表示派生类（新类）是从基类继承的，它继承了基类中除构造函数和析构函数外的所有成员。

3）继承方式指派生类的派生方式，有 private、public、protected3 种。

4）派生类新成员是指新增加的数据成员和成员函数。这些新增的成员是派生类不同于基类的部分，这些新增的成员就是派生类对基类的扩展和进化。

5）派生出的新类可以作为基类派生出新类。

11.8.2 派生类的继承方式

类的继承方式也有公有、私有和保护 3 种。不同的继承方式使得基类成员原有的不同访问属性在派生类中可能会改变。这些访问是指继承类新增的成员对从基类继承来的成员的访问，以及通过派生类的对象对从基类继承来的成员的访问。C++ 语言具体规定了派生类和派生类的对象对基类成员的访问权限。

（1）public：公有继承方式

派生类用公有方式继承时，基类中的公有成员和保护成员的访问权限在派生类中保持不变，基类的私有成员在派生类中不能访问。

（2）private：私有继承方式

派生类用私有方式继承时，基类中的公有成员和保护成员变成派生类的私有成员，基类的私有成员在派生类中不能被访问。

（3）protected：保护继承方式

派生类用保护方式继承时，基类的公有成员和保护成员都变成了派生类的保护成员，基类中的私有成员不能被访问。

由以上分析可以看出，从继承的角度看，公有继承、私有继承和保护继承都不同。公有继承派生类的成员函数可以访问基类中的公有成员和保护成员，派生类的对象可以访问基类中的公有成员，这种继承方式又称为接口继承，是常用的继承方式。私有继承方式派生类的成员函数可以访问基类中的公有成员和保护成员，派生类的对象不能访问基类中的任何成员。保护继承方式使基类中的公有成员和保护成员都成为派生类中的保护成员，这样使得派生类的对象不能访问基类中的公有成员和保护成员。

注意：在实际应用中，通常使用公有继承。

11.8.3 派生类的构造函数和析构函数

派生类不仅实现了代码的重用，还扩充了新的功能。但是基类的构造函数和析构函数并不能被继承，这样就需要对派生类建立相应的构造函数和析构函数。

1. 派生类的构造函数

我们知道，对象在使用之前必须对其进行初始化，派生类的对象初始化也是通过构造函数进行的，与一般对象不同的是，派生类的对象初始化包含了对新增成员的初始化和对基类中的数据成员的初始化。由于构造函数不能被继承，只能被调用，因此需要定义派生类的构造函数来完成对象的初始化。派生类构造函数定义的一般格式为：

派生类名::派生类名(派生类构造函数总参数表):基类构造函数名(参数表),对象名(参数表)
{
    派生类中数据成员初始化
}

说明：

1）基类构造函数名（参数表）部分如果有多个基类，那么所有基类的名称（参数表）都需要列出来，中间用 "," 隔开。

2）如果对象名（参数表）部分的派生类中有多个内嵌对象，那么需要将所有的对象名（参数表）全部列出来，中间用 "," 隔开。

派生类中数据成员初始化是指对于派生类中新增的非对象成员的初始化。

创建派生类对象时，系统调用构造函数的顺序为：

1）调用基类的构造函数。

2）调用对象成员（子对象）的构造函数（如果有对象成员）。

3）调用派生类的构造函数。

2. 派生类的析构函数

派生类的析构函数是用来释放派生类对象的，由于析构函数也不能继承，所以派生类的析构函数的定义形式与派生类的构造函数的定义形式是一样的。在执行派生类的析构函数时，也需要调用基类的析构函数，执行的顺序为：

1）调用派生类的析构函数

2）调用派生类对象成员（子对象）的析构函数。

3）调用基类的析构函数。

可以看出，这个顺序与执行派生类构造函数的顺序是相反的。

【例 11-10】 派生类及其简单应用。

```cpp
#include <iostream>
using namespace std;
const double PI=3.14159;
class point                    //定义point类
{ int x,y;                     //点坐标
public:
    point(int a,int b)         //point类的构造函数
    {   x=a;   y=b;
        // cout<<"point构造函数被调用"<<endl;
    }
    void display_point()
    { cout<<"点坐标:("<<x<<","<<y<<")"<<endl; }
    friend class circle;   //声明circle为point的友元类
};
class circle:public point //由point类派生的新类circle
{
    double radius;             //半径
public:
    circle(int a,int b,double r):point(a,b)        //circle类的构造函数
    {   radius=r;
        //cout<<"circle构造函数被调用"<<endl;
    }
    void display_circle()
```

```
    {   cout<<"圆心坐标:("<<x<<","<<y<<")";
        cout<<"圆半径: "<<radius<<endl;
        cout<<"圆的面积为="<<PI*radius*radius<<"周长="<<2*PI*radius<<endl;
    }
    friend class cyclinder;       //声明cyclinder类为circle的友元类
};
class cyclinder:public circle      //由circle派生出的新类cyclinder
{   double high;                   //圆柱体的高
public:
    cyclinder(int a,int b,double r,double h):circle(a,b,r) //cyclinder的构造函数
    {   high=h;
        //cout<<"cyclinder构造函数被调用"<<endl;
    }
    void display_cyclinder()
    {   double lateral_area;        //侧面积
        double superficial_area;  //表面积
        double volume;            //体积
        lateral_area=2*PI*radius*high;
        superficial_area=lateral_area+2*PI*radius*radius;
        volume=PI*radius*radius*high;
        cout<<"圆柱体侧面积="<<lateral_area;
        cout<<"表面积="<<superficial_area<<"体积="<<volume<<endl;
    }
};
int main()
{
        int x,y;
        double radius,high;
        cout<<"输入坐标x y:";
        cin>>x>>y;
        point Po(x,y);
        Po.display_point();
        cout<<"以此点为圆心，形成一个圆，请输入圆半径:";
        cin>>radius;
        circle C(x,y,radius);
        C.display_circle();
        cout<<"以此圆为底，形成一个圆柱体，请输入圆柱体的高:";
        cin>>high;
        cyclinder cd(x,y,radius,high);
        cd.display_cyclinder();
        return 0;
}
```

程序的运行结果如图 11-11 所示。

图 11-11　例 11-10 程序的运行结果

说明：

1）本例定义了 3 个类：point、circle、cyclinder，其中 circle 类由 point 派生而来，cyclinder 由 circle 派生而来。

2）circle 类对于 point 类来说是派生类，对于 cyclinder 类来说是基类。

3）circle 类是 point 类的友元类，cyclinder 类是 circle 类的友元类。

4）在 3 个类中分别定义了带参的构造函数，其中 circle 的构造函数调用了 point 的构造函数，cyclinder 的构造函数又调用了 circle 的构造函数。若将每个构造函数中的输出语句注释加上，则程序的运行结果如图 11-12 所示。

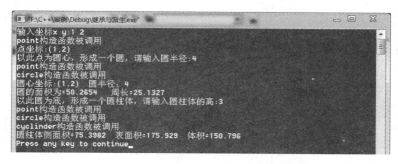

图 11-12　例 11-10 程序加入提示语句后的运行结果

11.8.4　虚基类

我们知道，多重继承是从多个基类创建新类的过程。多重继承的层次结构比较复杂，在使用的过程中，可能会出现这样一种情况：派生类可能从同一个基类继承多次。如图 11-13 所示，基类 A 有两个直接派生类 B 和 C，类 D 又是从类 B 和 C 中派生的，在这种情况下，A 类被称为公共基类。

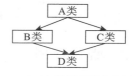

图 11-13　多重继承特例示意图

假设基类 A 有一个成员 name，则类 D 将继承两个 name，这是与事实不符的。要解决这个问题，需要用到虚基类。

虚基类说明的一般格式为：

```
class 派生类名:virtual 继承方式 基类名
```

其中，virtual 是虚基类的关键字。虚基类的说明是在定义派生类时进行的。

【例 11-11】　虚基类。

```cpp
#include <iostream>
using namespace std;
class A                              //定义类A
{   public:
    int a;
    void show()                      //A的成员函数show()
    { cout<<"This is class A"<<endl; }
};
class B:virtual public A             //定义类B，继承了类A
{   public:
    int b; };
class C:virtual public A             //定义类C，继承了类A
{   public:
    int c; };
class D:public B,public C            //定义类D，继承了类B和类C
{
public:
    int d;
    void show()                      //定义D的成员函数show
    { cout<<"This is class D"<<endl; }
};
int main()
```

```
{    D obj;
     obj.a=3;
     obj.A::show();                          //调用类A中的show函数
     obj.d=2;
     obj.show();                             //调用类D中的show函数
     return 0;
}
```

程序运行结果如图 11-14 所示。

图 11-14　例 11-11 程序的运行结果

说明：

1）类 B 和类 C 都是从类 A 派生而来的，所以在定义时加入了关键字 virtual。

2）对象 obj 是 D 类的，它可以直接访问基类 A 的成员 a。

3）类 A 中有成员函数 show，类 D 中也有成员函数 show，如果用 obj.show() 直接调用，那么调用的是类 D 的成员函数，如果要调用基类 A 的同名函数，则可以用语句 "obj.A::show();"。

11.9　综合应用

本章我们讲述了 C++ 中面向对象程序设计的基础知识，下面用这些基础知识来编写一个简单的研究生与指导教师信息管理程序。

【例 11-12】 C++ 面向对象程序设计基础知识综合应用例题。

```
//下面的类定义在文件mystu.h中:
#include <iostream>
#include <string>
using namespace std;
//people类
class people
{    string no;
     string name;
     char sex;
     int age;
public:
     people()
     {}
     people(string n,string nm,char s,int a);
     string get_no();
     string get_name();
     char get_sex();
     int get_age();
     void show();
     void set_pe(string nn,string nm,char s,int a);
};
//graduate类
class graduate:virtual public people
{    string major;
     int grade;
     string adviser;
public:
     graduate(string n,string nm,char s,int a,string ma,int gr,string ad):people(n,nm,s,a)
     {    major=ma;
```

```cpp
            grade=gr;
            adviser=ad;
        }
        graduate()
        {}
        void show_grad();
        void set_gstu(string ma,int gr,string ad);
        string get_adviser();
        friend class teacher;
};
//teacher类
class teacher:virtual public people
{   string department;
    string title;
public:
    teacher()
    {}
    teacher(string nn,string nm,char s,int a,string de,string ti):people(nn,nm,s,a)
    {   department=de;
        title =ti; }
    string get_teacher_name();
    void show_teacher();
    void set_tc(string dep,string tit);
    string get_dep();
};

//以下程序部分放在文件student.cpp中:
#include <iostream>
#include <fstream>
#include <mystu.h>
#include <string>
#include <iomanip>
using namespace std;
//people类
people::people(string nn,string nm,char s,int a)
{   no=nn;
    name=nm;
    sex=s;
    age=a;
}
void people:: show()
{
    cout<<setw(12)<<no<<setw(10)<<name<<setw(6)<<sex<<setw(6)<<age;
}
string  people:: get_name()          //获取人员姓名成员函数
{   return name; }

void people::set_pe(string nn,string nm,char s,int a)
{   no=nn;
    name=nm;
    sex=s;
    age=a;
}
//graduate类:

void graduate::show_grad()            //输出研究生基本信息成员函数
{   cout<<setw(15)<<major<<setw(6)<<grade<<setw(12)<<adviser<<endl;
}

void graduate::set_gstu(string ma,int gr,string ad)
{
    major=ma;
```

```
        grade=gr;
        adviser=ad;
}
string graduate::get_adviser()        //获取研究生的指导教师信息成员函数
{   return adviser; }
//teacher类:
void teacher::set_tc(string dep,string tit)
{   department=dep;
    title=tit;
}
void teacher::show_teacher()          //输出教师信息成员函数
{   cout<<setw(20)<<department<<setw(12)<<title<<endl;
}
string teacher::get_dep()             //获取教师的学院信息成员函数
{   return department;
}
graduate gstu[50];
teacher teacher[50];
int n1,n2;
void readfile(char* filename)         //读学生文件函数
{
    ifstream fin(filename,ios::in);
    if(!fin)
    {
        cerr<<"read file fail!"<<endl;
        exit(1);
}
string n;string m,ma,advi; char s;int a,i,grade;
    i=0;
    while(!fin.eof())
    {
        fin>>n>>m>>s>>a>>ma>>grade>>advi;
        gstu[i].set_pe(n,m,s,a);
        gstu[i].set_gstu(ma,grade,advi);
        i++;
    }
    n1=i;
    fin.close();
}
void readfile_t(char* filename)       //读教师文件函数
{
    ifstream fin(filename,ios::in);
    if(!fin)
    {
        cerr<<"read file fail!"<<endl;
        exit(1);
}
string n,m,dep,tit; char s;int a,i;
    i=0;
    while(!fin.eof())
    {
        fin>>n>>m>>s>>a>>dep>>tit;
        teacher[i].set_pe(n,m,s,a);
        teacher[i].set_tc(dep,tit);
        i++;
    }
    n2=i;
    fin.close();
}
string search_stu()                   //查询学生信息函数
{   string name;
```

```
        int i;
        cout<<"请输入要查询的学生姓名: ";
        cin>>name;
        for(i=0;i<n1;i++)
            if(name==gstu[i].get_name())
            {cout<<setw(12)<<"学号"<<setw(10)<<"姓名"<<setw(6)<<"性别"<<setw(6)<<"年龄";
            cout<<setw(15)<<"专业"<<setw(6)<<"年级"<<setw(12)<<"导师"<<endl;
            gstu[i].show();
            gstu[i].show_grad();
            break;
            }
        if(i>=n1)
        {   cout<<"没有该学生的信息, 请核对后重新查询! "<<endl;
            name="0000";
        }
        return name;
}
string search_tc()            //查询教师信息函数
{   string name;
    int i;
    cout<<"请输入要查询的教师姓名:    ";
    cin>>name;
    for(i=0;i<n2;i++)
        if(name==teacher[i].get_name())
        {cout<<setw(12)<<"职工编号"<<setw(10)<<"姓名"<<setw(6)<<"性别"<<setw(6)<<"年龄";
        cout<<setw(20)<<"学院"<<setw(12)<<"职称"<<endl;
        teacher[i].show();
        teacher[i].show_teacher();
        break;
        }
    if(i>=n2)
    {   cout<<"没有该教师的信息, 请核对后重新查询! "<<endl;
        name="0000";
    }
    return name;
}
void search_tc_stu()          //查找教师所指导学生的信息函数
{   string name;
    name=search_tc();
    if(name!="0000")
    {   cout<<"该教师所指导的研究生有: ";
        cout<<setw(12)<<"学号"<<setw(10)<<"姓名"<<setw(6)<<"性别"<<setw(6)<<"年龄";
        cout<<setw(15)<<"专业"<<setw(6)<<"年级"<<setw(12)<<"导师"<<endl;
        for(int i=0;i<n1;i++)
        if(name==gstu[i].get_adviser())
        {   gstu[i].show();
            gstu[i].show_grad();
        }
    }
}
void search_dep_tc()          //查找学院教师情况函数
{   string dep;
    cout<<"请输入学院名称: ";
    cin>>dep;
    cout<<setw(12)<<"职工编号"<<setw(10)<<"姓名"<<setw(6)<<"性别"<<setw(6)<<"年龄";
    cout<<setw(20)<<"学院"<<setw(12)<<"职称"<<endl;
    for(int i=0;i<n2;i++)
        if(dep==teacher[i].get_dep())
        {   teacher[i].show();
            teacher[i].show_teacher();
```

```
}
void option()                                        //主界面以及选择函数
{
    char ch='Y';
    string name;
    int i;
    while(ch=='y'||ch=='Y')
    {system("cls");                                  //清屏函数
    cout<<"**   Option: ***************************************************"<<endl;
    cout<<"    1--查询学生信息             2--查询教师信息"<<endl;
    cout<<"    3--查询一位老师的所有研究生    4--查询部门的所有老师"<<endl;
    cout<<"    5--添加学生信息             6--退出"<<endl;
    cout<<"***********************************************************"<<endl;;
    cout<<"Please input your choice:"<<endl;
    cin>>i;
    switch(i)
    {   case 1: name=search_stu(); break;
        case 2: name=search_tc(); break;
        case 3: search_tc_stu(); break;
        case 4: search_dep_tc(); break;
        case 6: exit(1);
    }
    cout<<"是否要继续? (Y/N) ";
    cin>>ch;
    }
}
int main()                                           //主函数定义
{
    readfile("f:\\stu.txt");                         //将文件中的学生信息读入对象数组
    readfile_t("f:\\teacher.txt");                   //将文件中的教师信息读入对象数组
    option();
    cout<<endl;
    return 0;
}
```

选择选项 1 的运行结果如图 11-15 所示。

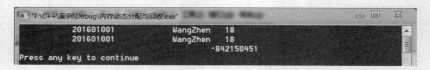

图 11-15　例 11-12 选择选项 1 的运行结果

选择选项 2 的运行结果如图 11-16 所示。

图 11-16　例 11-12 选择选项 2 的运行结果

选择选项 3 的运行结果如图 11-17 所示。

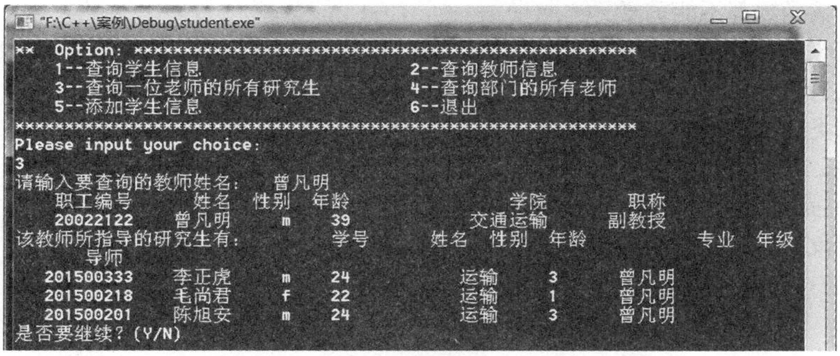

图 11-17　例 11-12 选择选项 3 的运行结果

选择选项 4 的运行结果如图 11-18 所示。

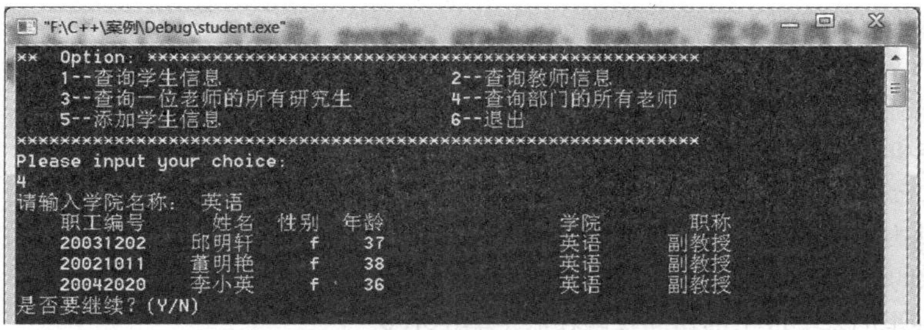

图 11-18　例 11-12 选择选项 4 的运行结果

说明：

1）本例定义了 3 个类，分别是 people、graduate、teacher，其中后两个类是第一个 people 类的派生类。

2）本例的功能并不完全，例如，如何修改学生及指导教师信息，如何删除学生及指导教师信息等，这是因为本例使用文件存储信息，这些操作都比较麻烦，以后大家学习了后续的数据库方面的知识，这些操作将会变得较为简单。

习题

一、简答题

1. C++ 中定义类的关键字是什么？类中的成员访问方式有哪几种？

2. 对象是如何定义的？对象成员的引用方式是怎样的？

3. 静态数据成员和静态成员函数如何定义？有什么特点？如何引用？

4. 构造函数和析构函数的功能是什么？

5. 复制构造函数的功能是什么？

6. C++ 中继承有哪两种？继承方式有哪几种？

二、判断题

1. 类描述的是一类事物应具有的共同属性，而对象是类的一个确定事物。（　　　）

2. 类的封装性体现在部分数据被说明为保护时，它们只允许内部访问，而禁止外界访问，从而防止外界的干扰和误操作。（　　　）

3. 析构函数可以有一个或多个参数。（　　　）

4. 构造函数和析构函数都不能重复。（　　　）

5. 成员函数的定义与类定义分开是通常的做法，可以将类定义的头文件看成是类的外部接口，将类的成员函数定义看成是内部实现，方便程序的开发。（　　　）

6. 派生类是从基类派生出来的，它不能再生成新的派生类。（　　　）

7. 在公有继承中，基类中的公有成员和私有成员在派生类中都是可见的。（　　　）

8. 使用关键字 class 定义的类中缺省的访问权限是私有的。（　　　）

9. 说明或定义对象时，类名前面不需要加关键字 class。（　　　）

10. 设置虚基类的目的是消除二义性。（　　　）

三、选择题

1. 以下关于 C++ 构造函数的叙述中，错误的是（　　　）。

    A. 构造函数可以重载   B. 构造函数可以带缺省形参值

    C. 构造函数必须与类同名   D. 构造函数可以带返回值

2. 下列对友元函数的描述中，正确的是（　　　）。

    A. 友元函数的实现必须在类的内部定义   B. 友元函数是类的成员函数

    C. 友元函数破坏了类的封装性和隐蔽性   D. 友元函数不能访问类的私有成员

3. 下列关于基类和派生类的关系描述中，错误的是（　　　）。

    A. 派生类是基类的具体化   B. 派生类是基类的子集

    C. 派生类是基类定义的延续   D. 派生类是基类的组合

4. 下列关于继承的描述中错误的是（　　　）。

    A. 派生类所继承的基类成员的访问权限在派生类中不变

    B. 派生类的成员除了自己的成员，还包含了基类成员

    C. 构造函数不能被继承

    D. 派生类是基类的组合

5. 构造函数是在（　　　）时被执行的。

    A. 程序编译   B. 程序装入内存   C. 创建类   D. 创建对象

6. 使用派生类的主要原因是（　　　）。

    A. 提高程序的运行效率   B. 提高代码的可重用性

    C. 加强类的封装性   D. 实现数据的隐蔽

7. （　　　）不是面向对象思想中的主要特征。

    A. 多态   B. 继承   C. 封装   D. 垃圾回收

8. 以下程序的执行结果为（　　　）。

```cpp
#include <iostream>
using namespace std;
class A
{
int a;
public:
void Seta(int x){ a=x; }
void Display_a( ) { cout<<a<<endl;}
};
class B
{
    int b;
public:
    void Setb(int x){ b=x; }
    void Dispaly_b() { cout<<b<<endl;}
};
class C:public A,private B
```

```
{    int c;
public:
     void Setc(int x,int y,int z) { c=z;Seta(x);Setb(y);}
     void Display_c( ) { cout<< c<< endl;}
};
     ①int main( )
     ②{
     ③C cc;
     ④cc.Seta(1;)
     ⑤cc.Display_a();
     ⑥cc.Setc(2,2,3);
     ⑦cc.Dispaly_b();
     ⑧cc.Display_c();
     return 0;
}
```

  A. 输出为 "2 2 3"   B. 有错误，在第 5 行

  C. 输出为 "1 2 3"   D. 有错误，在第 7 行

9. 在 C++ 语言里，类定义中默认的访问权限是（   ）。

  A. public   B. protected   C. private   D .default

10. 以下程序的输出结果是（   ）。

```
#include <iostream>
using namespace std;
class part
{
public:
    part(int x=0):val(x)
    {   cout<<val;}
    ~part()
    {   cout<<val;}
private:
        int val;
    };
class whole
{
    public:
    whole(int x,int y,int z=0):p2(x),p1(y),val(z)
    {   cout<<val; }
    ~whole()
    {   cout<<val; }
private:
    part p1,p2;
    int val;
};
int main()
{   whole obj(1,2,3);
    return 0;
}
```

  A. 123321   B. 213312   C. 213   D. 123123

11. 以下程序的输出结果是（   ）。

```
#include <iostream>
using namespace std;
class base
{
public:
    base(int x=0)
    {   cout<<x; }
```

```
};
class derived:public base
{
public:
    derived(int x=0)
    { cout<<x;}
private:
    base val;
};
int main()
{   derived d(1);
    return 0;
}
```

A. 0   B. 1   C. 01   D. 001

12. 在 C++ 语言中, 用于定义类的关键字是 (   )。

A. class   B. struct   C. default   D. sizeof

13. 下列关于类定义的说法中, 正确的是 (   )。

A. 类定义中包括数据成员和函数成员的声明

B. 类成员的缺省访问权限是受保护的

C. 数据成员必须被声明为私有的

D. 成员函数只能在类体外进行定义

14. 下列关于对象初始化的叙述中, 正确的是 (   )。

A. 定义对象的时候不能对对象进行初始化

B. 定义对象之后可以显式地调用构造函数进行初始化

C. 定义对象时将自动调用构造函数进行初始化

D. 在一个类中必须显式地定义构造函数以实现初始化

15. 有以下类定义:

```
class MyClass
{
public:
    MyClass(){cout<<1;}
};
```

则执行语句 "MyClass a, b[2], *p[2];" 后, 程序的输出结果是 (   )。

A. 11   B. 111   C. 1111   D.11111

16. 下列关于基类和派生类关系的叙述中, 正确的是 (   )。

A. 每个类最多只能有一个直接基类

B. 派生类中的成员可以访问基类中的任何成员

C. 基类的构造函数必须在派生类的构造函数体中调用

D. 派生类除了继承基类的成员外, 还可以定义新的成员

17. 在 C++ 中用来实现运行时多态性的是 (   )。

A. 重载函数   B. 析构函数   C. 构造函数   D. 虚函数

18. 有如下两个类定义:

```
class AA{};
class BB{
    AA v1,*v2;
    BB v3;
    int *v4;
};
```

其中有一个成员变量的定义是错误的, 这个变量是 (   )。

A. v1　　　　　　　　B. v2　　　　　　　　C. v3　　　　　　　　D. v4

19. 派生类的成员函数不能访问基类的（　　　）。

　　A. 共有成员和保护成员　　　　　　　　B. 共有成员

　　C. 私有成员　　　　　　　　　　　　　D. 保护成员

20. 在 C++ 中，编译系统自动为一个类生成缺省构造函数的条件是（　　　）。

　　A. 该类没有定义任何有参构造函数　　　B. 该类没有定义任何无参构造函数

　　C. 该类没有定义任何构造函数　　　　　D. 该类没有定义任何成员函数

21. 对类的构造函数和析构函数描述正确的是（　　　）。

　　A. 构造函数可以重载，析构函数不能重载

　　B. 构造函数不能重载，析构函数可以重载

　　C. 构造函数可以重载，析构函数也可以重载

　　D. 构造函数不能重载，析构函数也不能重载

22. 有如下程序：

```
#include <iostream>
using namespace std;
class Point{
    public:
        static int number;
    public:
        Point(){number++;}
        ~Point(){number--;}
    };
int Point::number=0;
int main(){
        Point *ptr;
        Point A,B;
        ptr=&A;
        cout<<ptr->number;
        return 0;
    }
```

执行这个程序的输出结果是（　　　）。

A. 3　　　　　　　　B. 4　　　　　　　　C. 2　　　　　　　　D. 7

23. 关于友元，下列说法错误的是（　　　）。

　　A. 如果类 A 是类 B 的友元，那么类 B 也是类 A 的友元

　　B. 如果函数 fun() 被说明为类 A 的友元，那么在 fun() 中可以访问类 A 的私有成员

　　C. 友元关系不能被继承

　　D. 如果类 A 是类 B 的友元，那么类 A 的所有成员函数都是类 B 的友元

24. 有如下程序：

```
#include <iostream>
using namespace std;
class Sample
{
    friend long fun(Sample s);
    public:
        Sample(long int a){x=a;}
    private:
        long int x;
};
long int fun(Sample s)
{
        if(s.x<2) return 1;
```

```
    else return  s.x*fun(Sample(s.x-1));
}
int main()
{
    int sum=0;
    for(int i =0; i <6; i ++) { sum+=fun(Sample( i )); }
    cout<<sum;
    return 0;
}
```

运行时输出的结果是 (   )。

A. 120   B. 16   C. 154   D. 34

25. 如果派生类以 public 方式继承基类，则原基类的 protected 成员和 public 成员在派生类中的访问类型分别是 (   )。

A. public 和 public   B. public 和 protected

C. protected 和 public   D. protected 和 protected

26. 在一个派生类的成员函数中，试图调用其基类的成员函数 "void f();"，但无法通过编译。这说明 (   )。

A. f() 是基类的私有成员   B. f() 是基类的保护成员

C. 派生类的继承方式为私有   D. 派生类的继承方式为保护

27. 有如下程序：

```
#include <iostream>
using namespace std;
class Sample{
    public:
    Sample(){}
    ~Sample(){cout<<'*';}
    };
int main(){
    Sample temp[2], *p_Temp[2];
    return 0;
}
```

执行这个程序输出星号 (*) 的个数为 (   )。

A. 1   B. 2   C. 3   D. 4

28. 对于通过公有继承定义的派生类，若其成员函数可以直接访问基类的某个成员，说明该基类成员的访问权限是 (   )。

A. 公有或私有   B. 私有   C. 保护或私有   D. 公有或保护

29. 定义派生类时，若不使用关键字显式地规定采用何种继承方式，则默认方式为 (   )。

A. 私有继承   B. 非私有继承

C. 保护继承   D. 公有继承

30. 建立一个有成员对象的派生类对象时，各构造函数体的执行次序为 (   )。

A. 派生类、成员对象类、基类   B. 成员对象类、基类、派生类

C. 基类、成员对象类、派生类   D. 基类、派生类、成员对象类

31. 有如下程序：

```
#include <iostream>
using namespace std;
class C1{
    public:
    ~C1(){ cout<<1; }
    };
```

```
class C2: public C1{
    public:
    ~C2(){ cout<<2; }
    };
int main(){
    C2 cb2;
    C1 *cb1;
    return 0;
}
```

运行时的输出结果是（ ）。

A. 121   B. 21   C. 211   D. 12

32. 有如下程序：

```
#include <iostream>
using namespace std;
class AA{
    public:
    AA(){ cout<<'1'; }
    };
class BB: public AA{
    int k;
    public:
    BB():k(0){ cout<<'2'; }
    BB(int n):k(n){ cout<<'3';}
};
int main()
{
    BB b(4), c;
    return 0;
}
```

运行时的输出结果是（ ）。

A. 1312   B. 132   C. 32   D. 1412

33. Sample 是一个类，执行下面的语句后，调用 Sample 类的构造函数的次数是（ ）。

```
Sample a[2], *p = new Sample;
```

A. 0   B. 1   C. 2   D. 3

34. 有如下类定义：

```
class XX{
    int xdata;
public:
    XX(int n=0) : xdata (n) { }
};
class YY : public XX{
    int ydata;
public:
    YY(int m=0, int n=0): XX(m), ydata(n) { }
};
```

YY 类的对象包含的数据成员的个数是（ ）。

A. 1   B. 2   C. 3   D.4

35. 有如下程序：

```
#include <iostream>
using namespace std;
class CD{
    public:
```

```
        ~CD(){cout<<'C';}
    private:
        char name[80];
};
int main()
{   CD a,*b,d[2];
    return 0;
}
```

运行时的输出结果是（   ）。

A. CCCC   B. CCC   C. CC   D. C

36. （   ）基类中的成员函数表示纯虚函数。

    A. virtual void vf(int)   B. void vf(int)=0

    C. virtual void vf(=0)   D. virtual void yf(int){ }

37. 为了使类中的某个成员不能被类的对象通过成员操作符访问，则不能把该成员的访问权限定义为（   ）。

    A. public   B. protected   C. private   D. static

38. 派生类继承基类的方式有（   ）。

    A. public   B. private   C. protected   D. 以上都对

39. 下列关于虚函数的描述中，正确的是（   ）。

    A. 虚函数是一个 static 类型的成员函数

    B. 虚函数是一个非成员函数

    C. 基类中采用 virtual 说明一个虚函数后，派生类中定义相同原型的函数时可不必加 virtual 说明

    D. 派生类中的虚函数与基类中相同原型的虚函数具有不同的参数个数或类型

40. 类的析构函数的作用是（   ）。

    A. 一般成员函数的初始化   B. 类的初始化

    C. 对象的初始化   D. 删除类创建的对象

41. 下面对静态数据成员的描述中，正确的是（   ）。

    A. 静态数据成员可以在类体内进行初始化

    B. 静态数据成员不可以被类的对象调用

    C. 静态数据成员不能受 private 控制符的作用

    D. 静态数据成员可以直接用类名调用

42. 在公有派生情况下，有关派生类对象和基类对象的关系，下列叙述不正确的是（   ）。

    A. 派生类的对象可以赋给基类的对象

    B. 派生类的对象可以初始化基类的引用

    C. 派生类的对象可以直接访问基类中的成员

    D. 派生类的对象的地址可以赋给指向基类的指针

43. 有如下程序：

```
#include <iostream>
using namespace std;
class A
{
    public:
        A(){cout<<"A";}
        ~A(){cout<<"~A";}
};
class B:public A
{
        A *P;
```

```
public:
    B(){cout<<"B";P=new A();}
    ~B(){cout<<"~B";delete P;}
};
int main()
{
    B obj;
    return 0;
}
```

执行这个程序的输出结果是（　　　　）。

A. BAA~A~B~A   B. ABA~B~A~A

C. BAA~B~A~A   D. ABA~A~B~A

四、填空题

1. 动态内存分配用_____建立动态对象，用_____来删除动态对象。

2. 在面向对象程序设计中，一切都是围绕_____来进行的。

3. 构造函数是和_____同名的函数。

4. 类 ttest 的析构函数名称是_____。

5. 已知如下程序运行后的输出结果为 23，请将画线处缺失的部分补充完整。

```
#include <iostream>
using namespace std;
class myclass
{
    public:
    void print(){cout<<23;}
    };
int main()
{
myclass *p=new myclass();
_____ print();
    return 0;
}
```

6. 有如下程序，则其输出结果为_____。

```
#include <iostream>
using namespace std;
    class A
    {
    public:
        ~A() {cout<<"aa";}
};
class B :public A{
public:
~B(){cout<<"bb";}
};
int main()
{
    B *p=new B;
    delete p;
    return 0;
}
```

7. 有如下类定义：

```
class Sample{
public:
```

```
Sample();
~Sample();
private:
static int data;
};
```

将静态数据成员 data 初始化为 0 的语句是_____。

8. 以下程序的输出结果是_____。

```
#include <iostream>
using namespace std;
class A
{
    public:
    A(){cout<<1;}
    A(const A &){cout<<2;}
    ~A(){cout<<3;}
};
int main()
{
    A obj1;
    A obj2(obj1);
return 0;
}
```

9. 以下程序的输出结果是_____。

```
#include <iostream>
using namespace std;
    class Point
    {
    private:
        int x;
        int y;
    public:
        Point (int a,int b)
        {
        x=a;
        y=b;
        }
virtual int area() {return 0;}
};
class Rectangle:public Point
{
    private:
        int length;
        int width;
public:
    Rectangle(int a,int b,int l,int w): Point(a,b)
        {
        length=l;
        width=w;
}
virtual int area() { return length*width;}
};
void disp(Point &p)
{
    cout<<"面积是: "<<p.area()<<endl;
}
int main()
{
    Rectangle rect(3,5,7,9);
```

```
        disp(rect);
        return 0;
    }
```

10. 以下程序的输出结果是_____。

```
    #include <iostream>
    using namespace std;
    class Sample
    {
    private:
        int x;
        static int y;
    public:
        Sample(int a);
        void print();
    };
    Sample:: Sample(int a)
    {
        x=a;
        y=x++;
    }
    void Sample::print()
    { cout<<"x="<<x<<",y="<<y<<endl;}
    int Sample::y=25;
    int main()
    {
        Sample s1(5);
        Sample s2(10);
        s1.print();
        s2.print();
        return 0;
    }
```

11. 以下程序的输出结果是_____。

```
    #include <iostream>
    using namespace std;
    class Test
    {
        private:
        int x;
        public:
        Test()
    {
        cout<<"构造函数被执行"<<endl;
        x=0;
    }
    ~Test() {cout<<"析构函数被执行"<<endl;}
    void print() {cout<<"x="<<x<<endl; }
    };
    int main()
    {
        Test obj1,obj2;
        obj1.print();
        obj2.print();
        return 0;
    }
    }
```

12. 以下程序的输出结果是_____。

```
    #include <iostream>
```

```cpp
using namespace std;
class A
{
        protected:
        int x;
    public:
        A(int x)
        {
        A::x=x;
    cout<<"class A "<<endl;
    }
};
class B
{
    private:
        A a1;
    public:
        B(int x):a1(x)
        {
    cout<<"class B "<<endl;
    }
};
class C:public B
    {
        private:
        A a2;
    public:
        C(int x):B(x),a2(x)
    {
        cout<<"class C "<<endl;
    }
};
class D:public C
{
    public:
        D(int x):C(x){
        cout<<"class D";};
    };
int main()
{
        D dobj(10);
        return 0;
}
```

13. 以下程序的输出结果是_____。

```cpp
#include <iostream>
using namespace std;
class A
{
    public:
    A();
    A(int i,int j);
    ~A(){cout<<"Donstructor.\n";}
    void print();
    private:
    int a,b;
};
A::A()
{ a=b=10;cout<<"Default constructor.\n";}
A::A(int i,int j)
```

```
{ a=i,b=j;cout<<"Constructor.\n";}
void A::print()
{cout<<"a="<<a<<",b="<<b<<endl;}
int main()
{
    A m,n(15,18);
    m.print();
    n.print();
    return 0;
}
```

14. 以下程序的输出结果是_____。

```
#include <iostream>
using namespace std;
class Sample
{
    int n;
    static int sum;
public:
    Sample(int x){n=x;}
    void add(){sum+=n;}
void disp()
{
    cout<<"n="<<n<<",sum="<<sum<<endl;
    }
};
int Sample::sum=0;
int main()
{
    Sample a(2),b(3),c(5);
    a.add();
    a.disp();
    b.add();
    b.disp();
    c.add();
    c.disp();
return 0;
}
```

五、编程题

1. 以下程序定义了类 date，根据主函数的提示，完成重载的构造函数。

```
#include<iostream>
using namespace std;
class date
{   int day,month,year;
    public:
        date(int m,int d,int y);
        date();
        void show();
};
void date::show()
{
cout<<month<<'/'<<day<<'/'<<year<<endl;
}
int main()
{   date day(15,12,2016);
    date tday;
    day.show();
    tday.show();
```

```
      return 0;
}
```

2. 编程定义日期类 Date，并为 Date 类提供设置日期、获取年月日、打印日期的方法。

3. 编程定义时间类 Time，并为 Time 类提供设置时间、获取时分秒、时间增长、时间减少、打印时间等函数。

4. 编程定义矩形类 Rectangle，并为矩形类提供设置长、宽，获取长、宽，计算周长，计算面积的方法，并编写主函数进行验证。

5. 使用面向对象方法编程实现求一元二次方程根的程序。

6. 试使用面向对象方法实现一个字符串类 String，并提供插入字符、删除字符、子串查找、字符串拼接、字符串比较的方法，并编写主函数进行验证。

7. 试使用面向对象方法实现一个栈类 Stack，并提供进栈、出栈、读取栈顶元素、判断栈是否为空等的方法。如果对栈的概念不熟悉，可以查阅相关资料。

8. 编程定义一个职员类 Employee，为职员类定义员工号、姓名、性别、职位、所在部门、薪水等属性，再从职员类派生出经理类 Manager 和工人类 Worker，为经理类提供业务范围、津贴、岗位职责等新属性，为工人类提供劳保费、加班补助、技能等级等新属性，并根据需要为类定义相应的方法，最后编写主函数进行验证。

9. 定义一个动物类 Animal，为该类定义动物名字、类属、雌雄、年龄、身长、体重、高度、食量、喜好等属性，并提供动物的进食（eat）、运动（run）、玩耍（play）、捕食（hunt）等方法，再从 Animal 类派生出哺乳动物（Mammal）、两栖动物（Amphibian）和鱼类（Fish）。使用 C++ 的运行时多态机制实现 3 个动物子类的相应函数，并编写主函数进行验证。

第 12 章 C++ 语言的流类库

【本章要点】

- C++ 语言的流类库。
- 文件流及其操作。
- 字符串流及其操作。

C++ 语言的输入与输出包括 3 个方面：对系统指定的标准设备（键盘和显示器）的输入和输出，简称标准 I/O；以磁盘（或光盘）文件为对象进行输入和输出，简称文件 I/O；对内存中指定的空间进行输入和输出，简称串 I/O。C++ 语言采取不同的方法来实现以上 3 种输入和输出。为了实现数据的有效流动，C++ 语言系统提供了庞大的 I/O 类库，调用不同的类去实现不同的功能。

12.1 输入输出流及流类库

12.1.1 输入输出流的概念

输入和输出是数据交互的过程，数据如流水一样从一处流向另一处。C++ 语言形象地将此过程称为流（stream）。在 C++ 语言中，数据的输入输出主要指数据在标准输入输出设备（键盘和显示器）、磁盘文件及字符串存储空间与内存之间的交互操作。具体来说，C++ 语言将输入输出数据抽象为流，"流"实际上是一个字符序列，流类负责在数据交换中在一个对象（数据生产者）和另一个对象（数据消费者）之间建立联系，管理数据交换的过程。例如，数据从键盘到内存的交换被称为输入流，数据从文件到内存的交换称为输入文件流等。在数据交换过程中，流完成提取（读）和插入（写）两种操作。

12.1.2 流类库

C++ 语言的流类库（stream library）是用继承方法建立起来的一个输入输出类库，它由两个平行的根基类构成：streambuf 和 ios。它们是所有流类的基类，streambuf 主要负责缓冲区的处理，它派生 3 个类：filebuf、strstreambuf、stdiobuf，分别负责对文件、字符串及标准 I/O 设备的缓冲区进行处理。ios 提供流的高级 I/O 操作，它派生两个类：istream、ostream，其中，istream 负责输入操作，ostream 负责输出操作。为了实现双向的 I/O 操作，这两个类再派生 1 个类 iostream，它不仅支持终端设备的输入输出，还支持文件流及字符串流的输入输出。

在编程中，常使用 iostream 类库实现输入输出，iostream 类库的接口部分包含在头文件中，常用的头文件有：

iostream.h：标准输入输出流头文件，包含了操作所有输入输出流所需要的基本信息。

fstream.h：文件流输入输出头文件，包含了操作文件流输入输出所需要的信息。

strstream.h：字符串流输入输出头文件，包含操作字符串流输入输出所需要的信息。

iomanip.h：输入输出流控制头文件，用于指定输入输出数据的格式。

当一个程序或一个编译单元中需要进行标准 I/O 操作时，则必须包含头文件 iostream.h；当需要进行文件流 I/O 操作时，则必须包含头文件 fstream.h；同样，当需要进行字符串流 I/O 操作时，则必须包含头文件 strstream.h。

注意：iostream.h 和 iostream 是完全不同的，iostream 是标准模板（STL）库，而 iostream.h 是兼容 C 语言的库，所有 STL 库都在 std:: 名空间下，因此，当在程序中使用 #include <iostream> 时，则还要加 using namespace std。

C++ 语言标准流主要提供内存与标准输入输出外部设备（键盘及显示器）之间数据的交互，预定义了 4 个基本对象：cin、cout、cerr 及 clog。cin 是从标准输入设备（键盘）输入内存的数据流，称为 cin 流或标准输入流；cout 是从内存输入标准输出设备（显示器）的数据流，称为 cout 流或标准输出流；cerr 负责标准出错信息流的输出；clog 实现带缓冲的标准出错信息流的输出，本书第 4 章已经介绍了 C++ 语言的标准流输入输出及格式控制，这里不再赘述。

12.2 文件流

文件是指具有文件名的一组相关信息的集合，它被存储在外部存储介质（磁盘、光盘等）上。C++ 语言常用的文件有两大类：程序文件（如 ".h"".cpp"".exe" 等）和数据文件（如 ".dat"）。根据文件中数据的组织形式，可以将文件分为文本文件和二进制文件。无论文件的类型如何，在访问文件前，需要定义一个文件流类对象，调用文件流对象的成员函数将一个指定文件打开，此时对文件流对象的访问就是对被它打开文件的访问操作。

12.2.1 文件

C++ 语言将文件看成是无结构的字节流，根据文件信息的编码方式将文件分为文本文件（ASCII 码文件、字符文件）和二进制文件（字节文件）。在字符文件中，文件中的信息以字符表示，每个字符占 1 字节，存储字符的 ASCII 码值；字节文件将数据在内存中的存储形式原样存放在文件中，如果数据本身是字符信息，则它的内部表示就是 ASCII 码值，当存储内容是数值时，数据的内部表示就是这个数值的二进制编码，二进制编码要输出到显示器上，还需要转换成相应的 ASCII 码。例如，整数 300 在文本文件中占 3 字节，分别存放 3、0、0 的 ASCII 码值，而在二进制文件中，占 2 字节。此时整数 300 按文本文件存储，便于输出，但要占较多内存；以二进制文件存储，节省内存空间，但不便于直接输出。可见，不同类型文件的 I/O 速度是有差异的。

根据文件存取方式的不同，可以将文件分为顺序存取文件和随机存取文件。顺序存取文件按信息在文件中的顺序依次存取，只能从头往下读取文件；随机存取文件是将记录散列在存取介质上，通过文件指针定位需要读取的文件信息的文件。

用于文件 I/O 的流类主要有 3 个：fstream（输入输出文件流）、ifstream（输入文件流）和 ofstream（输出文件流）。这 3 个类包含在头文件 fstream 中，因此如果在程序中要对文件进行操作，必须包含该头文件。在 C++ 语言中对文件流的操作分为 4 个步骤：①定义文件流对象；②打开或建立文件；③进行文件读写操作；④关闭文件。

12.2.2 定义文件流对象

定义文件流对象和定义一个普通对象的方法相似，但首先要明确定义的是输入文件流对象还是输出文件流对象。如果是输入文件流对象，则定义形式为：

```
ifstream 文件流对象名;
```

对于输出文件流，定义形式为：

```
ofstream 文件流对象名;
```

例如，如果要从某个磁盘文件中读数据，则可以这样定义文件流：

```
ifstream file;
```

若要把信息写入某个磁盘文件中，定义形式就是：

```
ofstream file;
```

可见输入文件流是指从文件读入数据，输出文件流则是值向文件写数据。

12.2.3 文件的打开与关闭

定义文件流对象后，需要打开指定的文件，即将文件流对象和指定的文件建立关联。对于输出文件流，如果指定文件不存在，则系统自动创建一个文件；如果输入文件流对象打开的文件不存在，系统会显示文件打开错误信息。打开文件的成员函数原型是：

```
文件流对象.open(const char* filename,int mode,int access)
```

其中，文件名可以包含路径（如 e:\c++\file.txt），如果缺少路径，则默认为当前目录。使用方式是指文件将被如何打开。常用文件的打开方式如表 12-1 所示。

表 12-1 常用文件的打开方式

打 开 方 式	含 义
in	以输入方式打开文件
out	以输出方式打开文件
app	以输出方式打开文件，若此文件已存在，则写入的数据添加在原文件内容后
ate	打开一个已有文件，将文件指针移到文件尾部
nocreate	打开一个文件，若文件不存在，则打开失败
noreplace	打开一个文件，若文件不存在，则新建该文件；若文件存在，则打开失败
binary	以二进制方式打开一个文件，函数默认为文本文件方式
trunk	默认，以输出方式打开文件，若此文件已存在，则清空原文件内容

1）nocreate 和 noreplace 与系统相关，因此在 C++ 语言标准中没有对它的支持。

2）每个打开文件都有一个文件指针，指针的开始位置由打开方式确定。在文本文件中，每次文件读写都从文件指针的当前位置开始，每读一字节，指针就后移一字节。当文件指针移到文件末尾时，会遇到文件结束标识 EOF。

3）in 方式只能用于读操作，并且该文件必须已经存在。

4）out 方式只能用于写操作，该文件可以不存在，系统会自动创建。

5）用 app 方式打开文件，文件必须存在，打开时文件指针处于末尾，新数据只能添加在文件末尾。

6）用 ate 方式打开文件，文件必须存在，文件指针指向文件末尾，数据可以写入文件的任何位置。

7）当文件需要用两种或多种方式打开时，用"|"分隔多种打开方式。

8）文件属性包括：0 普通文件（默认），1 只读文件，2 隐含文件，4 系统文件。

文件操作完成后，必须调用成员函数 close() 关闭已经打开的文件，成员函数 close() 的原型是：

```
ofstream.close()
```

12.2.4 输出文件流

输出文件流操作就是要向一个文件写数据，根据文件类型的不同，可以采用不同方式向输出文件中写数据。

1. 插入运算符 "<<"

对于一个文本文件，常用插入运算符 "<<" 向其写数据，插入运算符 "<<" 对所有标准 C++ 语言数据类型预先进行了操作符重载，它可将数据转换成输出字符串的形式写入文件中。注意：插入运算符 "<<" 只能用于文本文件的写操作，对于二进制文件会产生信息表示错误。

【例 12-1】 向一个文本文件中写数据。

```
#include <fstream>
#include <iostream>
using namespace std;
int main()
{
    ofstream file;                    // 定义输出文件流对象file
    file.open("data.txt",ios::out);   /*通过file的成员函数open()打开文件data.txt，打开方式
                                         为追加，文件类型为文本文件*/
    file<<"hello!How are you!"<<endl;//向文件写入 "hello!How are you!"
    file.close();
    return 0;
}
```

想一想，将这个程序多执行几次，打开文件 data.txt，文件中的内容有变化吗？如果将文件的打开方式改为 ios::app，多执行几次程序，文件的内容有什么不同？

2. 成员函数 put()

二进制文件的写操作常由输出文件流成员函数 put() 来完成，当然，文本文件也可以通过调用 put() 函数来完成写文件操作。put() 函数向输出文件流中写入一个字符，函数原型是：

```
ofstream.put ( char ch );
```

【例 12-2】 调用 put() 函数向文本文件及二进制文件中写入一个字符。

```
#include <fstream>
#include <iostream>
using namespace std;
int main()
{
    ofstream file1,file2;                      //定义了两个输出文件流对象file1和file2
    file1.open("data1.txt",ios::app);          //以追加方式打开文本文件data1
    file2.open("data2",ios::out|ios::binary);  //以输出方式打开二进制文件data2
    file1<<"hello!"<<endl;                      //向data1写入数据
    file1.put('a');                             //向data1写入数据
    file2.put('a');                             //向data2写入数据
    file1.close();
    file2.close();
    return 0;
}
```

3. 成员函数 write()

成员函数 put() 一次只能向文件中写入一个字符，如果需要向文件写入一个二进制数据块，可以使用成员函数 write()，函数的原型是：

```
ofstream.write(const unsigned char *buf , int num)
```

其中，num 是向文件写入的字节数，可以用 strlen()、sizeof() 获得写入的字符数。

【例 12-3】 向一个文件中写入一串字符。

```cpp
#include <iostream>
#include <fstream>
#include <string>
using namespace std;
int main()
{
    char str1[]="I am happy!";
    ofstream file;
    file.open("string.txt",ios::out);
    file.write(str1,strlen(str1));//向string文件写入 "I am happy!"
    file.close();
    return 0;
}
```

12.2.5   输入文件流

输入文件流操作是从一个指定文件中读数据，根据文件类型的不同，采用不同方式从指定文件中读数据。

1. 提取运算符 ">>"

提取运算符 " >>" 用于从流中输入数据，一般情况下系统默认的标准输入流（cin）是指键盘，因此 " cin>>x；" 表示从键盘输入流中读取变量 x 的数据值，在输入文件流中使用提取运算符 ">>"，则表示从文件中提取数据。

【例 12-4】 提取运算符的用法。

```cpp
#include <iostream>
#include <fstream>
using namespace std;
int main()
{
    fstream f("d:\\try.txt",ios::out);
    f<<1234<<' '<<3.14<<'A'<<"How are you";/*向文件中写入整数1234、小数3.14、字符'A'以及字符
                                           串"How are you"*/
    f.close();
    f.open("d:\\try.txt",ios::in);
    int i;
    double d;
    char c;
    char s[20];
    f>>i>>d>>c;//从文件向变量i、d、c及字符串s赋值
    f.getline(s,20);
    cout<<i<<endl;
    cout<<d<<endl;
    cout<<c<<endl;
    cout<<s<<endl;
    f.close();
    return 0;
}
```

程序的运行结果如图 12-1 所示。

图 12-1　例 12-4 程序的运行结果

2. 成员函数 get()

成员函数 get() 有 3 种重载形式：

1）`ifstream &get(char &ch)`：从文件流中读取一个字符，结果保存在引用 ch 中，如果到达文件尾，返回空字符。

2）`int get()`：从文件流中返回一个字符，如果到达文件尾，返回 EOF。

3）`ifstream &get(char *buf,int num,char delim='\n')`：把字符读入由 buf 指向的数组，直到读入了 num 个字符或遇到了由 delim 指定的字符，如果 delim 参数缺省，则默认为换行符 "\n"。

【例 12-5】　使用成员函数 get() 从文件中读出字符并显示。

```cpp
#include <iostream>
#include <fstream>
using namespace std;
int main()
{
    ifstream fin("asd.txt",ios::in);
    if(!fin)
    {
        cout<<"File open error!\n";
        return 0;
    }
    char c;
    while((c=fin.get())!=EOF)//从文件中读入一个字符并判断文件是否为空
    cout<<c<<endl;
    fin.close();
    return 0;
}
```

例 12-5 程序的运行结果如图 12-2 所示。

图 12-2　例 12-5 程序的运行结果

说明：在本例中，打开一个已经存在的文件 asd.txt，循环调用 get() 函数从文件一次读入一个字符放入变量 c 中并将其输出，直到文件结束为止。

【例 12-6】 使用成员函数 get() 从文件中一次读入多个字符。

```
#include <iostream>
#include <fstream>
using namespace std;
int main()
{
    ifstream fin("asd.txt",ios::in);
    if(!fin)
    {
        cout<<"File open error!\n";
        return;
    }
        char c[80];
while(fin.get(c,80,'\0')!=NULL)/*从文件读入80个字符或遇到'\0'读入结束，判断文件是否为空*/
        cout<<c<<endl;
fin.close();
return0;
}
```

例 12-6 程序的运行结果如图 12-3 所示。

图 12-3 例 12-6 程序的运行结果

说明：在本例中，程序首先打开文件 asd.txt，定义字符数组 c，调用 get() 函数将文件中的字符以 80 为单位读出，并将这些字符存入字符数组 c 中，最后输出字符数组 c 中的字符。

3. 成员函数 read()

成员函数 read() 可以从文件中读入一个二进制数据块，它的函数原型是：

```
read(const unsigned char *buf,int num)
```

read() 从文件中读取 num 个字符到 buf 指向的缓存中，如果在还未读入 num 个字符时遇到文件结束标识 EOF，则可以用成员函数 gcount() 获得实际读取的字符数。

【例 12-7】 编写程序完成两个文件的复制。

```
#include <iostream>
#include <fstream>
using namespace std;
int main()
{
    ifstream fin("data1.txt",ios::in|ios::binary);
    if(!fin)//如果文件为空
    {
        cout<<"File open error!\n";
        return;
    }
    ofstream fout("data2.txt",ios::binary);
    char c[1024];
    while(!fin.eof())
    {
        fin.read(c,1024);//从文件中读入字符，并存入字符数组c中
        fout.write(c,fin.gcount());//将c中的字符写入文件data2中
```

```
    }
    fin.close();
    fout.close();
    cout<<"Copy over!\n";
    return 0;
}
```

12.2.6　文件流定位

在 C++ 语言中，对于一个文件流的操作需要两个指针，即一个读指针，记录对文件进行读操作所在的位置；一个写指针，记录下次写操作开始的位置，每次执行输入或输出，相应的指针会自动移动。因此，C++ 语言对文件的定位分为读指针定位和写指针定位，对应的成员函数是 seekg() 和 seekp()。这两个函数一般用于二进制文件。seekg() 设置读指针，seekp() 设置写指针。它们的函数原型是：

```
istream &seekg(streamoff offset,seek_dir origin);
ostream &seekp(streamoff offset,seek_dir origin);
```

其中，streamoff 是 iostream.h 中的数据类型，offset 表示指针移动的偏移量，seek_dir 是指针移动的基准位置，可以取以下值：

1）ios::beg：文件开头。

2）ios::cur：文件当前位置。

3）ios::end：文件结尾。

例如，file1.seekg(35,ios::cur) 可以把文件的读指针从当前位置向后移 35 字节；file2. seekp(18,ios::beg) 则把文件的写指针从文件开头向后移 18 字节。

【例 12-8】　编写程序，将带行号的程序中的行号删除。

```
#include <iostream>
#include <fstream>
using namespace std;
const int LINE_NUM_LENGTH=5;
const char LINE_NUM_START='#';
int main(int argc,char *argv[])/*argc、argv是main()函数的参数，argc数组存放函数参数个数，
    argv存放具体参数*/
{
    fstream f;
    char *s=NULL;
    int n;
    for(int i=1;i<argc;i++)
    {
        cout<<"Processing file "<<argv[i]<<"……";f.open(argv[i],ios::in|ios::binary);
        if(!f.is_open())
        {
            cout<<"CANNOT OPEN"<< endl;
            continue;
        }
        f.seekg(0,ios::end);//将文件指针直接指向当前文件流的结尾
        n=f.tellg();
        s=new char[n+1];
        f.seekg(0,ios::beg);//将文件指针直接指向当前文件流的开始
        f.read(s, n);s[n]='\0';
        f.close();
        for(int j=0;j<n;j++)
        {
            if(s[j]==LINE_NUM_START&&(s[j+1]>='0'&&s[j+1]<='9'))
            {
```

```
            for(int k=j;k<j+LINE_NUM_LENGTH;k++)
                s[k]=' ';
        }
    }//判断行号：如果遇到一个"#"后接一个数字，则认为它是一个行号。
    f.open(argv[i],ios::out|ios::binary);
    if(!f.is_open())
    {
        cout<<"CANNOT OPEN"<<endl;
        delete[] s;
        continue;
    }
    f.write(s,n);
    f.close();
    cout<<"OK"<<endl;
    delete[] s;
    }
    return 0;
}
```

12.3　字符串流

　　在 C++ 语言的基本数据类型中，没有字符串类型，C++ 语言对字符串的处理采取 3 种方式：①字符数组方式，如" char ch[20]={"I am happy!"};"。②字符指针方式，如" char *a="I am happy!";"。③ string 类方式，如" string str1="I am happy!,"。采用字符数组存放字符串，操作与一般数组类似，但无法存储动态增长的字符串。字符指针方式起源于 C 语言，并在 C++ 语言中得到支持，它可以实现动态增长的字符串存储，且使用灵活，是一种较常用的字符串处理方式。标准 C++ 语言中引入的 string 类不仅支持动态增长的字符串存储，而且还提供功能众多的成员函数来实现对字符串的操作。本节主要介绍字符指针方式和 string 类方式。

　　用于字符串操作的流类主要有 3 个：strstream（输入输出字符串流类）、istrstream（输入字符串流类）和 ostrstream（输出字符串流类）。这 3 个类包含在 string 头文件中，因此如果在程序中要对字符串进行操作，必须有包含语句 #include <string>。

12.3.1　字符串流对象的定义及初始化

　　由于 string 类对字符串处理拥有诸多优势，所以 C++ 语言将 string 类作为一个标准提供给用户使用。在具体使用时，可以将 string 类当作 C++ 语言的基本数据类型。定义一个字符串流的形式为：

```
string 字符串流对象名;
```

string 类的构造函数有很多，可以方便地初始化字符串流对象，常用的构造函数有：

　　1）string s：生成一个空字符串 s。

　　2）string s(str)：构造函数为 s 赋值 str 字符串的内容。

　　3）string s(str, x)：将字符串 str 内第 x 位的字符赋值给字符串 s 做初值。

　　4）string s(str,x,strlen)：将字符串 str 内第 x 位开始且长度为 strlen 的字符串赋值给字符串 s。

　　5）string s(cstr)：将 cstr 字符串的值作为 s 的初值。

　　6）string s(chars,chars_len)：将 chars 字符串前 chars_len 个字符作为字符串 s 的初值。

　　7）string s(num,c)：定义一个字符串对象，包含 num 个 c 字符。

8）string s(beg,end)：以区间 beg~end(不包含 end) 内的字符作为字符串 s 的初值。

12.3.2 字符串流的输入与输出

C++ 语言字符串流的输入输出是通过 cin、cout 以及 getline() 函数实现的，用 cin 实现字符串输入时，当遇到空格符时，结束提取。getline() 函数可以从输入流中提取字符串，它可以接收任何字符串的输入，默认情况是遇到回车符时，认定输入结束。在 C++ 语言中有两个 getline() 函数，一个是在 string 类中定义的全局函数，另一个是在 istream 类中定义的成员函数，istream 类中定义的 getline() 将提取字符串存入字符数组中，无法将提取字符串存入 string 类对象中。string 类中的 getline() 函数的原型是：

```
istream& getline (istream& is, string& str, char delim )
```

其中，is 是输入流，可以通过键盘输入，也可以从文件中提取，delim 是输入提取结束标识，可以缺省，缺省时默认为回车符。

【例 12-9】 getline() 函数的应用。

```
#include <iostream>
#include <string>
using namespace std;
int main()
{
string st;
getline(cin,st,'o');/*用string类中的getline()函数从键盘输入流中提取字符串为st赋值，遇到输入
    字符串中有字符'o'时结束*/
    cout<<st;
    return 0;
}
```

上例程序的运行结果如图 12-4 所示。

图 12-4 例 12-9 程序的运行结果

12.3.3 字符串流的赋值

定义字符串流对象后，对字符串就可以像 C++ 语言普通变量那样赋值，如：

```
string name;
name="tommy";
```

除此之外，C++ 语言还提供了一些成员函数实现字符串流的赋值：

`string &operator=(const string &s)`：// 将字符串 s 赋值给当前字符串。

`string &assign(const char *s,int n)`：// 将指针 s 指向的字符串的前 n 个字符赋值给当前字符串。

`string &assign(const string &s,int m,int n)`：// 将字符串 s 从第 m 个字符开始的 n 个。字符赋值给当前字符串，m 和 n 可以省略，此时表示将整个字符串赋值。

12.3.4 字符串流的比较

　　C++ 语言字符串流对象支持常见的比较操作符（">"">="\"<""<="\"=="\"!="），甚至支持 string 与 C-string 的比较。在使用 ">"">="\"<""<="这些操作符时根据"当前字符特性"将字符按字典顺序进行逐一比较。字典排序靠前的字符小，比较的顺序是从前向后比较，遇到不相等的字符就按这个位置上的两个字符的比较结果确定两个字符串的大小，而 string("aaaa")<string("aaaaa")。

　　C++ 语言字符串流的另一个比较操作由成员函数 compare() 实现，它支持多参数处理，支持用索引值和长度定位子串来进行比较，返回值为整数，表示比较结果。

【例 12-10 】　用成员函数 compare() 实现字符串流的比较。

```
#include <iostream>
#include <string>
using namespace std;
int main()
{
    int a,b,c,d,e,f;
    string s("abcd");              //定义字符串流s,并赋初值"abcd"
    a=s.compare("abcd");           //将字符串流s与"abcd"进行比较，结果存放在整型变量a中
    b=s.compare("dcba");           //将s与"dcba"进行比较，结果存放在整型变量b中
    c=s.compare("ab");             //将s与"ab"进行比较，结果存放在整型变量c中
    d=s.compare(s);                // 将s与字符串流s进行比较，结果存放在整型变量d中
    e=s.compare(0,2,s,2,1);        /*将s中前两个字符（由参数0、2确定,0表示起始位置,2表示参加比
                                     较的字符个数，即"ab"）与s中从第2个字符开始的1个字符（由参
                                     数s、2、1确定,2表示起始位置,1表示参加比较的字符个数,即
                                     'c'）进行比较，结果存放在整型变量e中*/
    f=s.compare(1,2,"bcx",2);      /*将s中从第1个字符"b"开始的两个字符"bc"与字符串"bcx"中前两
                                     个字符"bc"进行比较，结果存放在整型变量f中*/
    cout<<"a="<<a<<",b="<<b<<",c="<<c<<",d="<<d<<",e="<<e<<",f="<<f<<endl;
    return 0;
}
```

上述程序的运行结果如图 12-5 所示。

图 12-5　例 12-10 程序的运行结果

习题

一、选择题

1. 对于语句 "cout<<endl<<x;" 中的各个组成部分，下列叙述中错误的是（　　　）。

　　A. "cout" 是一个输出流对象　　　　　　B. "<<" 称作提取运算符

　　C. "endl" 的作用是输出回车换行　　　　D. "x" 是一个变量

2. 下列输出字符 'A' 的方法中，错误的是（　　　）。

　　A. cout<<put('A');　　　　　　　　　　B. cout<<'A';

　　C. cout.put('A');　　　　　　　　　　　D. char A='A';cout<<A;

3. 下列表达式中错误的是（　　　）。

A. cout<<setw(5)   B. cout<<fill('#')

C. cout.setf(ios::uppercase)   D. cin.fill('#')

4. 有如下程序：

```
#include <iostream>
using namespace std;
int main()
{   cout.fill('*');
    cout.width(6);
    cout.fill('#');
    cout<<123<<endl;
    return 0;
    }
```

执行程序后，输出结果是（   ）。

A. ***123   B. 123***   C. ###123   D. 123###

5. 当使用 ofstream 流类定义一个流对象并打开一个磁盘文件时，文件的默认打开方式为（   ）。

A. ios::in   B. ios::binary

C. ios::in|ios:out   D. ios::out

6. 关于 read() 函数的下列叙述中，正确的是（   ）。

A. 该函数只能用来从键盘输入中获取字符串

B. 该函数所获得的字符多少是不受限制的

C. 该函数只能用于文本文件的操作中

D. 该函数只能按规定读取所指定的字符数

7. 关于 getline() 函数的下列叙述中，错误的是（   ）。

A. 该函数可以读取从键盘输入的字符串

B. 该函数读取的字符串长度是受限制的

C. 该函数读取字符串时，遇到终止符时便停止

D. 该函数所使用的终止符只能是换行符

8. 有如下程序：

```
#include <iostream>
#include <iomanip>
using namespace std;
int main(){
int s[]={123, 234};
cout<<right<<setfill('*')<<setw(6);
for(int i=0; i<2; i++) { cout<<s[i]<<endl; }
return 0;
}
```

运行时的输出结果是（   ）。

A. 123   B. ***123   C. ***123   D.***123

    234   234   ***234   234***

9. 下列关于 C++ 流的描述中，错误的是（   ）。

A. cout>>'A' 表达式可输出字符 'A'

B. eof() 函数可以检测是否到达文件尾

C. 对磁盘文件进行流操作时，必须包含头文件 fstream

D. 以 ios_base::out 模式打开的文件不存在时，将自动建立一个新文件

10. 在 C++ 中既可以用于文件输入，又可以用于文件输出的流类是（   ）。

A. fstream   B. ifstream   C. ofstream   D.iostream

11. 下列关于 C++ 预定义流对象的叙述中，正确的是（   ）。

    A.cin 是 C++ 预定义的标准输入流对象

    B.cin 是 C++ 预定义的标准输入流类

    C.cout 是 C++ 预定义的标准输入流对象

    D.cout 是 C++ 预定义的标准输入流类

12. C++ 语言本身没有定义 I/O 操作，但 I/O 操作包含在 C++ 实现中。C++ 标准库 iostream 提供了基本的 I/O 类。I/O 操作分别由两个类 istream 和（   ）提供。

    A. fstream   B. iostream   C. ostream   D. cin

13. cout 是 I/O 流库预定义的（   ）。

    A. 类   B. 对象   C. 包含文件   D. 常量

14. 在 C++ 中，打开一个文件就是将这个文件与一个（   ）建立关联；关闭一个文件，就是取消这种关联（   ）。

    A. 类   B. 流   C. 对象   D. 结构

二、填空题

1. 以下程序的运行结果是_____。

```cpp
#include <iostream>
using namespace std;
int main()
{   cout<<"x_width="<<cout.width()<<endl;
    cout<<"x_fill="<<cout.fill()<<endl;
    cout<<"x_precision="<<cout.precision()<<endl;
    cout<<123<<" "<<123.45678<<endl;
    cout.width(10);
    cout.fill('&');
    cout.precision(7);
    cout<<123<<" "<<123.45678<<endl;
    cout.setf(ios::left);
    cout<<123<<" "<<123.45678<<endl;
    cout.width(6);
    cout<<123<<" "<<123.45678<<endl;
return 0; }
```

2. 以下程序的运行结果是_____。

```cpp
#include <iostream>
using namespace std;
#include <fstream>
int main()
{   fstream outfile,infile;
    outfile.open("data.dat",ios::out);
    outfile<<"1111111111"<<endl;
    outfile<<"aaaaaaaaaa"<<endl;
    outfile<<"AAAAAAAAAA"<<endl;
    outfile<<"**********"<<endl;
    outfile.close();
    infile.open("data.dat",ios::in);
    char line[80];
    int i=0;
    while(!infile.eof())
    {
        i++;
        infile.getline(line,sizeof(line));
        cout<<i<<":"<<line<<endl;
    }
```

```
    infile.close();
    return 0;   }
```

3. 以下程序将文本文件 data.txt 中的内容读出并显示在屏幕上，在空白处填入正确的内容。

```
#include <iostream>
using namespace std;
#include <fstream>
int main()
{
    char buf[80];
    ifstream me("e:\\exercise\\data.txt");
    while(_____)
    {
        me.getline(buf,80);
        cout<<_____<<endl;
    }
    return 0;
}
```

4. 如有以下程序：

```
#include <iostream>
#include <fstream>
using namespace std;
int main()
{
    char s[25]="Programming language";
    ofstream f1("DATA.TXT");
    f1<<"C++ Programming";
    f1.close();
    ifstream f2("DATA.TXT");
    if(f2.good())   f2>>s;
    f2.close();
    cout<<s;
    return 0;
}
```

则执行上面的程序，输出结果是_____。

5. 当从键盘上输入 "This is a book. <Enter><Ctrl+Z>" 时，以下程序的输出结果是_____。

```
#include <iostream>
using namespace std;
int main()
{
    int n=0;
    char ch;
    cout<<"input:";
    while(ch=cin.get())!=EOF)
    n=n+1;
    cout<<n<<endl;
    return 0;
}
```

6. 程序通过定义学生结构体变量存储了学生的学号、姓名和 3 门课的成绩。所有学生数据均以二进制方式输出到文件中。函数 fun() 的功能是重写形参 filename 所指文件中最后一个学生的数据，即用新的学生数据覆盖该学生原来的数据，其他学生的数据不变。

请在程序的下画线处填入正确的内容并把下画线删除，使程序得出正确的结果。

注意：源程序存放在考生文件夹下的 BLANK1.C 中。不得增行或删行，也不得更改程序的结构。

给定源程序：

```
#include <iostream>
using namespace std;
#define N 5
typedef struct student
{
    long sno;
    char name[10];
    float score[3];
} STU;
void fun(char *filename, STU n)
{
    FILE *fp;
    fp = fopen(_____, "rb+");
    fseek(_____, -1L*sizeof(STU), SEEK_END);
    fwrite(&n, sizeof(STU), 1,_____);
    fclose(fp);
}
int main()
{
    STU t[N]={ {10001,"MaChao", 91, 92, 77}, {10002,"CaoKai", 75, 60, 88},
{10003,"LiSi", 85, 70, 78}, {10004,"FangFang", 90, 82, 87},
{10005,"ZhangSan", 95, 80, 88}};
STU n={10006,"ZhaoSi", 55, 70, 68}, ss[N];
int i,j; FILE *fp;
fp = fopen("student.dat", "wb");
fwrite(t, sizeof(STU), N, fp);
fclose(fp);
fp = fopen("student.dat", "rb");
fread(ss, sizeof(STU), N, fp);
fclose(fp);
cout<<"\nThe original data :\n\n";
for (j=0; j<N; j++)
{
    cout<<"\nNo: "<<" " << ss[j].sno <<" " <<"Name: "<< ss[j].name <<"Scores: ";
    for (i=0; i<3; i++) cout<<ss[j].score[i]<<" ";
cout<<"\n";
}
fun("student.dat", n);
cout<<"\nThe data after modifing :\n\n";
fp = fopen("student.dat", "rb");
fread(ss, sizeof(STU), N, fp);
fclose(fp);
for (j=0; j<N; j++)
{
    cout<<"\nNo: "<<" "<< ss[j].sno <<" "<<"Name: "<< ss[j].name <<"Scores: ";
    for (i=0; i<3; i++) cout<<ss[j].score[i]<<" ";
cout<<"\n";
}
return 0;
}
```

三、编程题

1. 将 10 个数输入到文件 at1.dat 中。

2. 读入文件 at1.dat 中的数据，计算每个数的平方，并依次存放到文件 at2.dat 中。

附录 A　ASCII 码表

dec	hex	控制字符	dec	hex	字符	dec	hex	字符	dec	hex	字符
0	00	NUL	29	1D	GS	58	3A	:	87	57	W
1	01	SOH	30	1E	RS	59	3B	;	88	58	X
2	02	STX	31	1F	US	60	3C	<	89	59	Y
3	03	ETX	32	20	(space)	61	3D	=	90	5A	Z
4	04	EOT	33	21	!	62	3E	>	91	5B	[
5	05	ENQ	34	22	"	63	3F	?	92	5C	/
6	06	ACK	35	23	#	64	40	@	93	5D	]
7	07	BEL	36	24	$	65	41	A	94	5E	^
8	08	BS	37	25	%	66	42	B	95	5F	—
9	09	HT	38	26	&	67	43	C	96	60	、
10	0A	LF	39	27	'	68	44	D	97	61	a
11	0B	VT	40	28	(	69	45	E	98	62	b
12	0C	FF	41	29	)	70	46	F	99	63	c
13	0D	CR	42	2A	*	71	47	G	100	64	d
14	0E	SO	43	2B	+	72	48	H	101	65	e
15	0F	SI	44	2C	,	73	49	I	102	66	f
16	10	DLE	45	2D	-	74	4A	J	103	67	g
17	11	DC1	46	2E	.	75	4B	K	104	68	h
18	12	DC2	47	2F	/	76	4C	L	105	69	i
19	13	DC3	48	30	0	77	4D	M	106	6A	j
20	14	DC4	49	31	1	78	4E	N	107	6B	k
21	15	NAK	50	32	2	79	4F	O	108	6C	l
22	16	SYN	51	33	3	80	50	P	109	6D	m
23	17	ETB	52	34	4	81	51	Q	110	6E	n
24	18	CAN	53	35	5	82	52	R	111	6F	o
25	19	EM	54	36	6	83	53	X	112	70	p
26	1A	SUB	55	37	7	84	54	T	113	71	q
27	1B	ESC	56	38	8	85	55	U	114	72	r
28	1C	FS	57	39	9	86	56	V	115	73	s

（续）

dec	hex	控制 字符	dec	hex	字符	dec	hex	字符	dec	hex	字符
116	74	t	119	77	w	122	7A	z	125	7D	}
117	75	u	120	78	x	123	7B	{	126	7E	~
118	76	v	121	79	y	124	7C	|	127	7F	DEL

控制字符说明

控 制 字 符	说 明	控 制 字 符	说 明	控 制 字 符	说 明
NUL	空	VT	垂直制表	SYN	空转同步
SOH	标题开始	FF	走纸控制	ETB	信息组传送结束
STX	正文开始	CR	回车	CAN	作废
ETX	正文结束	SO	移位输出	EM	纸尽
EOT	传输结束	SI	移位输入	SUB	换置
ENQ	询问字符	DLE	空格	ESC	换码
ACK	承认	DC1	设备控制 1	FS	文字分隔符
BEL	报警	DC2	设备控制 2	GS	组分隔符
BS	退一格	DC3	设备控制 3	RS	记录分隔符
HT	横向列表	DC4	设备控制 4	US	单元分隔符
LF	换行	NAK	否定	DEL	删除

附录 B C++ 语言的关键字

asm	default	float	operator	static_cast	union
auto	delete	for	private	struct	unsigned
bool	do	friend	protected	switch	using
break	double	goto	public	template	virtual
case	dynamic_cast	if	register	this	void
catch	else	inline	reinterpret_cast	throw	volatile
char	enum	int	return	true	wchar_t
class	explicit	long	short	try	while
const	export	mutable	signed	typedef	
const_cast	extern	namespace	sizeof	typeid	
continue	false	new	static	typename	

附录C C++语言的常用库函数

1. 数学函数（包含在头文件 cmath 中）

double abs(double x)：返回参数 x 的绝对值。

double exp(double x)：返回指数函数 e^x 的值。

double log(double x)：返回 $\ln x$ 的值。

double log10(double x)：返回 $\log_{10} x$ 的值。

double pow(double x,double y)：返回 x^y 的值。

double sqrt(double x)：返回 $+\sqrt{x}$ 的值。

double acos(double x)：返回 x 的反余弦 $\arccos x$ 的值，x 为弧度。

double asin(double x)：返回 x 的反正弦 $\arcsin x$ 的值，x 为弧度。

double atan(double x)：返回 x 的反正切 $\arctan x$ 的值，x 为弧度。

double cos(double x)：返回 x 的余弦 $\cos x$ 的值，x 为弧度。

double sin(double x)：返回 x 的正弦 $\sin x$ 的值，x 为弧度。

double tan(double x)：返回 x 的正切 $\tan x$ 的值，x 为弧度。

double cosh(double x)：返回 x 的双曲余弦 $\cosh x$ 的值，x 为弧度。

double sinh(double x)：返回 x 的双曲正弦 $\sinh x$ 的值，x 为弧度。

double tanh(double x)：返回 x 的双曲正切 $\tanh x$ 的值，x 为弧度。

double ceil(double x)：返回不小于 x 的最小整数。

double floor(double x)：返回不大于 x 的最大整数。

void srand(unsigned seed)：初始化随机数发生器。

int rand()：产生一个随机数并返回这个数。

2. 字符串处理函数（包含在头文件 string 中）

char *stpcpy(char *destin, char *source)：复制一个字符串到另一个。

char *strcat(char *destin, char *source)：字符串拼接函数。

char *strchr(char *str, char c)：在一个串中查找给定字符的第一个匹配之处。int strcmp(char *str1, char *str2)：串比较，str1>str2，返回值大于 0；两串相等，返回 0;str1<str2，返回值小于 0。

char *strcpy(char *str1, char *str2)：串复制。

int strcspn(char *str1, char *str2)：在串中查找第一个给定字符集内容的段。

char *strdup(char *str)：将串复制到新建的位置处。

int stricmp(char *str1, char *str2)：以大小写不敏感的方式比较两个串。

char *strrchr(char *str, char c)：在串中查找指定字符的最后一次出现。

char *strrev(char *str)：串倒转。

char *strset(char *str, char c)：将一个串中的所有字符都设为指定字符。

char *strstr(char *str1, char *str2)：在串中查找指定字符串的第一次出现。

3. 字符串与数值转换函数（包含在头文件 stdlib 中）

double atof(char *nptr)：将字符串 nptr 转换成浮点数并返回这个浮点数。

double atoi(char *nptr)：将字符串 nptr 转换成整数并返回这个整数。

double atol(char *nptr)：将字符串 nptr 转换成长整数并返回这个整数。

char *ultoa(unsigned long value,char *string,int radix)：将无符号整型数 value 转换成字符串并返回该字符串，radix 为转换时所用基数。

char *ltoa(long value,char *string,int radix)：将长整型数 value 转换成字符串并返回该字符串, radix 为转换时所用基数。

char *itoa(int value,char *string,int radix)：将整数 value 转换成字符串存入 string,radix 为转换时所用基数。

double atof(char *nptr)：将字符串 nptr 转换成双精度数，并返回这个数，错误返回 0。

int atoi(char *nptr)：将字符串 nptr 转换成整型数，并返回这个数，错误返回 0。

long atol(char *nptr)：将字符串 nptr 转换成长整型数，并返回这个数，错误返回 0。

double strtod(char *str,char **endptr)：将字符串 str 转换成双精度数，并返回这个数。

long strtol(char *str,char **endptr,int base)：将字符串 str 转换成长整型数，并返回这个数。

参 考 文 献

[1] Bruce Eckel.C++ 编程思想 [M]. 刘家田，袁兆山，潘秋菱，等译 . 2 版 . 北京：机械工业出版社，2011.

[2] 萨尼 . 数据结构、算法与应用：C++ 语言描述 [M]. 王立柱，刘志红，译 . 北京：机械工业出版社，2000.

[3] 谭浩强 . C++ 程序设计 [M]. 北京：清华大学出版社，2004.

[4] 郑莉，董渊 . C++ 语言程序设计 [M]. 4 版 . 北京：清华大学出版社，2010.

[5] 龚沛曾，杨志强 . C++ 语言程序设计教程 [M]. 北京：高等教育出版社，2009.

[6] 苏小红 . C 语言程序设计 [M]. 2 版 . 北京：高等教育出版社，2013.

[7] 孙淑霞，肖阳春，魏琴 . C/ C++ 程序设计教程 [M]. 3 版 . 北京：电子工业出版社，2009.

[8] 董正言，张聪 . 面向对象程序设计（C++ 版）[M]. 北京：北京邮电大学出版社，2010.

[9] 何钦铭，颜晖 . C 语言程序设计 [M]. 北京：高等教育出版社，2008.

[10] 郑丽英，冀荣华 . C 语言程序设计 [M]. 北京：中国铁道出版社，2003.

[11] 郑立华 . C++ 程序设计与应用 [M] 北京：清华大学出版社，2011.

[12] 杨朝霞 . 程序设计基础（C++）[M]. 北京：清华大学出版社，2011.

[13] 成颖 . C++ 程序设计语言 [M]. 2 版 . 南京：东南大学出版社，2008.

[14] 李春葆，陶红艳，金晶 . C++ 语言程序设计 [M]. 北京：清华大学出版社，2008.

[15] 吕凤翥，王树彬 . C++ 语言程序设计教程 [M]. 北京：人民邮电出版社 2008.

[16] 杨进才，沈显君，刘蓉 . C++ 语言程序设计教程 [M]. 北京：清华大学出版社，2006.

[17] 郑阿奇 . C++ 实用教程 [M]. 北京：电子工业出版社，2008.

[18] 王继民，柴春来 . C++ 程序设计与应用开发 [M]. 北京：清华大学出版社，2008.

[19] Deitel H M, Deitel P J. C++ 大学基础教程 [M]. 张引，译 . 5 版 . 北京：电子工业出版社，2011.